U0386684

"十四五"时期国家重点出版物出版专项规划项目

京津冀水资源安全保障丛书

区域雨水资源化利用效益、模式及潜力研究

〔美〕郭祺忠　李萌萌　陈　亮等　著

科学出版社

北　京

内 容 简 介

为有效促进雨水资源化利用技术的推广和发展，推动海绵城市建设，本书在总结国内外雨水资源化利用现状的基础上，针对区域雨水利用技术提出了一套经济、生态和社会效益计算方法，并基于计算结果结合层次分析法构建雨水利用技术综合评价体系。同时，以雨水利用综合效益评价值最大为目标，借助规划求解模型建立了一套雨水利用适宜模式求解方法。最后，以京津冀区域为例，通过建立一种雨水资源化利用潜力计算方法计算京津冀雨水资源化利用潜力，以期为我国雨水资源化利用和海绵城市建设提供理论支撑。

本书可作为水利工程、环境工程、生态治理工程、建筑设计、风景园林、国土空间规划、给水排水工程以及市政工程领域专业人员的参考用书，也可为雨水资源化利用以及海绵城市建设领域相关专业人员提供参考。

审图号：GS 京（2023）1708 号

图书在版编目（CIP）数据

区域雨水资源化利用效益、模式及潜力研究／（美）郭祺忠等著.
—北京：科学出版社，2023.9
（京津冀水资源安全保障丛书）
"十四五"时期国家重点出版物出版专项规划项目
ISBN 978-7-03-076485-0

Ⅰ.①区… Ⅱ.①郭… Ⅲ.①城市–雨水资源–资源利用
Ⅳ.①P426.62②TU984

中国国家版本馆 CIP 数据核字（2023）第 182059 号

责任编辑：王 倩／责任校对：樊雅琼
责任印制：徐晓晨／封面设计：黄华斌

科 学 出 版 社 出版
北京东黄城根北街 16 号
邮政编码：100717
http://www.sciencep.com

北京建宏印刷有限公司 印刷

科学出版社发行 各地新华书店经销
*
2023 年 9 月第 一 版 开本：787×1092 1/16
2023 年 9 月第一次印刷 印张：16
字数：400 000

定价：218.00 元
（如有印装质量问题，我社负责调换）

"京津冀水资源安全保障丛书" 编委会

《区域雨水资源化利用效益、模式及潜力研究》编写组

组　长　郭祺忠

成　员　李萌萌　陈　亮　杨凤茹

　　　　郝仲勇　李炳华

总　　序

　　京津冀地区是我国政治、经济、文化、科技中心和重大国家发展战略区，是我国北方地区经济最具活力、开放程度最高、创新能力最强、吸纳人口最多的城市群。同时，京津冀也是我国最缺水的地区，年均降水量为 538 mm，是全国平均水平的 83%；人均水资源量为 258 m³，仅为全国平均水平的 1/9；南水北调中线工程通水前，水资源开发利用率超过 100%，地下水累积超采 1300 亿 m³，河湖长时期、大面积断流。可以看出，京津冀地区是我国乃至全世界人类活动对水循环扰动强度最大、水资源承载压力最大、水资源安全保障难度最大的地区。因此，京津冀水资源安全解决方案具有全国甚至全球示范意义。

　　为应对京津冀地区水循环显著变异、人水关系严重失衡等问题，提升水资源安全保障技术短板，2016 年，以中国水利水电科学研究院赵勇为首席科学家的"十三五"重点研发计划项目"京津冀水资源安全保障技术研发集成与示范应用"（2016YFC0401400）（以下简称京津冀项目）正式启动。项目紧扣京津冀协同发展新形势和重大治水实践，瞄准"强人类活动影响区水循环演变机理与健康水循环模式"，以及"强烈竞争条件下水资源多目标协同调控理论"两大科学问题，集中攻关 4 项关键技术，即水资源显著衰减与水循环全过程解析技术、需水管理与耗水控制技术、多水源安全高效利用技术、复杂水资源系统精细化协同调控技术。预期通过项目技术成果的广泛应用及示范带动，支撑京津冀地区水资源利用效率提升 20%，地下水超采治理率超过 80%，再生水等非常规水源利用量提升到 20 亿 m³ 以上，推动建立健康的自然-社会水循环系统，缓解水资源短缺压力，提升京津冀地区水资源安全保障能力。

　　在实施过程中，项目广泛组织京津冀水资源安全保障考察与调研，先后开展 20 余次项目和课题考察，走遍京津冀地区 200 个县（市、区）。积极推动学术交流，先后召开了 4 期"京津冀水资源安全保障论坛"、3 期中国水利学会京津冀分论坛和中国水论坛京津冀分论坛，并围绕平原区水循环模拟、水资源高效利用、地下水超采治理、非常规水利用等多个议题组织学术研讨会，推动了京津冀水资源安全保障科学研究。项目还注重基础试验与工程示范相结合，围绕用水最强烈的北京市和地下水超采最严重的海河南系两大集中示范区，系统开展水循环全过程监测、水资源高效利用以及雨洪水、微咸水、地下水保护与安全利用等示范。

　　经过近 5 年的研究攻关，项目取得了多项突破性进展。在水资源衰减机理与应对方面，系统揭示了京津冀自然-社会水循环演变规律，解析了水资源衰减定量归因，预测了未来水资源变化趋势，提出了京津冀健康水循环修复目标和实现路径；在需水管理理论与方法方面，阐明了京津冀经济社会用水驱动机制和耗水机理，提出了京津冀用水适应性增长规律与层次化调控理论方法；在多水源高效利用技术方面，针对本地地表水、地下水、非常规水、外调水分别提出优化利用技术体系，形成了京津冀水网系统优化布局方案；在水资源配置方面，提出了水–粮–能–生协同配置理论方法，研发了京津冀水资源多目标协同调控模型，形成了京津冀水资源安全保障系统方案；在管理制度与平台建设方面，综合应用云计算、互联网+、大数据、综合集成等技术，研发了京津冀水资源协调管理制度与平台。项目还积极推动理论技术成果紧密服务于京津冀重大治水实践，制定国家、地方、行业和团体标准，支撑编制了《京津冀工业节水行动计划》等一系列政策文件，研究提出的京津冀协同发展水安全保障、实施国家污水资源化、南水北调工程运行管理和后续规划等成果建议多次获得国家领导人批示，被国家决策采纳，直接推动了国家重大政策实施和工程规划管理优化完善，为保障京津冀地区水资源安全做出了突出贡献。

作为首批重点研发计划获批项目，京津冀项目探索出了一套能够集成、示范、实施推广的水资源安全保障技术体系及管理模式，并形成了一支致力于京津冀水循环、水资源、水生态、水管理方面的研究队伍。该丛书是在项目研究成果的基础上，进一步集成、凝练、提升形成的，是一整套涵盖机理规律、技术方法、示范应用的学术著作。相信该丛书的出版，将推动水资源及其相关学科的发展进步，有助于探索经济社会与资源生态环境和谐统一发展路径，支撑生态文明建设实践与可持续发展战略。

2021 年 1 月

前　　言

在全球气候变化加剧的背景下，伴随着我国经济的飞速发展和快速的城市化进程，"城市看海"现象频发，给人民的生命财产造成了巨大损失，并导致了严重的水资源、水环境和水生态问题。

在快速城市化进程中，一方面，城市人口的大量聚集，导致城市生产、生活对水资源的需求日益增加，大量地下水资源被过度开采并产生严重的地下水漏斗问题；另一方面，城市不透水面积的急剧增加改变了原有自然的城市水文过程，加大了地表径流量、减少了雨水下渗量，进一步导致了城市地下水难以通过入渗补给。另外，由于城市不透水面积的急剧增加，导致地表雨水汇流速度加快、汇流时间缩短、径流峰值增大，为城市防洪排涝系统带来了巨大压力。而且，大量积聚在城市不透水面上的污染物在雨水快速汇流过程中还可能直接进入城市地表水体，导致城市河湖等地表水体面临严峻的城市面源污染问题。

为有效应对大部分城市严峻的内涝频发与水资源短缺问题及水环境与水生态问题，相关人员不断思考问题的本源及解决方法。将城市雨水变废为宝，实现城市雨水的资源化利用对于解决上述问题至关重要！在此背景下，雨水资源化利用这一古老技术重新焕发活力，并逐渐发展形成现代意义上的雨水资源化利用技术体系，如美国的绿色基础设施、低影响开发、最佳雨水管理，澳大利亚的水敏感城市设计和我国的海绵城市等。

海绵城市建设为缓解城市内涝、水资源短缺、水环境恶化和水生态系统破损等问题提供了全新的城市水资源管理理念。其中，以雨水就地消纳、滞蓄和净化为主要功能的雨水资源化利用技术是海绵城市建设的重点内容之一。但是，现有雨水资源化利用技术的效益计算方法多存在计算指标不全面、资料依赖性高、适用范围小、社会效益缺少客观计算方法等问题，导致效益计算结果无法全面体现其整体效益，造成设计者、管理者、使用者及公众认知偏差，限制了海绵城市建设的全面推进。

为有效促进雨水资源化利用技术的推广和发展，推动海绵城市建设，本书在总结国内外雨水资源化利用现状的基础上，针对区域雨水资源化利用技术提出了一套经济、生态和社会效益计算方法，并基于计算结果结合层次分析法构建雨水资源化利用技术综合评价体系。同时，以雨水资源化利用综合效益评价值最大为目标，借助规划求解模型建立了一套雨水资源化利用适宜模式求解方法。最后，以京津冀区域为例，通过建立一种雨水资源化利用潜力计算方法计算京津冀雨水资源化利用潜力，以期为我国雨水资源化利用和海绵城市建设提供理论支撑。

　　本书出版得到国家重点研发计划课题"京津冀地区雨水资源利用技术集成示范"（2016YFC0401405）和国家自然科学基金面上项目"典型木本植物根系强化包气带非均质性影响下渗流过程中水量水质耦合响应机制研究"（42277046）的资助。由于主客观条件限制，特别是相关基础资料的缺乏，书中部分内容仍然存在些许不足，比如在不同雨水资源化利用技术关键参数设置以及不同区域自然地理、社会经济和生态环境等基础数据选取方面，参考了国内外大量相关研究成果，其适用性有待进一步评估。书中的不足和疏漏之处，恳请读者批评指正。

作　者

2023 年 6 月

目　　录

|第1章| 雨水资源化利用现状

在快速城市化进程中，不透水面积大幅增加，城市内涝和水资源短缺矛盾加剧，城市水环境和水生态等问题日益凸显，不仅对居民健康、财产造成威胁，还严重制约着社会经济的发展。世界卫生组织紧急事件数据库资料（http://www.emdat.be）显示，1996~2015年全球因洪水事件造成的伤亡人数为150 061人，占全球灾害死亡率的11.1%。在我国，2007~2015年全国超过360个城市遭遇内涝，其中1/6的城市内涝单次淹水时间超过12h，淹水深度超过0.5m，直接经济损失高达数亿元（赵丽元和韦佳伶，2020）。例如，2012年7月21日北京特大暴雨造成79人丧生、10 660间房屋倒塌、约160.2万人受灾，直接经济损失高达116.4亿元；2013年武汉市7月5日特大暴雨，市区交通几乎瘫痪，受灾人口总数25万人、房屋损毁73户，据不完全估计直接经济损失已超过2.5亿元；2021年7月17~23日，河南省遭遇历史罕见特大暴雨，发生严重洪涝灾害，特别是7月20日，郑州遭受重大人员伤亡和财产损失。同时，联合国环境规划署千年报告中也指出，气候变化、水资源短缺和环境污染将是21世纪全球面临的主要问题（Bhattacharya and Rane，2009；冯文强，2021）。根据国际公认的标准，年人均水资源量低于3000m^{3}为轻度缺水，低于2000m^{3}是中度缺水，低于1000m^{3}为严重缺水。目前，中国有400多个城市面临缺水问题，有些城市年人均水资源量不足200m^3（Zhang et al.，2012），属于严重缺水。同时，工业及居民生活污水处理不当等人类活动造成的水环境污染等问题，进一步加剧了水资源短缺程度。

随着城市内涝和水资源短缺的矛盾日益凸显，二者逐渐成为制约城市发展的主要因素之一。许多城市既要防洪排涝，又要解决水资源短缺的问题。因此，雨水资源化利用这一古老技术重新焕发活力，作为防洪和缓解水资源危机的一种有效措施在城市发展中的地位日益重要，并逐渐发展成现代意义上的雨水利用技术体系（Słyś，2009；Hicks，2008）。例如，削减暴雨径流量的最佳管理措施（best stormwater management measures，BMPs）、尽可能减小场地开发对自然水文条件影响的微尺度控制措施的低影响开发（low impact development，LID）、考虑城市水循环各个方面的水敏感城市设计（water sensitive urban design，WSUD）、减轻城市发展对自然生态系统影响并解决与水相关的城市问题的海绵城市（sponge city）等（Hunt et al.，2009；Morison and Brown，2011；Ahiablame et al.，2013；Fletcher et al.，2015；Nguyen et al.，2019）。与此同时，雨水作为一种相对清洁的淡水资源,凭借其资源量丰富、处理简单、能耗小的优点,也逐渐在部分地区成为生活用水的替代水源进入人们的日常生活中(Bhattacharya and Rane,2009;鹿新高等,2010)。

本章对全球不同区域现有雨水资源化利用理念进行了总结,并详细介绍了一些典型雨水资源化利用技术。

1.1 雨水资源化利用发展历程

雨水资源化利用最早可追溯到公元前 6000 多年的墨西哥、秘鲁和南美洲的安第斯山脉,人们收集雨水用于农业生产和生活所需,依靠雨水养活了太阳帝国的印加人和现已消失的马丘比城的数十万人。公元前 2000 多年,在中东、南阿拉伯及北非出现了用于灌溉、生活、公共卫生等的雨水收集系统,阿拉伯人、以色列人收集雨水以保障农业,印度和斯里兰卡修建了一系列小型阶式池塘以便在雨季蓄水并供旱季使用。2000 年前,阿拉伯闪米特部族的纳巴泰人创造了径流收集系统,在降雨量仅 100mm 的内盖夫沙漠种出了庄稼。500 多年前,科罗拉多的阿那萨基人建造小坝截留雨水种植玉米、豆子和蔬菜(水利部农村水利司农水处,2001;黄乾等,2006)。

雨水资源化利用在中国也有悠久的历史,它是古人结合地理、文化资源衍生出的具有地域特色且蕴含“天人合一”思想的设施与技术(张亦驰,2018)。公元前 11 世纪的周朝,人们利用中耕等技术提高农业生产中雨水的利用率。2700 年前的春秋时期,黄土高原出现引洪漫地和塘坝技术。2500 年前,安徽寿县修建大量拦蓄雨水用于灌溉的大型平原水库(芍陂)。秦汉时期,人们在汉水流域的丘陵地区修建了串联式塘群,对雨水进行拦蓄调节。隋唐时期云南哈尼族先民在大山里开挖千百条干渠水沟,将山上的雨水尽可能载入其中,不仅有效减弱地表径流,控制水土流失和土壤侵蚀,还能滞蓄大量雨水满足灌溉需要。600 多年前出现水窖,将雨水收集储藏用于解决次年人畜用水、农田灌溉的问题。明清时期北京内、外城和宫城建造的城壕总长 44.2km,蓄水容量 966.73 万 m^3,既可避免因排水路径不合理而造成城市内涝,又可有效增加城内河网密度与雨水蓄积能力。无论国内还是国外,雨水利用都曾有力地促进了许多地方古代文明的发展(水利部农村水利司农水处,2001;黄乾等,2006;唐小娟,2016;魏泽崧和汪霞,2016)。

随着现代技术的兴起,地下水开采在许多地方逐渐取代了雨水资源化利用技术。例如,我国 20 世纪 60 年代前地下水开采相对较少,60 年代中期到 70 年代末开始大规模开采利用,到 1979 年年底全国地下水年开采量达到 400 亿 m^3,到 2002 年地下水年开采量达到 1091 亿 m^3(林柞顶,2004)。然而,随着人口的急剧增长以及经济的快速发展,淡水资源急速减少,地下水超采严重,雨水利用开始重现于新型城市建设中,并日益得到相关部门的重视。20 世纪 70 年代末起,美国等发展较快的国家开始注意城市雨水资源的开发和应用（王永磊等，2006），随后雨水资源化利用理念伴随互联网的迅速发展在世界各地得到了广泛传播和应用，如澳大利亚提出水敏感城市设计理念，联邦、州和地方政府一直通过各种方式推动雨水收集，并提供财政支持来促进节水的创新（Imteaza et al.，2011）；日本福冈穹顶项目中建成的雨水系统可满足 65% 低质水的需求，每年可节省约 12 万美元的财政支出（Slyś，2009）。

20 世纪 90 年代起，雨水资源化利用在我国悄然兴起。80 年代后期，位于干旱半干旱区的甘肃省开展集雨试验技术研究工作，探讨雨水利用技术理论上的可行性和技术上的持续性。1995 年甘肃在遭受一场 60 年不遇的严重旱灾时做出实施"121 雨水集流工程"的决定，1996 年在兰州召开第一届全国雨水利用学术讨论会，2001 年中国妇女发展基金会实施"母亲水窖"慈善项目，募捐善款 1.16 亿元帮助西部贫困干旱地区妇女和群众摆脱因严重缺水带来的贫困和落后。在我国其他地区，雨水利用也日益得到重视与应用。1999 年广西水利厅从水利经费中拨款 1000 多万元在河池、百色等干旱山区开展 20000 个地头集雨水柜建设的试点工作。2000 年北京正式启动"城市雨洪控制与利用"工程，2001 年水利部颁发《雨水集蓄利用工程技术规范》，标志雨水利用技术的初步成熟。2012 年的《2012 低碳城市与区域发展科技论坛》中，新型雨洪管理理念——海绵城市被首次提出，随后得到了住房和城乡建设部（简称住建部）、财政部等部门的大力支持与推广，2015 年、2016 年共有 30 个城市获批成为海绵城市建设试点单位，政府按直辖市、省会城市和其他城市连续 3 年分别给予各试点城市 6 亿元、5 亿元和 4 亿元补贴（何晓云，1997；李里宁，1999；唐小娟，2016；黄乾等，2006）。近几年，基于前期海绵城市建设试点的阶段经验，我国提出以流域为整体，兼顾流域内不同城市所拥有的自然、经济等基础条件及特点，因地制宜地推动海绵城市建设，促进生成生态、安全、可持续的城市水循环系统。2022 年住建部发布的《住房和城乡建设部办公厅关于进一步明确海绵城市建设工作有关要求的通知》（建办城〔2022〕17 号）中明确指出，海绵城市建设应突出全域谋划，在全面掌握城市水系演变的基础上，着眼于流域区域，全域分析海绵城市生态本底，立足构建良好的山水城关系，为水留空间、留出路，实现城市水体的自然循环。

1.2 不同国家雨水资源化利用理念

随着雨水资源化利用在世界各国的发展与推广，一系列雨水资源化利用理念相继得到政府的重视与推广。20 世纪 70 年代，美国提出雨水最佳管理措施对径流及其携带的污染物进行收集处理，1978 年威斯康星州提出非点源水污染治理计划以减轻非点源污染对水体的影响，存在问题的 130 个流域可通过此计划获得实施 BMPs 的资金支持（U. S. Department of the Interior and U. S. Geological Survey，2006）。90 年代，绿色基础设施、低影响开发等雨水资源利用理念相继被提出。1990 年，美国马里兰州开展的绿道运动中首次提出"绿色基础设施"（green infrastructure，GI）一词。同一时期，马里兰州乔治王子县提出"低影响开发"，并在 1999 年公布的报告中提出相应的水文分析方法和计算程序，以便于确定雨水管理目标（Williamson，2003；Eckart et al.，2017；Prince George's County and Maryland Department of Enviromental Resources Programs and Planning Division，1999）。

1994 年，西澳大利亚发布了第一部关于水敏感城市设计（water sensitive urban design，WSUD）的指南，2004 年 Argue 编撰出版了第一部介绍 WSUD 概念、设计方法和技术的图书——*Water Sensitive Urban Design：Basic Procedure for Source Control*。随后，新西兰在 LID、WSUD 等理念的基础上结合实际国情，提出了低影响城市设计与开发（low impact urban design and development，LIUDD），旨在避免传统城市发展和再开发带来的一系列不良影响。1999 年的新西兰《奥克兰区域增长战略》中预计，未来 50 年所有新增城市面积中的 70% 将发生在奥克兰大都会区，使得 LIUDD 成为实现城市可持续发展的关键组成部分（Van Roon，2012；Kuller et al.，2017；Ahammed，2017；Roy et al.，2008）。

在欧洲，与 WSUD 和 LID 类似的倡议被称为"可持续城市排水系统"（sustainable urban drainage system，SUDS），该理念于 1997 年由苏格兰水务公司的 Jim Conlin 首次提出，并在 2000 年出版的针对苏格兰、北爱尔兰、英格兰和威尔士的设计指导手册中正式被官方认可。近年来，非城市地区人口和经济快速发展，使得这些区域对排水系统的要求相应提高，SUDS 这一理念也不再局限于城市地区。因此，SUDS 中的"urban"一词被删除，特别是在英格兰和威尔士，以可持续排水系统（sustainable drainage system，SuDS）替代 SUDS（Eason et al.，2003；Charlesworth et al.，2003；Morison and Brown，2011；Fletcher et al.，2015）。

在全球化联系日益紧密的背景下，互联网的快速发展将 GI、LID 等各种雨水资源化利用理念传入中国，并得到我国政府及人民的重视与支持。2012 年，我国相关政府机构结合已有的传统雨水利用技术及国外新型雨水资源化利用理念，正式提出海绵城市建设理念，以增强城市雨水管理调控能力。综合来看，虽然 BMPs、LID 等理念在范围和背景上存在差异，但它们的主要思路是相同的，即雨水管理及资源化利用时不能忽视自然水文循环，设计时更依赖于"自然过程的激活"从而达到目的（Fryd et al.，2012）。

1.2.1 最佳管理措施

最佳管理措施的设计初衷是减少土壤侵蚀。20 世纪 70 年代起，人们试图利用 BMPs 收集、储存雨水或使其直接进入土壤和下游雨水设施，以减少径流中沉积物和溶解氮、磷等污染物进入水道（Rao et al.，2009；Gao et al.，2017）。1996 年，美国环境保护部（United States Environmental Protection Agency，U. S. EPA）对 BMPs 定义如下：用来保护自然湿地水文水质免受雨水和其他点源或非点源径流影响的结构性和非结构性措施，该措施能够在径流途经的每个位置对其进行初步处理消纳，以减轻径流汇入对自然湿地的影响（U. S. EPA，1996）。随后，其他国家逐渐将 BMPs 用于雨水处理，如韩国将 BMPs 用于雨水处理已经超过 10 年，相关部门制订了一系列雨水质量管理措施。在我国，北京奥林匹克村的设计也使用了 BMPs 的理念，村内建有先进的中水处理、雨水收集系统，污水通过生化技术处理后可用来养护绿地（Jia et al.，2012；Yu et al.，2013）。

BMPs 包括用于去除、减少或阻止雨水径流中某种污染物到达接收水体的设备、规范或方法，有结构性和非结构性之分。其中，结构性 BMPs 指通过设备、工程设施控制径流及其污染物浓度的手段，常用的设施有草地沼泽、人工湿地、植被过滤带、介质过滤器、渗沟等。非结构性 BMPs 不需要对土地进行物理改变，而通过政府监管、经济手段等方法改变人类行为，达到尽量减少污染物进入雨水径流或减少需要管理的雨水量的目的，一般不涉及固定的永久性设施。城镇规划控制、战略规划和制度管理、污染防治、公众教育分享以及监管控制都是非结构性 BMPs 的手段。与结构性 BMPs 相比，非结构性 BMPs 所需成本低、影响范围广、可关注特定污染物且具有灵活性（Taylor and Wong，2012；U. S. EPA，1996，2004）。

宾夕法尼亚州环境保护局对暴雨雨水最佳管理提出 10 个基本原则：①将雨水作为一种资源进行管理；②保护并利用现有的自然特征和系统；③尽量在接近水源的地方管理雨水；④维持地表水和地下水的水文平衡；⑤断开、分散和分配径流汇集源头；⑥减缓径流形成时间及流速；⑦防止潜在的水质和水量问题；⑧将无法避免的问题最小化；⑨将雨水管理整合到最初的场地设计过程中；⑩检查和维护所有的 BMPs（Pennsylvania Department of Environmental Protection and Bureau of Watershed Protection，2005）。

1.2.2 绿色基础设施

绿色基础设施是自然、半自然区域和绿色空间相互连接的网络，为当地提供基本的生态系统服务，提高人类福祉和生活质量。美国 *Clean Water Act* 第 502 条将 GI 定义为"使用植物、土壤系统、渗透路面或其他渗透表面或基底进行雨水收集和再利用，或者通过景观美化来储存、渗透、排放雨水并减少流向排水系统或地表水径流量的措施"。GI 包括自然和半自然区域、乡村和城市、陆地、淡水、沿海和海洋区域的绿地，内部连通性和多功能性是 GI 的两个重要特性（Maes et al.，2015；Kambites and Owen，2006；United States Environmental Protection Agency，2004）。

GI 思想始于一百多年前的美国自然规划与保护运动，主要受 Frederick Law Olmsted 的"连接公园和其他开放空间以利于居民使用"思想和生物学家提出的"关于建立生态保护与经营网络以减少生境破碎化"的概念影响（吴伟和付喜娥，2009）。1983 年，联合国世界环境与发展委员会（World Commission on Environment and Development，WCED）召集美国等 21 个国家的代表讨论可持续发展问题，强调可持续发展"只有在人口规模和增长与生态系统不断变化的生产潜力相协调的情况下才能实现"。1990 年，美国马里兰州开展的绿道运动中首次出现了绿色基础设施一词。1997 年，美国开展的精明增长与邻里保护行动为 GI 理论的形成奠定了基础。1999 年 5 月，总统可持续发展委员会（The President's Council on Sustainable Development）在 *Towards a Sustainable America—Advancing Prosperity, Opportunity and a Healthy Environment for the 21st Century* 中将 GI 确定为实现可持续性的关键战略之一，并将其定义为：我们国家的自然生命支持系统——一个支持本地物种，维持自然生态过程，维持空气和水资源，并为美国社区、人民的健康和生活质量做出贡献的受保护土地和水相互关联的网络（Williamson，2003；李博文，2017）；同年 8 月，在保护基金和美国农业部林务局的领导下，GI 成为地方、区域和州计划和政策的一个组成部分（Benedict and MacMahon，2002）。

20 世纪 70 年代，英国开始尝试将绿色基础设施付诸实践，沃林顿新城就是 GI 应用的典型案例（Kambites and Owen，2006）。日本于 1963 年开始兴建雨水集蓄设施，将雨水用于喷洒路面、绿地灌溉等，并于 1992 年颁布了《第二代城市下水总体规划》，正式将雨水渗沟、渗塘和透水地面作为城市总体规划的组成部分，要求新建和改建的大型公共建筑群必须设置雨水就地下渗装置（柳浩林，2010）。法国实施"传粉者走廊"① 计划，沿高速公路建造 250km 的传粉者走廊，且预备在未来几年内将该项目扩展到 1.2 万 km 的高速公路。2010 年 9 月欧洲经济和社会委员会在 *Our life insurance, our natural capital: an EU biodiversity strategy to* 2020 中呼吁建立和发展绿色基础设施以维护加强生态系统服务，通过建立 GI 恢复至少 15% 退化的生态系统（European Commission，2011）。

近年研究结果表明，GI 具有减少污染物排放等特点，具体包括：①增加区域生物多样性，恢复生态系统功能，改善地区生活质量，建立生境网络；②帮助适应和缓解气候变化，改善空气和水体质量，管理地表径流，减少洪水；③提供具有包容性、可自由使用的社区资源，进而影响居民身心健康；④生活环境的改善显著增强地方吸引力和竞争力，提高房地产价值，吸引企业投资，提高游客数量；⑤增加当地居民与自然的接触，有效改善居民身心健康，同时为医疗保健人员提供更多的绿色空间（Scotland's Nature Agency，

---

① 传粉者是保护生物多样性和食物链的关键，然而，城市化造成蜜蜂等传粉者大量失去栖息地，对其繁衍生存造成威胁。为此，传粉者走廊通过恢复森林、耕地、草地等，以及沿道路种植树木，将分散的自然区域连接起来，为传粉者提供栖息地，促进其繁衍生存，进而达到保护物种多样性的目的。

2020）。

在进行 GI 项目的规划设计时，第一，应满足空间的互联互通；第二，需要考虑社会和生态功能之间的连接性作为项目规划的一部分；第三，无论项目使用者是当地居民、游客、工人还是土地所有者，都应在规划时考虑到不同用户之间的连接；第四，推进行政互联互通；第五，地方当局组织结构的不同部门之间应保持联系（Kambites and Owen，2006）。

1.2.3 低影响开发雨水系统

城市雨水管理是城市发展的重要组成部分，传统的管理方法是利用路面、排水沟、下水道和其他灰色基础设施，尽可能快速安全地将雨水通过一个集中系统排出（Eckart et al.，2017）。为了获得更好的环境、经济、社会和文化效益，在过去几十年中发展了一些新的城市水管理方法（Elliott and Trowsdale，2007）。LID 是城市雨水管理理念中的一种新型替代雨水管理理念，主要通过模仿场地的自然水文条件，利用分布式雨水控制、绿色空间和自然水文特征，使城市集水区的水文条件更接近于开发前，以减少对铺路、路缘、水沟、管道系统和入口结构的需求，缓解城市雨水基础设施的压力并创造适应气候变化的弹性（Ahiablame et al.，2012；Eckart et al.，2017）。

LID 理念最初是由美国马里兰州乔治王子县为缓解不透水面积增加所带来影响所提出的一种手段，该县为了增加 LID 的使用，特制定了一份市政低影响开发设计手册（Eckart et al.，2017）。随后，加拿大也逐渐将该理念用于城市规划管理，2002 年安大略省市政事务和住房部建议控制整个流域不透水区域的面积占比上限为 10%，自然植被覆盖的占比下限为 30%（Bradford and Gharabaghi，2004）。同时，LID 理念的推广应用使之逐渐成为美国城市雨水管理的一部分，也标志着集中式径流管理基础设施逐步向分布式径流管理基础设施过渡（Vogel et al.，2015）。

与传统的城市雨水管理模式相比，LID 具有减少径流量等功能，从而将径流恢复到自然水文循环状态。由于概念及设计理念上的相似性，在美国 LID 一词经常与 GI 互换使用，但二者间仍具有一定差别：GI 继承了自然系统方法，强调更广泛地提供生态、社会和社区服务；LID 更侧重于具体的实施实践，提倡使用小规模的自然排水功能来减缓、清洁、渗透和收集降雨（City of Long Beach Department of Development Services et al.，2013；Vogel et al.，2015；Eckart et al.，2017）。此外，LID 与 BMPs 在方法手段上也具有一定相似性，二者均侧重于通过具体的结构性、非结构性措施进行雨水净化及径流控制，LID 偶尔也会使用一些 BMPs 技术。但两者间的不同之处在于 BMPs 的重点是减少暴雨峰值流量，该理念最初应用时主要依赖在末端布置一个较大的集水设施，对周围环境的干扰较大；而

LID 的重点是恢复开发前的洪水过程线，设计更为分散，使用对周围环境几乎没有干扰的小型设施进行源控制（Gao et al.，2017）。

LID 既包括结构性措施，还包括非结构性措施：结构措施有生物滞留设施、渗透井/沟渠、雨水湿地、湿塘、透水路面、洼地、绿色屋顶、植被过滤/缓冲带、砂滤器、小型涵洞和集水系统（雨水桶/蓄水池）；非结构性措施包括实施相关政策，设计时尽量减少对场地的干扰、保护自然场地特征、减少和切断不透水面、减小地面坡度、原生植被利用、土壤改良和通气，以及尽量减少绿地中草坪面积占比（Elliott and Trowsdale，2007；Ahiablame et al.，2012）。LID 通过设计微观层面的解决方案，尽可能复制开发前的水文和生态功能，大大减少了土地开发利用的影响。此外，LID 还通过在最接近水源的地方设计雨水管理方案，将对复杂地表和地下生态循环的干扰降到最低，避免累积的干扰影响。因此，LID 具有减少城市径流和污染负荷，降低洪涝灾害风险，保护城市生态环境，增加城市绿地面积、水域面积及表面透水性的特点（Gao et al.，2017；Brown，2005）。

LID 设计的基本原则是使流域开发后的水文条件维持在开发前的自然状态，即模拟自然水循环或实现水文中立，设计时特别强调雨水源头的现场小规模控制（Ahiablame et al.，2012；Elliott and Trowsdale，2007；Eckart et al.，2017），设计的最终目标是以低成本获得最大化的流域生态系统服务和恢复能力（Vogel et al.，2015）。参考美国长滩市发布的 *Low Impact Development（LID）Best Management Practices（BMP）Design Manual* 和 Ahiablame 等的研究，LID 设计时应遵循以下原则（Ahiablame et al.，2012；City of Long Beach Department of Development Services et al.，2013；Gao et al.，2017）：①汇流过程是径流形成过程中产流在流域空间的再分配过程，必须在产流阶段即洪水形成的早期进行 LID 措施的设计；②利用分布式微尺度装置，尽可能在接近水源的地方管理雨水，切断洪水运动路径，降低流速，延长汇流时间，降低洪峰流量；③尽可能阻止污染物离开开发场地，尽量减少水力改性对天然排水系统的影响；④提升自然水景特征和自然水文功能，城区 LID 措施的布置必须与城市景观和周边环境相结合，形成多功能景观；⑤注重预防，而不是缓解和补救；⑥降低雨水基础设施的建造和维护成本；⑦通过公众教育和参与，增强社区的环境保护能力。

1.2.4　水敏感城市设计

美国、英国、澳大利亚等国家在近几十年始终致力于最佳管理实践，以有效解决雨水径流问题。然而，受制于极端干旱条件和城市人口的增长，澳大利亚政府不得不将注意力从水生生态系统保护转向确保城市长期供水。20 世纪 90 年代初，澳大利亚提出一种兼顾了社会环境长期可持续性和水循环整体过程中所有方面的城市水管理方法，即现在的水敏感城市设计。1994 年,西澳大利亚发布了关于 WSUD 的第一部指南,同一时期维多利亚雨水倡议成立,发布了关于城市雨水环境管理的最佳实践指南(Roy et al., 2008;Morison and Brown, 2011;Ahammed, 2017)。

澳大利亚政府达成的国家水倡议协议将 WSUD 定义为:将城市规划与城市水循环的管理、保护和养护一体化,从而确保城市水管理对自然水文和生态过程具有敏感性。Mouritz 在其于 1991 年发表的文献中将 WSUD 描述为一种可对区域景观和环境资源限制做出反应的生态可持续型城市水管理的方法(Mouritz and Water Sensitive Design for Ecologically Sustainable Development, 1991)。该方法旨在将城市水循环的管理融入城市发展,最佳管理实践和最佳规划实践是 WSUD 的两个基本理念。在许多地方,WSUD 的最初驱动因素是通过改善雨水管理来减少城市发展和再开发的影响,然而在一些项目中,该理念发展为通过雨水和废水的再利用和循环利用来节约水资源。因此,WSUD 有两大功能:一个是雨水管理,侧重于洪水控制、污染控制和水收集(或再利用);另一个是废水管理,侧重于现场和当地的废水处理和再利用(Mouritz and Water Sensitive Design for Ecologically Sustainable Development, 1991;Lloyd et al., 2001;Barton and Argue, 2007;Wong and Brown, 2011)。为整合城市水循环,在过去的数十年里,WSUD 作为一种新型城市可持续发展方法被推广应用(Lloyd et al., 2001)。典型的 WSUD 技术包括渗透系统、生物滞留池、植被和生物过滤沼泽、砂过滤器、透水和多孔路面、人工湿地、池塘、植被过滤带和雨水池。除雨水池外,大部分技术都有入渗功能,因此 WSUD 技术也可以分为入渗系统和非入渗系统(Ahammed, 2017)。

WSUD 可以促进新开发项目的可持续用水管理,有助于创造地方认同感,增加当地的生物多样性,以及修复河流水量水质的潜力。但该方法在维持河流健康能力方面仍存在潜在的现实局限性:①存储和渗透雨水的空间有限;②污染物超出技术处理能力;③系统超过了恢复阈值(Roy et al., 2008;Vernon and Tiwari, 2009;Dahlenburg and Birtles, 2012;Water Sensitive SA, 2020)。WSUD 设计时应遵循以下原则:①降低洪水频率,洪水可能危及人类健康和安全,并破坏基础设施,应通过在径流源或其附近收集雨水减少洪水发生频率;②WSUD 的实施应有助于恢复激流区生态系统自然流态的关键组成部分,包括大小、持续时间、变化速率及低流量和高流量条件的频率;③最大限度地减少城市发展对周围水文环境的影响(Ahammed, 2017)。

1.2.5　可持续排水系统

为了更好地控制雨水流量及其质量,世界上大部分地区都采取了减少雨水径流的绿色措施,如 BMPs、GI、LID 等。在这些措施下,英国市政当局控制雨水径流源头的其中一种新兴做法是可持续排水系统。SuDS 最初是 D'Arcy 提出的可持续排水系统三角理论（水量、水质和栖息地/舒适度），1997 年 10 月苏格兰水务局 Jim Conlin 将其称为可持续城市排水系统，并以此描述雨水管理技术。2000 年，SUDS 正式作为雨水管理的术语之一出现在 CIRIA 发布的指南中。与传统地表水处理方式不同，人们不再认为过量的雨水是必须被清除的滋扰，而是一种可以利用的资源，在城市设计过程中，综合考虑水量、水质和舒适度三个因素来解决地表水排水问题的方法就是 SUDS（Loc et al.，2017；Fletcher et al.，2015；张华等，2009；Srishantha and Rathnayake，2017）。随着非城市地区对排水系统要求的提高，SUDS 的应用不再局限于城市，原词中指代城市的 "urban" 一词被删去，因此该理念逐渐被称为 SuDS。

在欧洲，实施 SuDS 的目标是保持公共健康、保护宝贵的水资源不受污染，以及保护生物多样性和自然资源以满足未来需要。除此之外，减少地表水泛滥、改善水质、增强环境的舒适度也是其建设目标。SuDS 设计实施包含四个关键步骤，即源头控制、预处理、保留和渗透，设计时考虑雨水技术要求及环境、社会和经济影响，通过过滤装置、渗沟、透水表面、储水区、洼地、集水区、滞留池、湿地和池塘，实现减缓径流、减少污染物和美化环境的目标（Srishantha and Rathnayake，2017）。

SuDS 具有很多优点，包括降低洪峰流量、改善水质、减轻通过水传播的疾病发病量、增加地区美学价值、提高环境舒适度、吸引野生动物促进生物多样性等。此外，在极端降雨情况下，SuDS 可以提供临时储存功能，以保护下游地区安全，避免发生洪涝灾害，同时还可以补充地下水位。但是 SuDS 也存在一些缺点有待克服，如设施需要定期维护且建造成本高等，在一定程度上阻碍其发展应用（Srishantha and Rathnayake，2017）。

1.2.6 低影响城市设计和开发

新西兰的低影响城市设计与开发是基于生态学和节能、紧凑型城市设计方法提出的一个可持续的生活理念，该方法通过有效管理雨水、废弃物、能源、运输和生态系统服务实现城市可持续发展，通过种植当地物种实现城市绿化，从而保护生态系统并提高居民福祉。LIUDD 包括利用自然系统和新型低影响技术的设计和开发实践，尽可能避免、最小化或减轻对环境的破坏（Eason et al.，2003；Ignatieva et al.，2008）。新西兰的 LIUDD 和美国的 LID 都主要致力于寻找对环境敏感的方法来管理城市雨水，如引入雨水花园、绿色屋顶、开阔的洼地、蓄水池和使用生态友好的透水表面等，两者都呼吁具有成本效益的城市设计和开发方法，创造尊重、保护和加强自然过程的社区环境。但与 LID 不同的是，在过去的一百多年里，成千上万种动植物被引入新西兰，对本地生物造成了极大的威胁，因此进行 LIUDD 设计时必须考虑对本地生物多样性的保护（Ignatieva et al.，2014）。

Auckland Regional Growth Strategy 中预计未来 50 年，所有新增长城区面积的 70% 将位于奥克兰大都会区，这使得 LIUDD 成为实现城市可持续发展的关键组成部分。近年来，随着 LIUDD 在新西兰的应用与研究，使其得到了更广泛的公众认可，也获得了政策法规上的支持。例如，奥克兰地区委员会在 2004 年的报告中提出，该地区必须在未来 10 年花费 25 亿美元更换老化的下水道和雨水管道，并将这些服务扩展到新的开发项目上，但仅投资于基础管道设施本身并不能减少污水溢出和雨水排放对该地区接收水体环境的不利影响。因此，为实现娱乐、人类健康、生态和经济目标，未来 20 年用于雨水服务所需的支出将在 200 亿～500 亿美元（Eason et al.，2003；Frame and Vale，2006）。

LIUDD 的目标是在不增加成本的情况下，避免常规城市发展带来的各种物理化学、生物多样性、社会和美化环境的不利影响，实现水文中立，保护水生和陆地生态的完整性。设计时的关键要素包括与自然合作避免或尽量减少不透水表面、利用植被帮助捕获污染物和沉积物、限制土方工程、保护和恢复本地生物多样性等。LIUDD 从最初的雨水管理发展而来，正在为城市可持续发展的许多方面做出重大贡献，包括减少泥沙和污染物负荷，减少雨水流量，减少不透水表面积，降低尘土量，增加植被覆盖面积，改善鱼类栖息地，保护本地生物多样性，恢复本地植被和传统食物来源，帮助社会文化恢复，改善城市居住舒适性和娱乐设施等优点。此外，还可以通过减少建造和定期更新有形资产（如管道）的需求来降低成本（Matunga，2000；Eason et al.，2003；Van Roon，2005；Ignatieva et al.，2014）。

1.2.7 海绵城市

为控制城市洪涝灾害，2012 年我国提出海绵城市的概念。2014 年，住建部发布《海绵城市建设技术指南——低影响开发雨水系统构建（试行）》，从此，海绵城市建设在国内得到了大力支持与推广。2015 年，财政部、住建部和水利部下发通知，中央财政对海绵城市建设试点给予专项资金补助，重庆、镇江、厦门等 16 个城市获批成为首批海绵城市建设试点，2016 年，北京、天津等 14 个城市成为海绵城市建设试点。在前期海绵城市建设试点经验的基础上，2021 年 5 月，财政部、住建部和水利部三部门联合发布《关于开展系统化全域推进海绵城市建设示范工作的通知》，决定开展系统化全域推进海绵城市建设示范工作，并将于 2021～2023 年通过竞争性选拔确定部分示范城市，并根据城市所在地区和行政区划不同，给予 7 亿～11 亿元的补助。经专家评审，长治市、无锡市、天水市等共 20 个城市被确定为首批示范城市。建设海绵城市的目的与城市排水系统的低影响开发和可持续发展相似，但涵盖内容更丰富，不仅为了增加城市地区雨水的管理和储存能力，还包括提高应对恶劣天气条件和水环境与生态问题的能力（Xu et al.，2018）。

海绵城市是指城市能够像海绵一样，在适应环境变化和应对自然灾害等方面具有良好的弹性，下雨时吸水、蓄水、渗水、净水，需要时将储存的水"释放"并加以利用。该理念集成了 LID、GI 等雨水管理理念，综合考虑水文中立、径流水质水量、景观潜力和生态价值以及防洪系统建设，系统解决城市水环境、水安全和水生态的问题。海绵城市本质上是一个以跨尺度水生态基础设施建设为核心，以自然积累、渗透、净化为特征的综合性平台。海绵城市建设遵循的基本原则是规划引领、生态优先、安全为重、因地制宜、统筹建设（中华人民共和国住房和城乡建设部，2014；Yin et al.，2021）。

根据海绵城市技术指南，海绵城市规划要考虑以下三方面：①对城市原有生态系统的保护，即尽可能地保护原有的河流、湖泊、湿地等；②生态修复，即对于已经受到破坏的水体和其他自然环境，运用生态手段进行恢复和修复，并保留一定比例的生态空间；③低影响开发，即按照对城市生态环境影响最低的开发建设理念，合理控制开发强度，在城市中保留足够的生态用地，控制城市不透水面积比例，最大限度地减少对城市原有水生态环境的破坏，同时，根据需求适当开挖河道湖泊、增加水域面积，促进雨水的积存、渗透和净化。此外，规划时要做到因地制宜，控制比例，不能破坏自然景观。海绵城市应当遵循生态优先的原则，将自然生态与人工海绵体相结合，在确保城市排水防涝安全的前提下，尽可能地实现雨水在城市区域的积存、渗透和净化，促进雨水资源的利用和生态环境的保护，以此来提升城市生态系统功能和减少城市洪涝灾害的发生次数，最终实现人与自然的和谐相处（李琦，2018）。

1.3 典型雨水资源化利用技术

随着现代雨水资源化利用的发展，绿色屋顶、透水铺装等技术得到快速推广及应用。参考住建部发布的《海绵城市技术导则》，渗、滞、蓄、排、净是目前常用雨水利用技术的主要功能，其中每项技术具有一到多项功能。例如，湿塘兼具蓄、滞、净 3 项功能，可以同时满足集蓄利用雨水、消减峰值流量及净化雨水及其径流污染的要求。本节对典型雨水资源化利用技术的概念、特点、适用范围等进行详细分析总结。

1.3.1 绿色屋顶

绿色屋顶（或生态屋顶）是一种用于绿色建筑的可持续技术，屋顶包括多层植被和生长介质。屋顶花园是现代绿色屋顶的前身，有着古老的根源。最早有记载的屋顶花园是现在叙利亚塞米拉米斯的空中花园，被认为是古代世界七大奇迹之一。现代绿色屋顶起源于 20 世纪初的德国，最初目的是减轻太阳辐射对屋顶结构的物理破坏，但因其广泛的环境效益迅速受到欢迎，1982 年第一版绿色屋顶技术指南面世（Oberndorfer et al.，2007；Zhao and Srebric，2012）。

常用的绿色屋顶可分为密集型绿色屋顶和广泛型绿色屋顶两类，此外还有垂直花园、生产型绿色屋顶等，此处仅对前两种绿色屋顶进行介绍。密集型绿色屋顶通常又被称为屋顶花园，强调对空间的积极利用，相较广泛型绿色屋顶，具有更高的审美价值。但此类屋顶需要更坚固的建筑结构，因植物生长需要，土壤深度通常在 20～60cm，重量可达 200～1000kg/m²，相应的建造养护成本也更高，需要定期维护，包括灌溉、施肥和除草等（Peck and Associates，1999；Teemusk and Mander，2006；Oberndorfer et al.，2007）。广泛型绿色屋顶通常有较浅的土壤和较低的植被覆盖，是对屋顶花园概念的现代改造（Oberndorfer et al.，2007），具有重量轻、投资成本低、维护要求低等特点，生长介质通常由矿物混合砂、砾石、压砖、泥炭、有机质和土壤组成，厚度为 5～15cm，每平方米质量增加72.6～169.4 kg（Peck and Associates，1999）。

绿色屋顶结构（图 1-1）自下而上依次为：建筑屋顶，有些工程设有隔热材料；防水层，通常由聚氯乙烯、高密度聚丙烯或沥青织物制成，中间或顶部常插入防根剂；保护层阻止植物根系扎入防水层，对其造成破坏；排水层，通常是土工织物滤布，有时带有内置的蓄水池；过滤层，防止基质层中的细颗粒堵塞排水层；基质层，根据保水、透水、适合根系生长和植物锚固特性选择，常由土壤、沙子、砾石、有机物和碎砖组成；植物，能抵抗极端温度、耐晒、抗旱、抗风。此外，植物与屋顶、女儿墙或防护栏之间的屏障是防止根穿透的关键（Peck and Associates，1999；Teemusk and Mander，2006）。进行绿色屋顶结构设计时可参考《种植屋面工程技术规程》（JGJ155）。

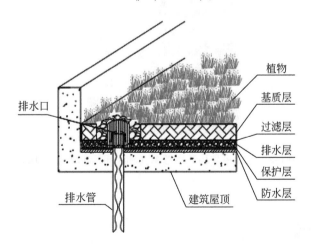

图 1-1　绿色屋顶构造示意图（源自：《海绵城市建设技术指南》）

绿色屋顶在设计时应满足以下要求：①若屋面坡度大于 20°，需配套挡板；②应采取适当措施保证植物根系生长不会破坏防水层,用于大面积绿化屋顶的植物必须是生长较低且根较浅的;③植物必须能够抵抗极端温度、阳光照射、缺水、过剩的水分和强风;④如果屋顶绿化对公众开放,必须符合建筑规范的某些要求,如必须建有一个高度满足要求的护栏、有足够的通道和出口等(Peck and Associates, 1999;Teemusk and Mander, 2006)。

绿色屋顶在生态、社会方面具有显著优点,如减少地表水径流、降低径流污染物负荷、改善雨水管理、更好地调节建筑温度、减少城市热岛效应,以及增加城市野生动物栖息地等(Moran et al., 2003;Teemusk and Mander, 2006;Oberndorfer et al., 2007)。

1.3.2 蓝色屋顶

蓝色屋顶是保留雨水的非植物源控制,通过在屋顶的排水口使用堰,造成临时积水从而缓慢释放雨水。蓝色屋顶主要使用浅色屋顶以利于屋顶冷却,相比于绿色屋顶,蓝色屋顶不仅能够减少峰值流量,其建造成本与养护费用也更低(Katiyar et al., 2011;Shafique et al., 2016)。

继绿色屋顶和蓝色屋顶之后,人们提出了将蓝色屋顶与绿色屋顶相结合的蓝绿屋顶(图1-2),这是一种创新的低影响开发实践,是绿色屋顶的改进形式,在土层以下有一个额外的存储空间(蓄水层),可以存储更多的水,具有增加蒸散速率、降低区域温度、减少雨水径流量等特点(Shafique et al., 2016;Shafique and Kim, 2017)。

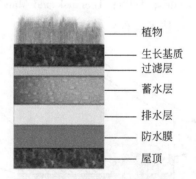

图1-2 蓝绿屋顶构造示意图(Shafique and Kim, 2017)

1.3.3 透水铺装

透水铺装指结构中包含小的空隙,可以让水通过透水基质进入土壤的一种地面覆盖系统,具有多种形式,如模块化的草地、砾石网格、多孔混凝土、透水沥青等(City of Long

Beach Department of Development Services et al.，2013）。在大多数应用中，透水路面只处理它所覆盖区域的雨水，在场地条件允许的情况下，也可作为储存系统设计，雨水通过基层多孔介质渗透到周围的底土（Fassman and Blackbourn，2010）。典型的透水路面包括以下要素：土基、透水底基层、透水基层、透水找平层和透水面，结构见图1-3。

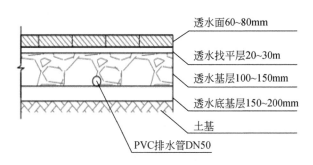

图 1-3　透水铺装结构示意图（源自：《海绵城市建设技术指南》）

透水铺装能够改变传统土地开发所带来的地面入渗减少、径流量及径流污染物含量增加的问题。不仅能够促进渗透、减少径流量，还能显著改善直接渗入地下水或通过地下排水沟排放的水的质量。根据地下条件，透水铺装可分为全渗透型、半渗透型和无渗透型透水铺装。全渗透透水铺装允许雨水充分渗入路基土壤；半渗透型不包括不透水衬垫，允许部分雨水渗透到路基，但需要一个地下排水系统；无渗透型包括地下排水和防止雨水渗入路基土的不透水衬垫，在有可能污染地下水或路基土渗透性低、有高膨胀潜力或由基岩组成时使用（EBA，2013）。

透水铺装设计时透水基层是关键，应采用均匀级配的石料，孔隙率不低于40%，同时还要考虑阻流、穿冻和结构能力。此外，土基有足够的渗透力使雨水渗入也是必要的，若土基渗透性低（水力传导率小于10^{-6} m/s），雨水可被输送到现有的雨水排水系统或雨水保留池（EBA，2013）。

透水铺装适用于各种住宅、商业和工业应用，但仅限于交通流量小的地区如住宅车道、路肩、交叉路口、消防车道和公用设施通道、高尔夫球场（车道和停车场）、停车场人行道、非机动车道等。在土壤渗透性很强的地区，由于径流污染物可通过下渗进入地下水，应谨慎使用透水铺装（Nature Resources Conservation Service Illinois，1999；Scholz and Grabowiecki，2007）。

1.3.4　植被缓冲带

植被缓冲带（图1-4）是沿河道或水体分布的常年植被带，包括能够拦截、过滤、吸收地表径流污染物的草地、被草地覆盖的水道或农田等植被区域系统（Qi and Altinakar，2011；付婧等，2019）。植被缓冲带是美国农业部自然资源保护署推荐用于面源污染物过程阻断的最有效的一种新型生态工程措施，最早在美国农业面源污染防治中得到应用，之后加拿大将植被缓冲带列入相关环境规划和水土管理措施当中，欧洲许多国家也开展了关于植被缓冲带的相关研究，并开始将其作为水质净化的一种措施推广使用（付婧等，2019）。

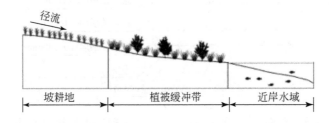

图1-4　植被缓冲带示意图（源自：《海绵城市建设技术指南》）

植被缓冲带是一种常用的场外结构性雨水利用技术，为提供污染物处理功能应设置足够浅的坡度以保证径流流态满足要求。如果设计和放置得当，可以显著改善水质、减缓径流速度，并允许泥沙和其他污染物沉淀，从而最大限度地减少土地侵蚀（Qi and Altinakar，2011）。

1.3.5　下沉式绿地

下沉式绿地将城市道路绿地设计为凹绿地，利用下凹空间的存储功能和土壤渗流能力，降低雨水径流，延缓洪峰形成时间，既具有传统城市道路交通组织、排水和道路景观功能，还具有减少洪涝灾害、减少城市绿地维护用水量、保障交通安全等功能（Zhang et al.，2014）。不仅适用于城市建筑、道路、广场等小型不透水区域，也适用于立交桥旁的大型集水区和郊区等（Li et al.，2010）。

下沉式绿地主要有两种：第一种带有排水系统，常被称为狭义的下沉式绿地（图1-5），适用于常年降水量大、大雨暴雨频率高且持续时间长的区域，绿地中设有溢流口、排水管道等，当路面径流较大、绿化带储蓄能力不足时，雨水可通过溢流口进入地下排水系统；第二种下沉式绿地兼具雨水收集和再利用功能，适用于降水较充沛及需要控制径流量的区域，结构中设有渗水沟、雨水收集管、蓄水池、泵站及回灌等雨水收集处理设施，收集的雨水可用于生态景观用水和道路清洁等（李玉芝等，2016）。由于第二种下沉式绿地结构复杂且形式多变，此处仅对狭义的下沉式绿地进行介绍。

下沉式绿地的设计应根据道路性质、交通组织、道路安全等要求，结合树木、灌木和地被植物的种植要求进行设计（Zhang et al., 2014）。设计的关键是确定绿地与周边道路及雨水溢流口的相对标高。设计参数包括凹深、面积比、淹没时间等，其中，凹深一般不超过 250mm，建议最小深度不小于 50mm（Li et al., 2010）。溢流口应设置在下沉式绿带内，高程高于绿地高程而低于路面高程，并与城市排水管相连。路沿应比路面高 10 ~ 20cm，与现有城市道路交叉布置，并在两侧一定距离设置雨水流入孔，让雨水进入绿地（Zhang et al., 2014）。

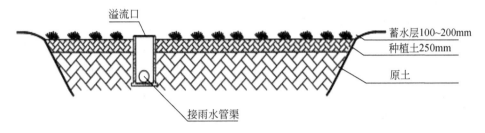

图 1-5 狭义的下沉式绿地结构示意图（源自：《海绵城市建设技术指南》）

1.3.6 植草沟

植草沟是一种种植植被的生态排水沟渠，可以将流入其中的径流雨水传送并排放至下一个雨水处理设施中，同时通过沉淀、滞留、吸附、植被吸收和微生物代谢等方式削减雨水径流中污染物浓度。在冬季有降雪的区域，植草沟还可以负责储存冬季道路养护期间清除的积雪（范钦栋和季晋晶，2019；章泽宇等，2020）。

植草沟主要有 3 种类型：转输型植草沟、干植草沟和湿植草沟。转输型植草沟（图 1-6）通常有宽阔的浅层植被通道，可有效地输送来自路面的径流；干植草沟兼具转输型植草沟的特点，还在干植草沟的底部设置了具有一定孔隙的过滤层，并在过滤层中设有排水管道，具有更强的雨水传输和渗透能力，基本保证植草沟中径流在水力停留时间内排送至下一个处理设施中；湿植草沟是指沟渠型的湿地处理系统，该系统可长期保持潮湿状态，具有更好的净化径流污染能力（章泽宇等，2020）。

植草沟设计时应满足以下要求：①浅沟断面形式宜采用倒抛物线形、三角形或梯形；②植草沟的边坡坡度（垂直：水平）不宜大于 1∶3，纵坡不应大于 4%，纵坡较大时宜设置为阶梯型植草沟或在中途设置消能台坎；③植草沟最大流速应小于 0.8m/s，曼宁系数宜为 0.2 ~ 0.3；④转输型植草沟内植被高度宜控制在 100 ~ 200mm；⑤植物应选择抗逆性强、根系发达、净化力强的植物，优先选择养护难度低、可粗放管理的乡土植物，同时要有基本的吸收净化汽车尾气等污染物的功能，并且能够消除、隔绝一定的噪声污染（中华

图 1-6　转输型植草沟结构示意图（源自：《海绵城市建设技术指南》）

人民共和国住房和城乡建设部，2014）。

　　植草沟适用于建筑与小区内道路，广场、停车场等不透水面的周边，以及城市道路及城市绿地等区域，也可将其作为生物滞留设施、湿塘等低影响开发设施的预处理设施。

1.3.7　生物滞留设施

　　生物滞留设施通过各种物理、生物和化学过程去除进入设施的径流中污染物，是一种景观浅洼地。通常包括蓄水区、覆盖层、种植土壤、植物，以及可选的地下砾石蓄水层，具有维持地下水补给、去除地表和地下水污染物、保护通道和减小峰值流量等特点（Davis et al.，2009；City of Long Beach Department of Development Services et al.，2013）。生物滞留设施主要有简易型（图 1-7）和复杂型（图 1-8）两种。复杂型生物滞留设施适用于径流污染严重、设施底部渗透面距离季节性最高地下水位或岩石层小于 1m、距离建筑物基础小于 3m（水平距离）的区域，需要对设施底部一定厚度的土壤进行置换，必要时需在底部设置防渗层，避免径流进入土基（中华人民共和国住房和城乡建设部，2014）。

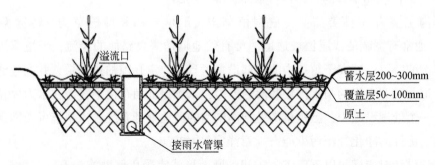

图 1-7　简易型生物滞留设施（源自：《海绵城市建设技术指南》）

　　生物滞留设施主要包括与周边衔接的护坡（分直立式和自然式）、进水口（防冲刷设施）、溢流井、溢流井盖、检查口、景观植物组团等部分，自上而下设置超高层、蓄水层、树皮覆盖层、过滤层、过渡层、排水层、防渗层，各层级及其厚度可根据实际需要灵活变

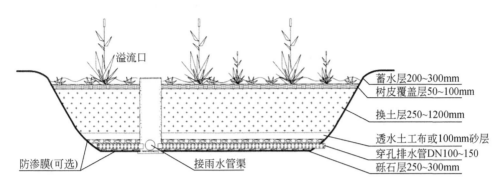

图 1-8　复杂型生物滞留设施（源自：《海绵城市建设技术指南》）

化，但应该满足过滤、植物生长、结构稳定的要求。该设施可设置于停车场、广场、道路、建筑等不透水下垫面和透水铺装的周边，具体布置应与汇水面径流组织设计相结合，精细分析和设计地面高程，有效布置截流和转输设施，明确汇水面径流收集、处置和排放的路径（李澄等，2020；北京建筑大学和长春市市政工程设计研究院有限责任公司，2022）。

随着生物滞留设施的推广应用，现已出现了地下排水生物滞留设施（bioretention with underdrain）、种植箱（planter boxes）、生物渗滤设施（bioinfiltration）、生物滞留洼地（bioretention swales）以及沙质过滤器（sand filters）等多种在生物滞留设施基础上演变形成的低影响开发措施（Boskovic，2008；City of Long Beach Department of Development Services et al.，2013）。由于此类设施应用相对较少，资料不够全面，本书中所指生物滞留设施均为简易型和复杂型生物滞留设施。

1.3.8　雨水罐

雨水罐也称雨水桶（图 1-9），为地上或地下封闭式的简易雨水集蓄利用设施，可用塑料、玻璃钢或金属等材料制成，主要用于收集利用雨水，具有节省淡水供应量、减少雨水径流量、降低流入下游水道径流污染物含量的作用（Water Sensitive SA，2020）。

雨水罐多为成型产品，施工安装方便且便于维护，但其储存容积较小，雨水净化能力有限，适用于单体建筑屋面雨水的收集利用，常用于家庭雨水收集或小型雨水收集工程。雨水罐安装需要满足以下要求：①有落水管的屋顶区域；②需要一个水平且牢固的地面来支撑雨水桶，且雨水桶被固定住以防翻倒，若安装在斜面上，应找合适的材料将底座找平后安装；③一个 55gal（1gal≈3.785L）的雨水桶重量可超过 400 磅（1 磅≈0.454kg），因此雨水桶必须用坚固的建筑材料抬高并远离挡土墙；④使用所收集雨水的区域与雨水桶的距离必须在合理范围内；⑤雨水罐入口设置滤网，以便径流进入时去除其中较大的碎片或颗粒物，此外入口处设有可拆卸的儿童防护盖和防蚊屏障（City of Long Beach Department of Development Services et al.，2013）。

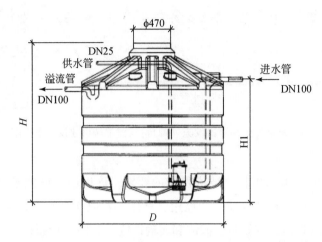

储水罐规格尺寸表

规格	D/mm	H/mm	H1/mm	储水量/m³
CG-1.5	1150	1850	1478	1.5
CG-3.5	1800	1969	1520	3.5
CG-5.0	2290	2200	1580	5.0

图 1-9　雨水罐结构图及规格尺寸表（源自：《国家建筑标准设计图集 10SS705》）

1.3.9　蓄水池

蓄水池指具有雨水储存功能的集蓄利用设施，同时也具有削减峰值流量的作用，主要包括钢筋混凝土蓄水池，砖、石砌筑蓄水池及塑料蓄水模块拼装式蓄水池，用地紧张的城市大多采用地下封闭式蓄水池。蓄水池具有节省占地、雨水管渠易接入、避免阳光直射、防止蚊蝇滋生、储存水量大等优点，雨水可回用于绿化灌溉、冲洗路面和车辆等，但建设费用高，后期需重视维护管理（中华人民共和国住房和城乡建设部，2014）。

蓄水池适用于有雨水回用需求的建筑与小区、城市绿地等，特别是有面积屋顶以及高用水需求的地方，如住宅公寓、办公楼等公共建筑或大型花园。根据雨水回用用途（绿化、道路喷洒及冲厕等）的不同，蓄水池需配建相应的雨水净化设施，该技术不适用于无雨水回用需求和径流污染严重的地区（中华人民共和国住房和城乡建设部，2014）。

1.3.10 雨水花园

雨水花园是指在地势较低区域种有各种灌木、花草及树木等植物的专类工程设施，主要通过天然土壤或人工土以及植物的过滤作用净化雨水，达到减小径流污染的目的。同时，蓄水层还可以消纳小面积汇流的初期雨水，之后慢慢入渗土壤来减少径流量。这是一种行之有效的雨水自然净化与处置技术，是运用了生物滞留的原理模仿自然界雨水渗滤功能的旱地生态系统（周莹，2011；中华人民共和国住房和城乡建设部，2014；林瑞，2015）。

雨水花园起源于 20 世纪 90 年代的美国马里兰州乔治王子县，当地环境项目负责人 Larry Coffman 为了改善化粪池系统和雨水处理设施的质量，提出构建一种类似生物滞留设施的小型旱地生态系统，将其命名为 "Rain Garden"，该系统可通过植物体系过滤下渗雨水。21 世纪初，国外进行了关于雨水花园的理论探索，并取得了一系列成果。尤其以美国、日本、澳大利亚、德国等国发展最为迅速，建成了许多优秀案例。最为经典的有美国的唐纳德溪水公园、波特兰绿色街道以及德国汉诺威康斯伯格（Kronsberg）的雨水花园等（唐双成，2016；熊作明和纪昊青，2019）。

雨水花园的结构（图 1-10）主要分为 5 部分：蓄水层、树皮覆盖层、种植土层、人工填料层和砾石层。其中，在填料层和砾石层之间可以铺设一层砂层或土工布，当有蓄积要求或要排入水体时还可以在砾石层中埋置集水穿孔管（周莹，2011）。

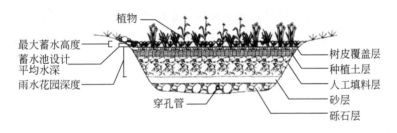

图 1-10 雨水花园结构图（万乔西，2010）
在实际工程中，砂层可不设，也可用土工布替换

雨水花园设计时应因地制宜，考虑当地自然条件及径流污染情况选取适当的植物和结构，各结构具体设计要求如下。

（1）蓄水层：供临时蓄水之用，沉淀水中携带的部分固体颗粒，有利于去除附着在沉淀物上的金属离子和有机物。蓄水层深度一般为 10 ~ 25mm，具体根据当地降水情况和周围地形等因素确定。

（2）覆盖层：覆盖层材料一般由树皮构成，最大深度为 50 ~ 80mm。覆盖层既可以保持土壤湿度,避免表层土壤板结造成渗透性能降低,还在树皮–土壤界面上营造了一个微生物环境,有利于微生物生长和有机物降解。此外,覆盖层还有助于减少径流雨水的侵蚀。

(3)种植土层:种植土层为植物根系吸附和微生物降解污染物提供一个很好的场所,有较好的过滤和吸附作用。一般选用渗透系数较大的砂质土壤,其主要成分中砂子含量为60%~85%,有机成分含量为5%~10%,黏土含量不超过5%。种植土层厚度根据植物类型而定,当采用草本植物时一般厚度在250mm左右。

(4)人工填料层:人工填料层位于种植层的下层,区别于适合植物生长的种植层,人工填料层主要目的是便于下渗,多选用渗透性较强的天然或人工材料,其厚度应根据当地的降雨特性、雨水花园的服务面积等确定,为0.5~1.2m,当选用砂质土壤时,其主要成分与种植土层一致。

(5)砾石层:砾石层是雨水花园结构的最下层,主要由直径不超过50mm的砾石组成,厚度为200~300mm,可在其中埋置直径为100mm的穿孔管,经过渗滤的雨水由穿孔管收集进入邻近的河流或其他蓄积系统。为了防止土壤等颗粒物进入砾石层,通常在填料层和砾石层之间铺一层土工布或铺设一层150mm厚的砂层,不仅可以防止土壤颗粒堵塞穿孔管,还能起到通风的作用。但相比砂层,土工布容易被颗粒物堵塞(向璐璐等,2008;张婧,2010;林瑞,2015;黄艺璇,2017)。

总体上,雨水花园具有"渗"、"滞"和"净"的多种功能,可以有效去除径流中的污染物,降低径流流速,削减径流量,补充地下水,调节空气湿度和温度,减轻热岛效应并改善周围的环境条件。除此以外,雨水花园营造的小生态环境可以为一些鸟类,以及蝴蝶、蜻蜓等昆虫提供食物及栖息地,具有很好的景观和生态效果(罗红梅等,2008)。

1.3.11 雨水湿地

雨水湿地利用物理、水生植物及微生物等作用净化雨水,是一种高效的径流污染控制设施,主要分为雨水表流湿地和雨水潜流湿地,一般设计成防渗型以便维持雨水湿地植物所需要的水量,雨水湿地常与湿塘合建并设计一定的调蓄容积(中华人民共和国住房和城乡建设部,2014)。

雨水湿地与湿塘的构造相似,一般由进水口、前置塘、沼泽区、出水池、溢流出水口(溢流竖管、溢洪道)、护坡及驳岸、维护通道等构成(图1-11)。设计时应满足以下要求:①进水口和溢流出水口应设碎石、消能坎等消能设施,防止水流冲刷和侵蚀。②雨水湿地应设置前置塘对径流雨水进行预处理;③沼泽区包括浅沼泽区和深沼泽区,是雨水湿地主要的净化区,其中浅沼泽区水深范围一般为0~0.3m,深沼泽区水深范围为一般为

0.3～0.5m，根据水深不同种植不同类型的水生植物；④雨水湿地的调节容积应在24h内排空；⑤出水池主要起防止沉淀物再悬浮和降低温度的作用，水深一般为0.8～1.2m，出水池容积约为总容积（不含调节容积）的10%（中华人民共和国住房和城乡建设部，2014）。

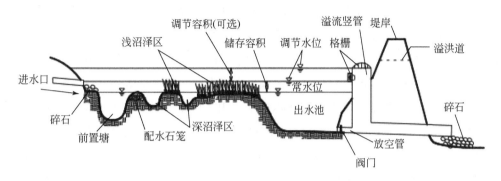

图1-11 雨水湿地结构示意图（源自：《海绵城市建设技术指南》）

雨水湿地可有效削减污染物，并具有一定的径流总量和峰值流量控制效果，但建设及维护费用较高，适用于具有一定空间条件的建筑与小区、城市道路、城市绿地、滨水带等区域（中华人民共和国住房和城乡建设部，2014）。

1.3.12 湿塘

湿塘（图1-12）指以雨水作为主要补水水源，具有雨水调蓄和净化功能的景观水体。湿塘有时可结合绿地、开放空间等场地条件设计为多功能调蓄水体，平时发挥正常的景观、休闲娱乐功能，暴雨发生时发挥调蓄功能，实现土地资源的多功能利用。一般由进水口、前置塘、主塘、溢流出水口、护坡及驳岸、维护通道等构成，可有效削减较大区域的

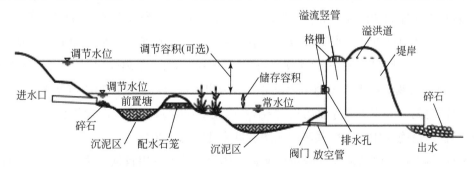

图1-12 湿塘结构示意图（源自：《海绵城市建设技术指南》）

径流总量、径流污染和峰值流量，是城市内涝防治系统的重要组成部分，但对场地条件要求较严格，建设和维护费用高（中华人民共和国住房和城乡建设部，2014）。

湿塘应满足以下要求：①进水口和溢流出水口应设置碎石、消能坎等消能设施，防止水流冲刷和侵蚀。②前置塘为湿塘的预处理设施，起到沉淀径流中大颗粒污染物的作用，池底一般为混凝土或块石结构，便于清淤；前置塘应设置清淤通道及防护设施，驳岸形式宜为生态软驳岸，边坡坡度（垂直：水平）一般为1：2～1：8，前置塘沉泥区容积应根据清淤周期和所汇入径流雨水的悬浮污染物（suspended solids，SS）负荷确定。③主塘一般包括常水位以下的永久容积和储存容积，永久容积水深一般为0.8～2.5m，储存容积一般根据所在区域相关规划提出的"单位面积控制容积"确定，具有峰值流量削减功能的湿塘还包括调节容积，调节容积应在24～48h内排空，主塘与前置塘间宜设置水生植物种植区（雨水湿地），主塘驳岸宜为生态软驳岸，边坡坡度（垂直：水平）不宜大于1：6。④溢流出水口包括溢流竖管和溢洪道，排水能力应根据下游雨水管渠或超标雨水径流排放系统的排水能力确定。⑤深度超过0.7m的湿塘应设置护栏、警示牌等安全防护与警示措施（中华人民共和国住房和城乡建设部，2014）。

湿塘适用于建筑物或小区、城市绿地、广场等具有空间条件的场地。湿塘设计选择场地时应考虑维护是否容易，在设计时应提供适合管理的条件，包括在塘周围应设空地以便于塘维修时能储存底泥（车伍和李俊奇，2006；中华人民共和国住房和城乡建设部，2014）。

1.3.13 调节塘

调节塘也称干塘（图1-13），以削减峰值流量功能为主，也可通过合理设计使其具有渗透功能，起到一定的补充地下水和净化雨水的作用。调节塘一般由进水口、调节区、出口设施、护坡及堤岸构成，设计时应满足以下要求：①进水口应设置碎石、消能坎等消能设施，防止水流冲刷和侵蚀；②应设置前置塘对径流雨水进行预处理；③调节区深度一般为0.6～3m，塘中可以种植水生植物以减小流速、增强雨水净化效果，塘底设计成渗透面时，底部距离季节性最高地下水位或岩石层不应小于1m，距离建筑物基础不应小于3m（水平距离）；④调节塘出水设施一般设计成多级出水口形式，以控制调节塘水位，增加雨水水力停留时间（一般不大于24h），控制外排流量；⑤调节塘应设置护栏、警示牌等安全防护与警示措施（中华人民共和国住房和城乡建设部，2014）。

调节塘具有控制峰值流量、减少径流量、建设及维护费用较低等优点，但其功能较为单一，普通干塘不美观，污染物去除效率低，需经常维护，宜利用下沉式公园及广场等与湿塘、雨水湿地合建，构建多功能调蓄水体（中华人民共和国住房和城乡建设部，2014）。

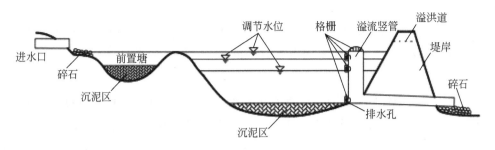

图 1-13　调节塘结构示意图（源自：《海绵城市建设技术指南》）

调节塘主要用于公园、滨河等集中绿地、居住区绿地等具有较大空间的城市功能区，也可设置在需控制雨水径流量的区域（陕西省西咸新区开发建设管理委员会，2016）。在土地资源紧缺的城市或住宅区，应尽可能与其他场地统一规划设计，如低洼的运动场等。

1.3.14　渗透塘

渗透塘（图 1-14）指雨水通过侧壁和池底进行入渗的滞蓄水塘，是一种用于雨水下渗补充地下水的洼地，具有一定净化雨水和削减峰值流量的作用（中华人民共和国住房和城乡建设部，2014）。渗透塘由一个在自然透水土壤中建造的泥土盆地组成，底部平坦，通常种植旱地草或灌溉草坪草，其主要功能是将设计径流保留在盆地中，并允许蓄存的径流在特定的时间内渗透到底层的原生土壤中（City of Long Beach Department of Development Services et al.，2013）。

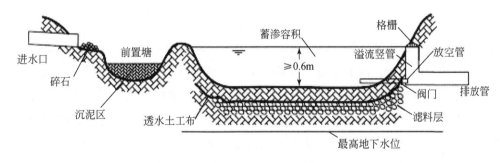

图 1-14　渗透塘结构示意图（源自：《海绵城市建设技术指南》）

渗透塘应满足以下要求：①渗透塘前应设置沉砂池、前置塘等预处理设施，去除大颗粒的污染物并减缓流速，有降雪的城市，应采取弃流、排盐等措施防止融雪剂侵害植物；②渗透塘边坡坡度（垂直：水平）一般不大于 1∶3，宽深比不小于 6∶1，塘底至溢流水位一般不小于 0.6m；③渗透塘底部一般由 200～300mm 的种植土、透水土工布及 300～

500mm 的过滤介质层组成；④宜设置排空设施，渗透塘排空时间不应大于 24h；⑤渗透塘应设溢流设施，并与城市雨水管渠系统和超标雨水径流排放系统衔接，渗透塘外围应设安全防护措施和警示牌（北京市规划委员会，2013；中华人民共和国住房和城乡建设部，2014）。

渗透塘建设费用较低，并且可以有效补充地下水、削减峰值流量，但对场地条件要求较严格，对后期维护管理要求较高（中华人民共和国住房和城乡建设部，2014）。渗透塘最大优点是渗透面积大，能提供较大的渗水和储水容量，净化能力强，对水质和预处理要求低，管理方便，具有渗透、调节、净化、改善景观、降低雨水管系负荷与造价等多重功能。渗透塘缺点是占地面积大，在拥挤的城区应用受到限制，设计管理不当会造成水质恶化、蚊虫孳生和池底的堵塞，导致渗透能力下降；在干燥缺水地区，当需维持水面时，由于蒸发损失大，需要兼顾各种功能并作好水量平衡。渗透塘一般池容较大，调蓄能力较强，但后期经常因土壤饱和造成渗透能力下降，应考虑渗透塘渗透能力的恢复，如定期清淤或晾晒（车伍和李俊奇，2006）。

渗透塘适用于汇水面积较大（大于 1hm^2）且具有一定空间条件的区域，其不透水面的面积与有效渗水面积的比值应大于 15，渗透系数不小于 10^{-5} m/s。在用于径流污染严重、设施底部渗透面距季节性最高地下水位或岩石层小于 1m 及距离建筑物基础小于 3m（水平距离）的区域时，应采取必要的措施防止发生次生灾害（中华人民共和国住房和城乡建设部，2014）。渗透池（塘）一般与绿化、景观结合起来设计，充分发挥城市宝贵土地资源的效益（车伍和李俊奇，2006）。

1.3.15 调节池

调节池为调节设施的一种，主要用于削减雨水管渠峰值流量，常用溢流堰式或底部流槽式。溢流堰式调节池，调节池通常设置在干管一侧，有进水管和出水管。进水管较高，管顶一般与池内最高水位持平；出水管较低，管底一般与池内最低水位持平。底部流槽式调节池（图 1-15），雨水从上游干管进入调节池，当进水量小于出水量时，雨水经设在池最底部的渐缩断面流槽全部流入下游干管而排走，池内流槽深度等于池下游干管的直径。当进水量大于出水量时，池内逐渐被高峰时的多余水量所充满，池内水位逐渐上升，直到进水量减少至小于池下游干管的通过能力时，池内水位才逐渐下降，至排空为止（中华人民共和国住房和城乡建设部，2014；北京市规划委员会，2013）。

调节池应满足以下要求：①调蓄容积应根据需要控制的初期雨水量、需要削减的雨水管道峰值流量确定；②排空时间应小于 12h，放空流量不超过下游管道排水能力；③应优先采用重力自流排空，可采用设置流量控制井或利用出水管管径控制出水管渠流量；④当

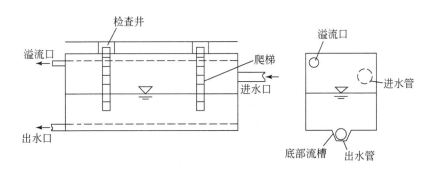

图 1-15 底部流槽式调节池结构示意图（源自：《海绵城市建设技术指南》）

设置水泵排空时，宜采用雨后启泵排空，设于埋地调蓄池内的潜水泵应采用自动耦合式；⑤池底应设集泥井，集泥井上方应设检查口或者人孔，当调蓄池分格时，每格都应设检查口和集泥坑，池底设不小于5%坡度的坡向集泥坑，检查口附近宜设给水栓和排水泵的电源；⑥宜设冲洗设施；⑦应设有溢流排水措施，溢流出水进入雨水管道；⑧应设通气管（天津市住房和城乡建设委员会，2016）。

调节池可有效削减峰值流量，但其功能单一，建设及维护费用较高，宜利用下沉式公园及广场等与湿塘、雨水湿地合建，构建多功能调蓄水体。调节池适用于城市雨水管渠系统，削减管渠峰值流量（中华人民共和国住房和城乡建设部，2014）。另外，用于控制径流污染的雨水调蓄池出水应接入污水管网，当下游污水处理系统不能满足雨水调蓄池放空要求时，应设置雨水调蓄池出水处理装置（中华人民共和国住房和城乡建设部，2016）。

1.3.16　渗井

渗井指通过井壁和井底进行雨水下渗的设施，为增大渗透效果，可在渗井周围设置水平渗排管，并在渗排管周围铺设砾（碎）石（中华人民共和国住房和城乡建设部，2014）。渗井的作用是将屋面或地面径流暂时储存在干井和周围填料的空隙中，并通过持续渗透作用将雨水渗透到周围土壤中（陕西省西咸新区开发建设管理委员会，2016）。渗井具有占地面积和所需地下空间小，便于集中控制管理的优点；缺点是净化能力低，水质要求高。此外，渗井同样存在渗透堵塞的问题，应考虑截污、弃流等预处理措施（车伍和李俊奇，2006）。

渗井应满足下列要求：①雨水通过渗井下渗前应通过植草沟、植被缓冲带等设施对雨水进行预处理；②渗井出水管的管内底高程应高于进水管管内顶高程，但不应高于上游相邻井的出水管管内底高程；③渗井调蓄容积不足时，也可在渗井周围连接水平渗排管，形成辐射渗井，辐射渗井的典型构造如图 1-16 所示；④入渗井间的最小间距不宜小于储水深度的 4 倍；⑤渗井距离建筑物要保持一定的距离，以保证建筑物地基的稳定性，同时与取水井和污水设施也需保持一定的距离（中华人民共和国住房和城乡建设部，2014；中华人民共和国住房和城乡建设部，2016）。

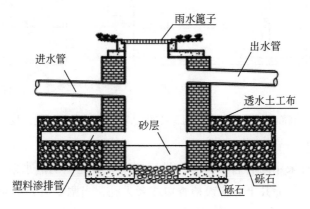

图 1-16　辐射渗井结构示意图（源自：《海绵城市建设技术指南》）

渗井雨水处理规模较小，适用于较小的不透水汇流区域，汇流面积一般小于 0.4hm²，一般多用于处理屋顶径流等（陕西省西咸新区开发建设管理委员会，2016）。由于净化能力低，一般不适用于雨水径流污染严重的地区，如工厂等区域，在应用于径流污染严重、设施底部距离季节性最高地下水位或岩石层小于 1m 及距离建筑物基础小于 3m（水平距离）的区域时，应采取必要的措施防止发生次生灾害（中华人民共和国住房和城乡建设部，2014）。

1.3.17　渗管/渠

渗管/渠指具有渗透功能的雨水管/渠，是在传统雨水排放的基础上，将雨水管或明渠改为渗透管（穿孔管）或渗透渠，周围回填砾石，雨水通过埋设于地下的多孔管材向四周土壤层渗透的一种技术（车伍等，2006）。渗管/渠典型构造如图 1-17 所示，可采用穿孔塑料管、无砂混凝土管/渠和砾（碎）石等材料组合而成，设计时应满足以下要求：①渗管/渠应设置植草沟、沉淀（砂）池等预处理设施；②渗管/渠开孔率应控制在 1%~3%，无砂混凝土管孔隙率应大于 20%；③渗管/渠的敷设坡度应满足排水的要求；④渗管/渠四周应填充砾石或其他多孔材料，砾石层外包透水土工布，土工布搭接宽度不应少于 200mm；⑤渗管/渠设在行车路面下时覆土深度不应小于 700mm，渗透管沟间的最小净间距不宜小于 2m（中华人民共和国住房和城乡建设部，2014）。

渗管/渠的主要优点是占地面积少，便于在城区及生活小区设置，可以与雨水管系、渗透池、渗透井等综合使用，也可以单独使用。缺点是一旦发生堵塞或渗透能力下降，地

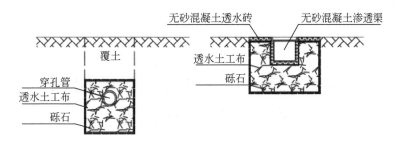

图 1-17　渗管/渠结构示意图（源自：《海绵城市建设技术指南》）

下式管沟很难清洗恢复，而且由于不能充分利用表层土壤的净化功能，对雨水水质有要求，应采取适当预处理措施使雨水不含悬浮固体（车伍和李俊奇，2006）。

渗管/渠适用于用地紧张的城区，表层土渗透性很差而下层有透水性良好的土层、旧排水管系的改造利用、雨水水质较好、狭窄地带等条件，一般要求土壤的渗透系数较大，距地下水位较远（车伍和李俊奇，2006）。不适用于地下水位较高、径流污染严重及易出现结构塌陷等不宜进行雨水渗透的区域（如雨水管渠位于机动车道下等）（中华人民共和国住房和城乡建设部，2014）。

1.4　小　　结

雨水资源化利用经历了由盛而衰的过程，然而在城市化快速发展的当今时代，雨水利用再次被各国重视以缓解因社会经济及人口发展过快带来的水资源紧缺等问题。随着雨水利用的再次兴起，各国根据实际国情先后提出 LID、WSUD、海绵城市等目的相近但并不完全相同的雨水管理理念。这些理念都致力于控制雨水及径流的水量、水质并对其进行资源化利用，尽可能减小城市开发对原有自然生态系统的破坏。但是各理念也并非完全相同，如相比于其他理念，GI 只包含结构性措施的使用，不涉及政策、法规等非结构性措施；LIUDD 在注重雨水管理的同时，十分重视本土植物的保护与应用等。本章对国际上典型的雨水管理理念进行汇总整理，并简要介绍了各理念的发展历程。此外，对于国内常用的雨水利用技术，其概念、特点、适用范围、设计原则等在 1.3 节中依次进行介绍，具体设计方法可在《海绵城市建设技术指南——低影响开发雨水系统构建》和各地发布的地方海绵城市技术指南中查阅。

|第2章| 雨水资源化利用 效益分类及计算

LID、BMPs 等雨水管理理念提出后，国内外雨水利用工程数量日益增多。目前对雨水利用技术体系的研究不再局限于工程应用潜力及可行性分析、径流水量水质控制效果等方面，还包括对雨水利用技术体系效益的计算。国内外雨水利用技术体系效益计算主要包括成本、经济、生态及社会效益。其中，成本和经济效益计算方法已较为成熟，而在其他领域，健康效益、劳动力就业影响等部分社会效益指标也可通过资料分析、价值替代等方法进行客观货币价值计算，但在雨水利用技术体系中尚且缺少相关方法的应用研究。

货币作为一种简单清晰且易于被人们接受的价值衡量指标，若将雨水利用技术体系各效益指标计算结果以货币形式体现，不仅能够有效提高人们对雨水利用技术及其效益的认识、促进该技术在城市建设中的推广，还会使各雨水利用技术对经济、生态和社会的影响大小更加清晰，为雨水利用规划设计以及工程建成后的效益计算提供参考。因此，本章在相关领域已有研究的基础上，从经济、生态、社会效益三方面，建立一套完整的雨水利用技术效益计算方法，为雨水利用技术建设效果评价提供参考（图 2-1）。

本章将雨水利用效益划分为经济、生态、社会效益 3 类 23 种评价指标，利用市场价值替代，专家问卷调查等方法将各指标统一货币化，并结合层次分析计算，将效益计算结果去量纲化后进行综合效益评价（图 2-1）。

2.1 雨水资源化利用效益分类

雨水利用技术具有不同程度的下渗、调蓄等作用，可以有效降低地表径流量，减缓洪峰形成时间，减少洪峰流量，能在一定程度上减小洪涝发生的风险，保护人民生命财产安全。参考相关研究中对雨水利用技术效益指标的界定与划分，本章将雨水利用所带来的直接经济效益如减少城市排水设施运行、缓解水资源紧缺等划分为经济效益，将通过对环境的改善作用而带来的诸如固碳释氧、消除黑臭水体等效益划分为生态效益，将雨水利用工程建成后对居民生活及身体健康的影响作用，如降低周边噪声、提高居民居住舒适性等效益划分为社会效益。雨水利用技术成本效益评估指标及其分类见表 2-1。

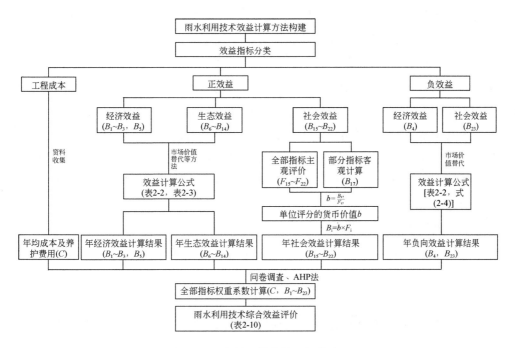

图 2-1　雨水利用技术效益评估流程

表 2-1　雨水利用技术成本效益评估指标及其分类

分类	成本	经济效益	生态效益	社会效益
计算指标	成本及养护费用 C	减少城市排水设施运行 B_1 缓解水资源紧缺 B_2 减少污水处理费用 B_3 减少生态用水带来的经济效益 B_4 减少调水费用 B_5	回补地下水 B_6 固碳释氧 B_7 减缓热岛效应 B_8 净化水质 B_9 净化空气 B_{10} 增加大气湿度 B_{11} 防洪排涝 B_{12} 消除黑臭水体 B_{13} 减少雨污合流制溢流污染 B_{14}	为当地居民增加工作岗位 B_{15} 促进周边房产升值 B_{16} 带动当地绿色经济发展 B_{17} 健康效益 B_{18} 降低周边噪声 B_{19} 推动水文化发展 B_{20} 提高居民居住舒适度 B_{21} 提高城市美化度 B_{22} 避免蚊虫过多带来健康影响 B_{23}

由于雨水利用技术的直接经济效益通过滞留、储存的雨水水量实现，各项经济效益指标间差异不够明显，为便于读者理解，现对 $B_1 \sim B_5$ 效益指标依次解释如下。

减少城市排水设施运行 B_1：降雨及其径流进入雨水利用技术时被设施留存消耗，从而未进入城市排水设施，这部分水量减少设施运行成本所带来的效益。

缓解水资源紧缺 B_2：具有储水功能的雨水利用技术收集净化雨水用于补充淡水资源，避免当地因水资源不足所带来的损失。

减少污水处理费用 B_3：降雨及其径流进入雨水利用技术时被设施留存消耗，从而未进入污水处理厂处理净化，降低污水处理厂工作负荷与处理成本的效益。

减少生态用水带来的经济效益 B_4：雨水利用技术建成使用后，设施所收集的雨水及其径流可作为其正常运行的补充水源，从而减少人工补水所消耗生态水量带来的效益。对于大部分雨水设施，设施内留存的雨水不足以维护其正常运行，需要人工补充，导致设施管理单位需要向当地支付生态水费，从而降低经济效益，因此减少生态用水带来的经济效益 B_4 通常为负。

减少调水费用 B_5：对于需要从其他城市调水来满足城市用水需求的地区，雨水利用技术通过存储、净化雨水，向当地提供淡水资源降低政府向其他城市购买淡水所带来的效益。

2.2 雨水资源化利用经济、生态效益及计算

2.2.1 基础数据

雨水利用技术的经济和部分生态效益主要通过设施对雨水及径流水量、水质的控制作用实现，因此，在评估其经济、生态效益前，应先计算出进入或流经该设施的雨水及径流水量，本章将这些水量统称为雨水利用效益计算的基础水量。此外，除了雨水的收集利用和对径流的控制作用外，雨水利用技术较高的绿地覆盖率及丰富的孔隙结构，在空气净化、径流污染物去除等方面也具有很好的效益，使其具有丰富的生态功能。因此，还需对其年植物固碳量、空气中污染物去除量等其他参数进行计算，以便通过市场价值替代等方法计算其生态效益价值。

1）基础水量

雨水利用技术具有渗、滞、蓄、排、净五项主要功能，不同技术各功能的强弱不同，同时，不同功能所带来的效益也并不相同。因此，根据雨水利用技术的典型构造及功能，将基础水量细分为年雨水滞水量 W_1、年雨水蓄水量 W_2、年下渗雨水量 W_3、年生态需水量 W_4 以及年净化雨水量 W_5。其中，年雨水滞水量 W_1 为滞留在设施中并未形成径流的雨水量，m^3；年雨水蓄水量 W_2 为设施收集起来利用的雨水量，m^3，对于以蓄水功能为主的雨水利用技术，其蓄水量等于滞水量；年下渗雨水量 W_3 为经过设施进入地表土壤的雨水量，m^3；年生态需水量 W_4 在本书中主要考虑维持设施正常运行所消耗水量，

m^3；年净化雨水量 W_5 为经过设施净化处理的雨水量，m^3。

由于不同雨水利用技术结构功能具有较大差异，各技术基础水量的计算各不相同，为简化计算过程，根据《海绵城市建设技术指南》低影响开发设施比选一览表中对不同雨水利用技术各项功能强弱的评价结果，对功能评价为弱的雨水利用技术，其功能对应的基础水量忽略不计，如渗透塘集蓄利用雨水的功能评价为弱或很小，则该技术年蓄水量 W_2 取 $0m^3$。参考左建兵等（2009）关于雨水利用量的计算方法，各雨水利用技术基础水量的计算公式见表 2-2。

在年雨水滞水量 W_1 的计算中，由于下沉式绿地和生物滞留设施通常设有一定蓄水层，可容纳汇水区域的降水径流，若无装置对设施内水量进行实时监测，将很难准确计算该设施年雨水滞水量 W_1。考虑到此类技术具有良好的渗透性，对径流的控制作用较好，本书假定大雨及以上降雨才会填满该设施的蓄水层，多余的雨水通过溢流口排出。因此，其年雨水滞水量 W_1 取蓄水层面积、蓄水层深度，以及大雨及以上降雨的年平均降雨计算场次三者间的乘积。

此外，雨水罐、蓄水池计算年雨水滞水量 W_1 时，汇水面积（A_c）参考暴雨设计公式确定，具体计算公式如下：

$$A_c = \frac{1000 \times V}{(h_y - \delta) \times \varphi_z} \tag{2-1}$$

式中，V 为设计容积，m^3；h_y 为设计暴雨降雨量，mm；δ 为初期雨水弃流量，mm；φ_z 为汇水区域综合径流系数（中华人民共和国住房和城乡建设部，2014）。

在年生态需水量 W_4 的计算中，不同雨水利用技术绿地覆盖率不同，因此其绿化面积 A_g 由下式计算获得：

$$A_g = \lambda \times A \tag{2-2}$$

式中，λ 为该技术的绿地覆盖率；A 为该技术的占地面积，m^2。

对于湿塘等具有常水位的雨水利用技术，其生态补水量受水体水质、当地蒸发量等多种因素影响，若无相关统计资料，则难以衡量具体耗水量，因此年生态需水量通过水面蒸发量与植物需水量之和减去进入设施的雨水总量估算。对于绿色屋顶等无常水位的雨水利用技术，设施内积存的雨水也是维持正常运行的用水来源之一，但由于过程较为复杂，为便于计算，此处认定此类技术设施内植物生长所需水量为年生态需水量，且认定所有用水均为人工补充，忽略积存雨水的作用。

2）年植物固碳量 M_g（C）

二氧化碳（CO_2）排放过多是造成温室效应的主要原因之一，而植物的光合作用具有吸收空气中的 CO_2，将其转换成氧气（O_2）释放的功能，对减轻温室效应有重要作用。因此，对有植被覆盖的雨水利用技术，根据《森林生态系统服务功能评估规范》

表2-2 雨水利用技术基础水量计算公式汇总

雨水利用技术	年雨水水潜水量 W_1	年雨水水蓄水量 W_2	年下渗雨水量 W_3	年生态需水量 W_4	年净化雨水量 W_5
绿色屋顶	$W_1=(1-\varphi_i)\times P\times A\times10^{-3}$	0	0	$W_4=P_g\times A_g\times10^{-3}$	$W_5=W_1$
透水铺装	$W_1=(1-\varphi_i)\times P\times A\times10^{-3}$	0	$W_3=W_1$	0	$W_5=W_3$
植被缓冲带	$W_1=(1-\varphi_i)\times P\times A\times10^{-3}$	0	$W_3=\alpha\times K\times J\times A_s\times T$	$W_4=P_g\times A_g\times10^{-3}$	0
植草沟（干式）	$W_1=A_w\times h\times n_e$	0	$W_3=\alpha\times K\times J\times A_s\times T$	$W_4=P_g\times A_g\times10^{-3}$	0
狭义的下沉式绿地	$W_1=A_w\times h\times n_e$	0	$W_3=\alpha\times K\times J\times A_s\times T$	$W_4=P_g\times A_g\times10^{-3}$	0
生物滞留设施	$W_1=P\times A\times10^{-3}$	$W_2=W_1$	0	0	0
蓝色屋顶	$W_1=P\times A\times10^{-3}$	$W_2=W_1$	0	0	0
雨水罐（1m³）	$W_1=79.43\times V\times\left(\dfrac{V}{\tau\times\varphi_z\times A_c}\times1000\right)^{-0.8773}$	$W_2=W_1$	0	$W_4=P_g\times A_g\times10^{-3}$	$W_5=W_1$
蓄水池（1m³）	$W_1=79.43\times V\times\left(\dfrac{V}{\tau\times\varphi_z\times A_c}\times1000\right)^{-0.8773}$	$W_2=W_1$	0	$W_4=P_g\times A_g\times10^{-3}$	$W_5=W_1$
雨水花园	$W_1=\tau\times\varphi_z\times\gamma\times P\times A_c$	0	$W_3=W_1$	$W_4=P_g\times A_g\times10^{-3}$	$W_5=W_1$
雨水湿塘	$W_1=\tau\times\varphi_z\times\gamma\times P\times A_c$	$W_2=W_1$	0	$W_4=(R\times A_w+P_g\times A_g)\times10^{-3}-W_1$	0
湿塘	$W_1=\tau\times\varphi_z\times\gamma\times P\times A_c$	$W_2=W_1$	0	$W_4=(R\times A_w+P_g\times A_g)\times10^{-3}-W_1$	0
调节塘（1m³）	$W_1=\tau\times\varphi_z\times\gamma\times P\times A_c$	$W_2=W_1$	0	$W_4=(R\times A_w+P_g\times A_g)\times10^{-3}-W_1$	0
渗透塘	0	0	$W_3=\alpha\times K\times J\times A_s\times T$	0	$W_5=W_3$
调节池	0	0	0	0	0
渗井/个	0	0	0	0	0
渗管	0	0	$W_3=\alpha\times K\times J\times A_s\times T$	0	$W_5=W_3$
渗渠	0	0	0	0	0

注：φ_i 为第 i 种下垫面的雨量径流系数，缺少实测数据时，可参考附表1取值；γ 为雨水回用量径流系数；τ 为初期雨水弃流系数；φ_z 为汇水区域综合径流系数，根据当地地表流污染情况综合确定，可参考附表2取值；K 为土壤渗透系数，m/d，若无实测资料，可参考附表3取值；P 为研究区域年平均降雨量，mm；P_g 为单位面积植被年生态需水量，mm，一般可取0.5~0.8；A 为雨水设施汇水面积，m²；A_c 为雨水设施汇水面积，m²；A_w 为雨水设施的面积，m²；A_s 为设施有效渗透面积，m²，其中，A_s 为缺少相关设计资料，可参考附表4取值，由于渗井底部容易发生堵塞，不考虑其底部入渗，有效渗透面积设计计算时的侧面积，且只按其1/2计算；A_g 为绿化面积，m²；h 为蓄水层深度，m；V 为蓄水设施容积，m³；J 为水力坡度，通常取 $J=1.0$；本书 $T=\tau\times n_e$，T 为有效渗透时间，天，渗井、入渗池应按24h计，渗渠应按3天计；n_e 为年平均降雨场次，根据《海绵城市建设技术指南》，此处仅考虑大雨及以上降雨；V 为雨水设施的渗透设施的渗透时间。

资料来源：左建兵等，2009；谈昌莉和朱勤，1998；邬扬善和屈燕，1996。

（LY/T 1721—2008），单位面积植被年固碳量 M_g（C）计算公式如下：

$$M_g(\mathrm{C}) = 1.63 \times R_c \times A_g \times B_{年} \tag{2-3}$$

式中，R_c 为 CO_2 中碳的含量，为 27.7%；$B_{年}$ 为植被年平均净生产力，kg/($m^2 \cdot a$)，若缺少相关数据，不同类型植被年平均净生产力可参考表 2-3 取值；A_g 为林分面积，m^2。

表 2-3　不同类型植被年平均生产力

植被类型	年平均生产力 /[kg/($m^2 \cdot a$)]	植被类型	年平均生产力 /[kg/($m^2 \cdot a$)]
常绿阔叶林	1.23	落叶阔叶林	0.57
农用地	0.52	有林草地	0.42
混交林	0.41	林地	0.40
常绿针叶林	0.33	落叶针叶林	0.30
郁闭灌丛	0.25	高寒植被	0.23
草地	0.21	开放灌丛	0.14
裸地及稀疏植被	0.03		

资料来源：于德永等，2005。

3）年土壤固碳量 M_s(C)

土壤能通过生物和非生物过程捕获大气中的碳素并将其稳定地存入碳库，从而减少空气中 CO_2 的含量，具有固碳效益（王树涛等，2007）。根据《森林生态系统服务功能评估规范》（LY/T 1721—2008），土壤年固碳量 M_s(C) 的计算公式如下：

$$M_s(\mathrm{C}) = A_g \times F_s \tag{2-4}$$

式中，A_g 为林分面积，m^2；F_s 为单位面积林分土壤年固碳量，kg/($m^2 \cdot a$)。

4）年释氧量 M(O$_2$)

植物生长吸收空气及土壤中的 CO_2，并通过光合作用将其转化为 O_2 释放到空气中，一定程度上增加了空气中的氧气含量。参考《森林生态系统服务功能评估规范》（LY/T 1721—2008），植被年释氧量 M(O_2) 计算公式如下：

$$M(\mathrm{O}_2) = 1.19 \times A_g \times B_{年} \tag{2-5}$$

式中，$B_{年}$ 为植被年平均净生产力，kg/($m^2 \cdot a$)；A_g 为林分面积，m^2。

5）年吸收 SO$_2$ 质量 M_g(SO$_2$)

根据《森林生态系统服务功能评估规范》（LY/T 1721—2008），植被生长过程中去除空气中二氧化硫（SO_2）质量 M_g(SO_2) 的计算公式如下：

$$M_g(\mathrm{SO}_2) = Q(\mathrm{SO}_2) \times A_g \tag{2-6}$$

式中，Q（SO_2）为单位面积植被年平均二氧化硫吸收量，kg/($m^2 \cdot a$)；A_g 为林分面积，m^2。

6）年吸收氟化物质量 $M_g(F)$

根据《森林生态系统服务功能评估规范》（LY/T 1721—2008），设施内所种植植被每年吸收氟化物质量的计算方法如下：

$$M_g(F) = Q(F) \times A_g \tag{2-7}$$

式中，$Q(F)$ 为单位面积林分吸收氟化物质量，$\mathrm{kg/(m^2 \cdot a)}$；$A_g$ 为林分面积，$\mathrm{m^2}$。若研究区域无实测资料，单位面积林分吸收氟化物质量可参考表2-4取值。

表2-4　常见绿化树木单位面积吸收 HF 质量

种类	每公顷树木吸收的 HF 质量/[kg/(hm·a)]	种类	每公顷树木吸收的 HF 质量/[kg/(hm·a)]	种类	每公顷树木吸收的 HF 质量/[kg/(hm·a)]
银桦	11.8	油茶	7.9	垂柳	3.9
滇杨	10.0	蓝桉	5.9	刺槐	3.4
拐枣	9.7	桑树	4.3	女贞	2.4

数据来源：江苏省植物研究所，1977。

7）年滞尘量 $M_g(dust)$

参考《森林生态系统服务功能评估规范》（LY/T 1721—2008），各雨水利用技术所建设施内的植被年滞尘量的计算方法如下：

$$M_g(dust) = \mu \times Q(dust) \times A_g \tag{2-8}$$

式中，μ 为绿地减尘率，%，不同类型组合植被绿地减尘率可参考表2-5取值；$Q(dust)$ 为研究区域年平均降尘量，$\mathrm{kg/(m^2 \cdot a)}$；$A_g$ 为林分面积，$\mathrm{m^2}$。

表2-5　不同类型组合植被绿地减尘率

植被组合类型	绿地减尘率/%
乔灌草型	38.0
灌草型	31.0
草坪	7.0
裸地	2.6
单行乔木绿带	14.8～39.2
多行复层绿带	46.2～60.8

数据来源：夏尚光等，2016。

8）植被降温作用减少的用电量 E_{se}

据研究，地面植被覆盖率的增高将有效降低城市地面温度，缓解城市热岛效应。有研究发现一小块城市绿地可降低地表温度 3～3.5℃（Bernatzky，1982；龙珊等，2016）。随着地表温度的降低，大气温度、人们的体感温度也将随之降低，间接减少城市空调的耗电量。因此，参考李晨等（2017）对植被降温效益的计算，植被降温作用节省的用电量 E_{se} 计算公式如下：

$$E_{se} = \frac{2.778 \times c \times A_g \times H \times \Delta T}{T_1} \times T_2 \tag{2-9}$$

式中，c 为水的比热容，取 4.2kJ/（kg·℃）；A_g 为林分面积，m^2；H 为植物年需水量，mm，同本节年生态需水量计算中取值；ΔT 为单位面积绿化植被降低室内温度幅度，℃/m^2；T_1 为绿地进行光合作用的有效日数，天；T_2 为夏季需要开空调天数，天。

9）水面蒸发降低大气温度导致的节电量 E_{we}

对于雨水湿地、湿塘等具有常水位的雨水利用技术，水面蒸发时会吸收空气中的热量，有效降低水域周围的大气温度，间接降低室内温度，节省夏季周边居民的空调使用量，节省电量消耗。参考杨丽等（2017）研究，同时考虑到水域距建筑物距离不小于3m，水面蒸发的降温效果随距离增加有所降低，实际降温效果会有一定程度折减，水面蒸发的降温效应所带来的年节电量 E_{we} 计算公式如下：

$$E_{we} = \frac{\varepsilon \times r \times A_w \times T_2 \times \rho_w \times \Delta vapH \times 10^{-3}}{\partial} \times \eta \tag{2-10}$$

式中，ε 为焦耳与千瓦时的转换系数，1kW·h 为 3.6×10^6J，取 ε 为 0.278×10^{-3}；r 为当地夏季水面的日平均蒸发量，mm/d；A_w 为水域面积，m^2；T_2 为当地夏季需要开空调天数，天；ρ_w 为水的密度，取 1000kg/m^3；$\Delta vapH$ 为水的汽化热，0℃的条件下一个标准大气压下水的汽化热为 2501.0kJ/kg，50℃温度下一个标准大气压下水的汽化热为 2382.5kJ/kg，水的汽化热取其均值，即 2441.75kJ/kg；∂ 为空调能效比，取 3.0；η 为降温效果折减系数，可根据实测取值（杨丽等，2017）。

10）大气湿度增加量 W_m

植物中仅有2%的水分用于植物生长，其余水分均通过蒸腾作用进入大气，即植物需水量中的98%将通过叶面进入空气中，增加空气中的水分含量。此外，下渗雨水除回补地下水外，其他部分也通过蒸发作用进入大气，使当地空气湿度升高。对于具有常水位的雨水利用技术，水面的蒸发也是空气湿度增加的主要原因之一。因此，雨水利用技术带来的大气湿度增加量的计算公式如下：

$$W_m = \begin{cases} 0.98 \times W_4 + (1-\beta) \times W_3 & \text{（用于无常水位雨水利用技术）} \\ 0.98 \times W_4 + R \times A_w \times 10^{-3} & \text{（用于有常水位的雨水利用技术）} \end{cases} \tag{2-11}$$

式中，β 为降雨入渗回补系数，根据张志才（2006）对降雨入渗回补系数的研究，降雨入渗回补系数为 0.1～0.3；R 为研究区域年平均蒸发量，mm；A_w 为水域面积，m^2。

2.2.2 建造养护成本计算方法

雨水利用技术的成本养护费用受构造、材料，以及当地经济、地理条件等多种因素影响，即使同一种雨水利用技术，在不同地区的设施建设成本 C_b 及年养护费用 C_m 也并不相同。因此，对于已建成的雨水利用工程，其建设成本参考工程的实际投资取值，年养护费用可通过相关部门财政支出费用确定。若个别工程缺少相关资料，或处于规划设计阶段，利用效益评估进行方案优化选择时，可参考国内外对雨水利用技术成本、养护费用的研究取值。

由于国内对雨水利用技术养护费用的研究相对较少，本书参考 2014 年发布的《海绵城市建设技术导则》中北京地区各种雨水利用技术的单位造价，以及美国此类技术养护费用的研究文献，确定各项技术单位成本及预期使用寿命。鉴于中美两国间经济收入与消费水平的不同，同一技术在两国的投入成本有较大差异。为此，将部分雨水利用技术在两国的单位造价，利用 Excel 拟合确定两者间的函数关系，计算缺少成本研究的雨水技术的单位造价及养护费用，函数关系见图 2-2。

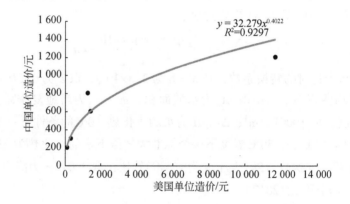

图 2-2 中美雨水利用技术单位造价换算关系

本书中雨水利用技术效益评估结果为年平均值，为便于对比分析，成本及养护费用也采用年平均值。通过国内外关于各雨水利用技术建造成本报告、研究文献等资料，确定不同雨水利用技术所建设施单位尺寸建造成本，具体计算公式如下：

$$C = \frac{C_b}{n} + C_m \tag{2-12}$$

式中，C 为雨水设施年成本养护费用，元/a；C_b 为该技术总建设成本，元；n 为该技术预期使用寿命，a；C_m 为该技术年养护费用，元/a。

当前对于雨水利用技术养护费用的研究相对较少，因此对于部分雨水技术的养护费用计算，参考《海绵城市建设技术指南》中该技术的养护要求，即人工道路清扫、设施检修、植物养护、草坪修剪和人工清淤的年养护次数，以及高雅琳等对园林、池塘、道路养护费用的研究，对雨水利用技术所建设施的年养护费用进行估值（梁伟等，2012；高雅琳和姜有忠，2009；李金生和王洪臣，2009）。雨水利用技术的单位成本养护及使用寿命取值可参考附表5。

2.2.3　经济效益计算方法

雨水利用技术对雨水及其径流的收集、滞蓄等功能将有效减少城市排水系统的运行工作量。同时，将收集的雨水用于浇灌、洗车等日常生活也可降低中水、自来水等水资源使用量，具有直接经济效益价值。参考李晨等（2017）所采用的经济效益评估方法，提出雨水利用技术经济效益评估公式，具体见表2-6。

表2-6　雨水利用技术经济效益计算方法

效益名称	计算公式	参数意义及取值	备注
减少城市排水设施运行效益 B_1	$B_1 = W_1 \times F_r \times \tau$	F_r 为每排放 $1m^3$ 污水的管网运行费用，元$/m^3$（左建兵等，2009），2009 年 $1m^3$ 水的管网运行费用约为 0.08 元；价格指数 τ 取 2.1	蓝色屋顶、调节塘、调节池中的雨水，后期仍将排入排水管网中，该效益忽略不计
缓解水资源紧缺效益 B_2	$B_2 = (W_2 + \beta \times W_3) \times F_c$	β 为降雨入渗回补系数；F_c 为每缺少 $1m^3$ 水所造成的经济损失，参考相关文献，取 $F_c = 14.7$ 元$/m^3$	／
减少污水处理费用 B_3	$B_3 = W_1 \times F_f$	F_f 为污水处理成本，此处以排污费代替	蓝色屋顶、调节塘、调节池此效益忽略不计，理由同上
减少生态用水的经济效益 B_4	$B_4 = -W_4 \times F_s$	F_s 为生态水价	无植物生长且无常水位的雨水利用技术生态用水量忽略不计
减少调水费用 B_5	$B_5 = W_2 \times F_w$	F_w 为调水成本，采用南水北调定位的水价进行计算，取 $F_w = 2.23$ 元$/m^3$	／

资料来源：李晨等，2017；左建兵等，2009；谈昌莉和朱勤，1998；邬扬善和屈燕，1996；舒安平等，2018。

参考《海绵城市建设技术指南》中低影响开发设施比选一览表，对于评价为弱的功能所带来的效益忽略不计，各雨水利用技术经济效益计算指标见表2-7。

表2-7　雨水利用技术经济效益计算指标

项目	B_1	B_2	B_3	B_4	B_5
绿色屋顶	+	／	+	−	／
蓝色屋顶	／	／	／	／	／
透水铺装	+	／	+	／	／
植被缓冲带	+	／	+	／	／
下沉式绿地	+	／	+	−	／

项目	B_1	B_2	B_3	B_4	B_5
植草沟	+	/	+	−	/
生物滞留设施	+	/	+	−	/
雨水罐	+	+	+	/	+
蓄水池	+	+	+	/	+
雨水花园	+	+	+	−	/
雨水湿地	+	+	+	−	+
湿塘	+	+	+	/	+
调节塘	/	/	/	/	/
渗透塘	+	/	+	/	/
调节池	/	/	/	/	/
渗井	+	/	+	/	/
渗管/渠	+	/	+	/	/

注："+"为正效益；"−"为负效益；"/"该效益忽略不计。

根据雨水利用技术所建设施的工程资料，利用表2-6计算获得各经济效益指标货币价值后，该技术年平均经济效益价值 B_a 由下式计算获得：

$$B_a = \sum_{i=1}^{5} B_i \tag{2-13}$$

式中，B_i 为第 i 项指标经济效益计算结果，元/（a·m²）或元/（a·m³）。

2.2.4 生态效益计算方法

在雨水利用工程的设计建造中，雨水利用技术的结构设计、材料使用应尽可能接近自然，以尽量降低工程对自然环境的影响，相较于传统技术，具有很好的生态效益价值，如同传统路面相比，透水铺装有较高的孔隙率，能够使雨水更多地渗入地下，起到净化水质、补充地下水的作用。对于不同雨水利用技术，其生态效益计算指标见表2-8。

表2-8 不同雨水利用技术生态效益计算指标

项目	B_6	B_7	B_8	B_9	B_{10}	B_{11}	B_{12}	B_{13}	B_{14}
绿色屋顶	/	+	+	+	+	+	+	+	+
蓝色屋顶	/	/	+	/	/	+	+	/	+
透水铺装	+	/	/	+	/	+	+	+	+
植被缓冲带	/	+	+	+	+	+	/	+	+

项目	B_6	B_7	B_8	B_9	B_{10}	B_{11}	B_{12}	B_{13}	B_{14}
下沉式绿地	+	+	+	+	+	+	+	+	+
植草沟	+	+	+	+	+	+	/	+	+
生物滞留设施	+	+	+	+	+	+	+	+	+
雨水罐	/	/	/	+	/	/	+	+	+
蓄水池	/	/	/	+	/	/	+	+	+
雨水花园	+	+	+	+	+	+	+	+	+
雨水湿地	+	+	+	+	+	+	+	+	+
湿塘	/	+	+	+	+	+	+	+	+
调节塘	/	/	/	+	/	/	+	+	+
渗透塘	+	+	+	+	+	+	+	+	+
调节池	/	/	/	/	/	/	+	/	/
渗井	+	/	/	+	/	/	+	+	+
渗管/渠	+	/	/	/	/	/	/	/	+

注:"+"为正效益;"/"该效益忽略不计。

现有的生态效益评估方法大多以价值替代、成本替代为主,该方法操作简单,评估结果统一且直观。因此,参考《森林生态系统服务功能评估规范》等相关规范及研究文献,提出雨水利用技术生态效益计算公式,具体见表 2-9。其中,由于不同雨水排放体制下雨水径流的最终处理方式不同,因此效益评估指标及方法并非完全相同。对于雨污合流制,径流随城市污水进入污水处理厂,雨水利用技术对径流污染物的消减作用主要体现在净化径流水质,以减少污水处理厂的污染物去除质量。对雨污分流制,径流由雨水管排入城市水体,由于径流所携带污染物是生成城市水体污染的主要原因之一,也是导致黑臭水体的一个主要原因,因此,雨水利用技术对径流污染物的去除作用将带来预防及改善黑臭水体作用,所带来的生态效益表现为消除黑臭水体。

根据雨水利用技术所建设施的相关工程资料,利用表 2-9 计算获得各生态效益指标货币价值,则该技术年平均生态效益价值 B_e 由下式计算获得:

$$B_e = \begin{cases} \sum_{i=6}^{12} B_i + B_{14}（适用于雨污合流制） \\ \sum_{i=6}^{8} B_i + \sum_{i=10}^{13} B_i（适用于雨污分流制） \end{cases} \quad (2\text{-}14)$$

式中,B_i 为第 i 项指标生态效益计算结果,元/(m²·a) 或元/(m³·a)。

表2-9 不同雨水利用技术生态效益计算方法

生态效益	计算公式	参数设置及来源	备注
回补地下水 B_6	$B_6 = \beta \times W_3 \times N_d$	β为降雨入渗回补系数；N_d为地下水资源费，天津地下水资源为5.2元/m^3	
固碳释氧 B_7	$B_7 = (M_{vc} + M_{sc}) \times F(C) + M_O \times F(O_2)$	M_{vc}、M_{sc}分别为植物、土壤的年固碳量；M_O为植物的年释氧量，kg/a；$F(C)$为固碳价格，元/kg；$F(O_2)$为制氧价格，元/kg	
减缓热岛效应 B_8	$B_8 = (E_{se} + E_{we})e$	E_{se}为植被降温作用减少的用电量，kW·h；E_{we}为水面蒸发降温作用导致的节电量，kW·h；e为当地电价，元/(kW·h)	
净化水质 B_9	$B_9 = W_5 \times [C(TN) \times \chi(TN) \times F(TN) + C(TP) \times \chi(TP) \times F(TP) + C(NH_4^+-N) \times \chi(NH_4^+-N) \times F(NH_4^+-N) + C(COD) \times \chi(COD) \times F(COD) + C(TSS) \times \chi(TSS) \times F(TSS)] \times 10^{-3}$	$C(TN)$、$C(TP)$、$C(COD)$和$C(TSS)$分别为研究区径流中各污染物平均浓度，mg/L；$\chi(TN)$、$\chi(TP)$、$\chi(NH_4^+-N)$、$\chi(COD)$及$\chi(TSS)$分别为雨水利用技术对各污染物的消减率，%，可参考表3-17取值；$F(TN)$、$F(TP)$、$F(NH_4^+-N)$、$F(COD)$及$F(TSS)$分别为对应污染物的处理费用，元/kg，本书以天津市排污费征收标准替代	仅用于雨污合流制
净化空气 B_{10}	$B_{10} = V(SO_2) \times F(SO_2) + V(F) \times F(F) + V(NO_x) \times F(NO_x) + V(dust) \times F(dust)$	$F(SO_2)$、$F(F)$、$F(NO_x)$及$F(dust)$分别为二氧化硫、氟化物、氮氧化物和粉尘的治理价格，元/kg，参考森林生态系统服务功能评估规范，分别取1.20元/kg、0.69元/kg、0.63元/kg、0.15元/kg；$V(SO_2)$、$V(F)$、$V(NO_x)$和$V(dust)$分别为雨水利用技术中各污染物减少空气中各污染物的质量，kg/a	
增加大气湿度 B_{11}	$B_{11} = \begin{cases} \nu \times W_m \times e & (\text{适用于干旱半干旱地区}) \\ -\zeta \times W_m \times e & (\text{适用于湿润地区}) \end{cases}$	ν为空气加湿器每使空气中增加1m^3水所消耗的电量，kW·h/m^3；参考杨丽等(2017)的研究，取ν=125kW·h/m^3；本书利用除湿机去除空气中1m^3的水所消耗的电量，kW·h/m^3及相应的功率进行计算，最大日除湿量取1.1L/h，功率取185W，计算得到除湿机每去除空气中1m^3的水所消耗的电量为168.2kW·h，即ζ=168.2kW·h/m^3；e为当地电费，元/(kW·h)	

续表

生态效益	计算公式	参数设置及来源	备注
防洪排涝 B_{12}	$B_{12}=(W_1+W_2)\times F_k$	F_k 为防洪费用，元/m³，取防洪费征收费用标准中防洪费用的均值，$F_k=11$ 元/m³	
消除黑臭水体 B_{13}	$B_{13}=W_1\times[\,C(TN)\times X(TN)\times F(TN)+C(TP)\times X(TP)\times F(TP)+C(NH_4^+-N)\times X(NH_4^+-N)\times F(COD)+C(COD)\times F(COD)+C(TSS)\times X(T_{SS})\times F(TSS)\,]\times10^{-3}$	$C(TN)$、$C(TP)$、$C(NH_4^+-N)$、$C(COD)$ 和 $C(TSS)$ 分别为研究区径流中各污染物平均浓度，mg/L；$X(TN)$、$X(TP)$、$X(NH_4^+-N)$、$X(COD)$ 及 $X(TSS)$ 分别为雨水利用技术对各污染物的消减率，%，可参考附表6取值；$F(TP)$、$F(NH_4^+-N)$、$F(COD)$ 及 $F(TSS)$ 分别为城市水体处理相应污染物所需费用，元/kg	仅用于雨污分流制，雨水排入河网
减少雨污合流制溢流污染 B_{14}	$B_{14}=W_1\times[\,C(TN)\times F(TN)+C(TP)\times F(TP)+C(NH_4^+-N)\times F(NH_4^+-N)+C(COD)\times F(COD)+C(TSS)\times F(TSS)\,]$	$C(TN)$、$C(TP)$、$C(NH_4^+-N)$、$C(COD)$、$C(TSS)$ 为研究区溢流污染物浓度，缺少相关资料时以当地雨水厂进水污染物浓度替代，kg/m³；$F(TN)$、$F(TP)$、$F(NH_4^+-N)$、$F(COD)$ 及 $F(TSS)$ 分别为城市水体处理相应污染物所需费用，元/kg	仅用于雨污合流制

注：表中部分公式参考自李晨等，2017；杨丽等，2017；杨爱民等，2011；舒安平等，2018 及相关规范；污染物消减率可参考附表6取值。

2.3 雨水资源化利用社会效益及计算

社会效益同当地居民生活密切相关，且具有影响因素复杂、价值难以衡量的特点。因此，问卷调查、德尔菲法等以主观评价为基础的效益评估方法在多个领域社会效益评价中均得到广泛应用，与此同时，为了更好地量化社会效益价值，部分研究采用条件价值等方法将其货币化。前一种方法存在评价结果主观性强，受问卷调查对象经济状况、性格等因素影响较大的问题，而后者计算时需要大量资料，仅个别效益指标可客观量化。为提高雨水利用技术社会效益评价结果的客观性，现提出一种将主观评价与客观计算相结合的社会效益货币价值计算方法，利用部分指标客观计算结果为其余指标赋予货币价值，从而计算其他难以量化的效益指标货币价值。该方法既考虑到人们对雨水利用技术的主观评价，也利用部分指标的货币价值客观计算结果将难以量化的社会效益货币化，增强了社会效益计算结果的客观性。

对于不同雨水利用技术社会效益各项指标，由于缺少研究资料，现假定各技术均能带来全部指标的效益价值，后通过专家问卷调查对各指标效益大小进行判定。此外，在社会效益的 9 项指标中，避免蚊虫过多带来健康影响 B_{23} 的效益为负，主要因为相应雨水利用技术所建设施在发挥雨水控制、环境改善作用的同时，其较高的绿地覆盖率及丰富的城市水体，为蚊虫生长生存提供优越条件，导致蚊虫数量迅速增加，为当地居民生活和健康带来不良影响。李文超等（2018）及吕慧和赵红红（2016）发现具有常水位的设施是蚊虫的孳生地，其中，植被密集的水体更易吸引蚊虫。而据有关部门统计，全球有一半以上的人生活在流行性脑炎等蚊媒疾病的威胁中。为尽量避免蚊虫过多为当地带来的不良影响，设施使用过程中需采取一定手段避免蚊虫大量繁殖，这将导致相关部门财务支出增加，因此雨水利用技术的此项效益为负。为避免对其他社会效益指标客观计算结果影响过大，下文将该指标与其他指标（$B_{15} \sim B_{22}$）分开计算，具体计算流程见图 2-3。

2.3.1 计算步骤

根据图 2-3，对 $B_{15} \sim B_{23}$ 共 9 项社会效益计算指标进行计算，计算步骤如下。

（1）全部正社会效益指标主观评价：通过专家打分、问卷调查等主观评价方法，对研究对象全部正社会效益指标（$B_{15} \sim B_{22}$）进行主观评价，汇总计算各指标最终得分。

（2）部分正社会效益指标客观计算：参考其他领域社会效益计算方法及结果，利用价值替代等方法计算部分社会效益指标（B_{17}）的货币价值，将其客观量化。

（3）正社会效益指标货币值计算：将可客观计算效益价值 B_{17} 的货币价值计算结果，

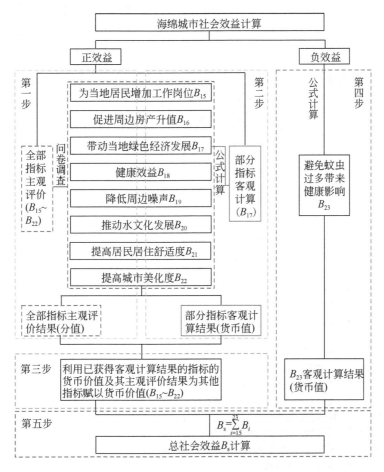

图 2-3　雨水利用技术社会效益计算流程图

除以其主观评价的评分值 F_{17}，进而将单位分值货币化。并以此为基准，将其余仅通过主观评价的正社会效益指标（$B_{15} \sim B_{16}$、$B_{18} \sim B_{22}$）货币化。

（4）负社会效益客观计算：对于负效益指标 B_{23}，参考生态效益计算常用方法，采用价值替代法，以蚊幼控制成本替代其价值进行计算。

（5）总社会效益计算：根据社会效益各指标（$B_{15} \sim B_{23}$）货币价值计算结果，求和后得到该雨水设施总社会效益。

2.3.2　计算方法

根据本节所提社会效益计算流程，各步骤具体计算方法如下。

（1）全部正社会效益指标主观评价方法：目前主观评价方法主要有德尔菲法、问卷调查法、条件价值法等方法。德尔菲法调查过程复杂，适用于小范围主观评价调查，受访专家人数通常在 20 人左右，调查结果代表性相对较低。条件价值法是对受访者为某项服务的支付意愿进行调查，受访者自身经济收入、消费观等因素对评价结果影响较大。因此，本书采用问卷调查法作为社会效益主观评价方法，对雨水利用技术各项正社会效益指标的主观评价进行问卷设计。问卷题目采用打分制，满分为 10 分，其中，0~2 分表示无效益，2~4 分表示效益较小，4~6 分表示效益一般，6~8 分表示效益较大，8~10 分表示效益突出。此外，为确保受访者对评价对象有一定了解，问卷题目设置为非必答题，受访者可根据自身对各技术的了解程度选择性作答。具体题目及选项设置见图 2-4，问卷调查结果见图 2-5。

问卷题目设置：
请您分别对**绿色屋顶**的各项社会效益进行评分
请您分别对**蓝色屋顶**的各项社会效益进行评分
请您分别对**雨水罐**的各项社会效益进行评分
请您分别对**雨水花园**的各项社会效益进行评分
请您分别对**透水铺装**的各项社会效益进行评分
请您分别对**下沉式绿地**的各项社会效益进行评分
请您分别对**渗井**的各项社会效益进行评分
请您分别对**渗管/渠**的各项社会效益进行评分
请您分别对**植被缓冲带**的各项社会效益进行评分
请您分别对**植草沟**的各项社会效益进行评分
请您分别对**生物滞留设施**的各项社会效益进行评分
请您分别对**雨水湿地**的各项社会效益进行评分
请您分别对**湿塘(蓄水塘)**的各项社会效益进行评分
请您分别对**干塘(调节塘)**的各项社会效益进行评分
请您分别对**渗透塘**的各项社会效益进行评分
请您分别对**蓄水池**的各项社会效益进行评分
请您分别对**调节池**的各项社会效益进行评分

选项设置（每题均相同）：
为当地居民增加工作岗位，减少贫困人口　0 1 2 3 4 5 6 7 8 9 10
促进周边房产升值　0 1 2 3 4 5 6 7 8 9 10
生活环境改善减少相关疾病发生的健康效益　0 1 2 3 4 5 6 7 8 9 10
推动水文化的发展　0 1 2 3 4 5 6 7 8 9 10
降低周边噪声　0 1 2 3 4 5 6 7 8 9 10
提高周围居民居住舒适性　0 1 2 3 4 5 6 7 8 9 10
带动当地绿色经济发展　0 1 2 3 4 5 6 7 8 9 10
提高城市的美化度　0 1 2 3 4 5 6 7 8 9 10

图 2-4　问卷调查题目及选项设置

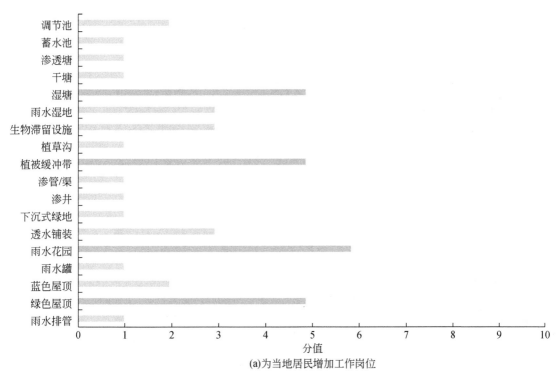

(a)为当地居民增加工作岗位

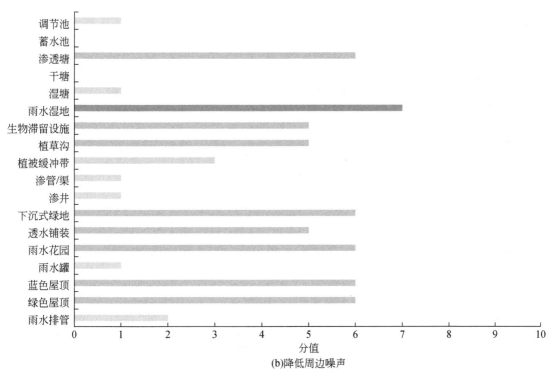

(b)降低周边噪声

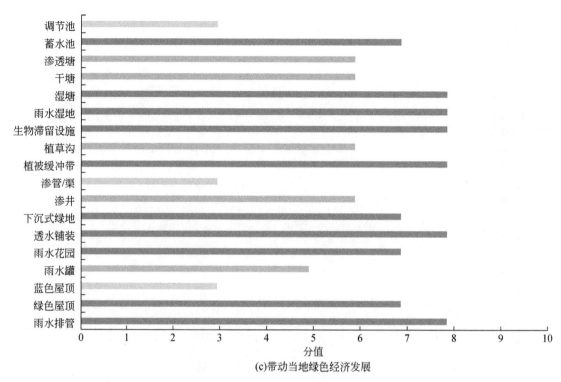

(c)带动当地绿色经济发展

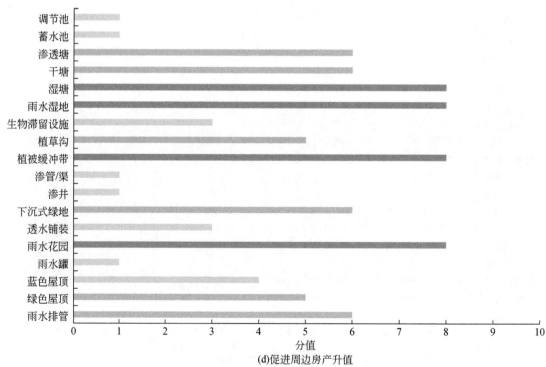

(d)促进周边房产升值

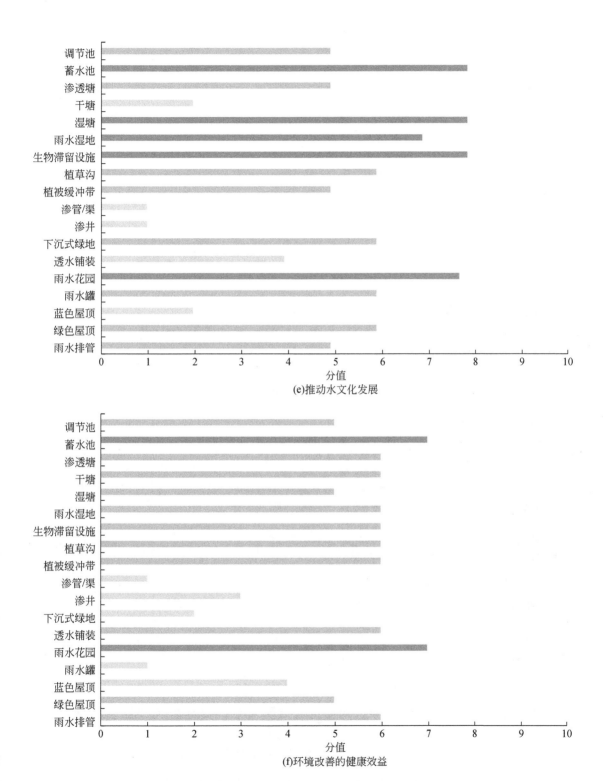

(e)推动水文化发展

(f)环境改善的健康效益

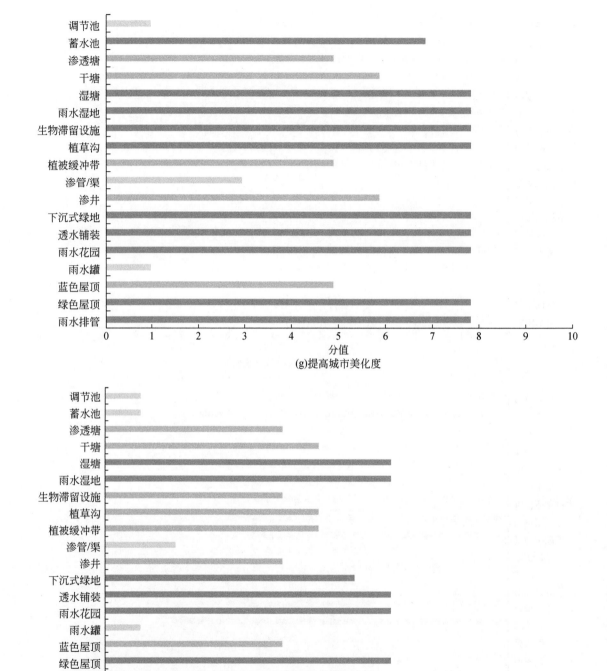

图 2-5　雨水利用技术社会效益主观评价问卷调查结果

（2）部分正社会效益指标客观计算方法：参考国内外相关领域社会效益计算方法及结果，确定雨水利用技术社会效益指标客观计算方法。由于社会效益影响因素复杂，难以量化，本书仅提出带动当地绿色经济发展 B_{17} 的客观计算方法。王金南等（2009）提出，根据中国环境规划院的研究，若在环保方面投入1000亿元，将带来10亿元的利税增加，参考中国基本增值税率为17%，则每投入1000亿元，将为当地创造58.8亿元的绿色经济。鉴于雨水利用技术不仅是新型雨洪管理措施，同时也是环保措施，因此，参考王金南等（2009）研究结果，B_{17} 的计算公式如下：

$$B_{17} = \frac{\kappa \times C}{n} \tag{2-15}$$

式中，B_{17} 为雨水利用技术每年带动当地绿色经济发展的货币价值，元/a；κ 为投入产出利润率，取 κ 为5.88%；C 为该技术的总投资，元，若无实际数据，可用成本养护费用替代；n 为该技术的预计（平均）使用寿命，a。

（3）正社会效益指标货币值计算方法：首先通过雨水利用技术 B_{17} 的客观计算结果及该指标对应的主观评价分值 F_{17}，计算其单位分值的货币价值，即

$$b = \frac{B_{17}}{F_{17}} \tag{2-16}$$

式中，b 为雨水利用技术单位分值的货币价值，元/a；B_{17} 为该技术带动当地绿色经济发展货币价值，由式（2-15）计算，元/a；F_{17} 为该技术带动当地绿色经济发展的主观评价结果。

对于所评价技术其他难以通过公式计算，仅能进行主观评价的正社会效益指标，其货币价值可通过式（2-17）计算，其中，B_i 为第 i 项指标的货币价值，元/a；F_i 为第 i 项指标的主观评价结果。

$$B_i = b \times F_i \tag{2-17}$$

（4）负社会效益指标客观计算方法：参考价值替代法，当前蚊幼数量控制主要依靠苏云金杆菌和球形芽孢杆菌等生物防治方法进行孳生地控制（林琳，2008）。因此，本书以生物控制法治理蚊幼所需成本替代避免蚊虫过多带来健康影响的社会效益（B_{23}），具体公式如下：

$$B_{23} = -M_W \times A_W \times C_W \times \frac{D}{D_W} \times 10^{-6} \tag{2-18}$$

式中，M_W 为单位面积水体微生物制剂使用量，g/m² 或 mL/m²；A_W 为研究区水域面积，m²；C_W 为该微生物制剂单位成本，元/g 或元/mL；D 为研究区每年需要人为进行蚊幼控制的总天数，d；D_W 为微生物制剂的持效期，d。

（5）总社会效益计算：由式（2-15）～式（2-18）计算雨水利用技术社会效益各指标的货币价值，对各指标货币价值计算结果求和得到该技术的总社会效益价值，具体公式

如下：

$$B_s = \sum_{i=15}^{23} B_i \qquad\qquad (2\text{-}19)$$

式中，B_s 为雨水利用技术的年平均社会效益，元/a；B_i 为该技术第 i 项指标的货币价值，元/a。对建有多种雨水设施的工程项目，其每年所带来的社会效益价值为各技术年社会效益价值的总和。

2.4　雨水资源化利用综合效益及计算

根据工程中雨水利用技术单位尺寸效益计算结果，结合其实际建造面积，计算该技术的综合效益，具体公式见表2-10。

表 2-10　雨水利用技术综合效益计算公式

效益分类	计算公式
经济效益 B_a	$B_a = \sum_{i=1}^{5} B_i \times A$
生态效益 B_e	$B_e = \sum_{i=6}^{14} B_i \times A$
社会效益 B_s	$B_s = \sum_{i=15}^{23} B_i \times A$
综合效益 B_n	$B_n = \sum_{i=1}^{23} B_i \times A - C \times A$

表2-10中，B_i 为雨水利用技术第 i 项指标单位尺寸效益计算结果，元/（a·m²）或元/（a·m³）；A 为该技术所建设施建造面积或体积，m² 或 m³；C 为该设施单位尺寸年平均成本及养护费用，元/（m²·a）或元/（m³·a）。计算得到各设施经济、生态和社会效益货币价值后，对其进行求和得到该技术的经济、生态、社会和综合效益。

2.5　小　　结

本章提出了雨水资源化利用技术所带来各项经济、生态和社会效益的价值计算方法。其中，经济、生态效益计算主要参考价值替代法和舒安平等（2018）的相关研究提出，年滞水量、年蓄水量、年下渗雨水量、年生态需水量和年净化雨水量不仅是经济效益价值计算的基础，也是回补地下水等部分生态效益价值计算的重要参数。然而，上述5个基础水量的计算主要依赖于效益评估对象的实际工程资料以及对设施水位的监测，目前国内雨水利用工程相关资料尚存在资料不完整的问题。因此，为提高效益计算结果的精度，相关项目进行施工时应尽可能保证成本、结构尺寸等相关资料的完整性，且有必要在工程建成后对水位等参数进行一定时间的监测。

此外，本章还结合专家问卷调查、市场价值替代等主、客观评价方法，提出一套雨水资源化利用技术的社会效益价值计算方法，为难以客观量化的社会效益赋予货币价值。本章所提效益计算方法具有方法简单易操作、资料依赖性相对较低、效益计算结果简单直接且价值大小易于对比衡量等优点。此方法不仅适用于建成前后相关工程的效益计算，也可为项目前期的雨水利用规划设计及方案决策提供参考。

第3章 国外典型区域雨水资源化利用效益评估

为治理雨污合流制溢流（combined sewer overflow，CSO）污染问题，美国费城水务局（The City of Philadelphia Water Department，PWD）在 Tacony-Frankford、Cobbs、Schuylkill 及 Delaware 四个流域分别构建了基于传统灰色基础设施的储水隧道和基于最新绿色基础设施理念的植树、透水铺装和绿色屋顶等 LID 措施，并委托 Stratus 咨询公司通过三重底线法（triple bottom line，TBL）分析传统灰色基础设施和绿色基础设施在环境、社会和公众健康等方面的贡献，评估不同 CSO 控制方案分别为费城（Philadelphia）4 个流域所带来的效益-价值。效益-价值评估涉及娱乐效益、改善社区环境（体现在更高的物业价值上）、降低高温压力、改善水质和水生生物栖息地、新建或修复湿地、通过提供绿化相关的工作减少贫困、能源节约和减少碳足迹、改善空气质量，以及因建设、维护带来的交通中断等。评估方法及结果由 Stratus 咨询公司汇编成报告 *A Triple Bottom Line Assessment of Traditional and Green Infrastructure Options for Controlling CSO Events in Philadelphia's Watersheds- Final Report*，其中所用 TBL 方法及评估案例对国内雨水利用效益评估有一定参考价值。本书对该报告主要内容进行翻译整理，供读者参考。

3.1 区域概况

PWD 委托第三方公司对 Tacony-Frankford 河、Cobbs 河、Schuylkill 河下游以及 Delaware 河的潮汐区域（Delaware 河主要流域）所进行的 CSO 控制项目进行效益评估，评估面积约为 40 500 英亩（1 英亩 ≈ 4047m²）。各流域基本情况如下。

3.1.1 Tacony-Frankford 流域

Tookany/Tacony-Frankford 流域位于费城的中北部和蒙哥马利（Montgomery）的东南部，占地约 2 万英亩。河流进入费城的 Cheltenham 大道后被称为 Tookany 河，从蒙哥马利边界到 Juniata 公园中 Wingohocking 河之间的部分被称为 Tacony 河，从 Juniata 公园到 Delaware 河的部分被称为 Frankford 河。

目前，Tacony-Frankford 流域的水文状况发生了很大变化，Tacony 河的许多支流变成了暗渠，Juniata 公园下游部分和被埋的支流形成了 Frankford 河。为了解决暴雨径流大量涌入造成的洪灾问题，多年前当地政府采用混凝土对 Frankford 河道进行加固，使其变直和沟渠化。然而，混凝土渠道不仅阻隔了地表水和地下水系统间的联系，还使水生生物的栖息地逐渐消失。此外，由于河流周边地区工业化程度很高，许多支流都受到严重的污染。

费城城区面积占该流域总面积的 62%（12 200 英亩），PWD 管辖的 CSO 控制项目几乎完全覆盖这部分区域。根据美国人口普查局 2000 年的调查数据，该区域人口约 285 000 人，平均人口密度约 23 人/英亩。Tacony-Frankford 河大约有 6.3 英里（1 英里≈1.61km）的河流（干流）需要通过 CSO 控制项目来进行针对性的改进。

3.1.2　Cobbs 河流域

Darby-Cobbs 河流向 Darby 河河口及下游，在 Delaware 河河口汇合，流域面积约 80 平方英里。Cobbs 河是 Darby-Cobbs 河流域的一个下游子流域，面积约 14 500 英亩，占整个流域面积的 27%。Cobbs 河流域上游及源头部分主要是 Indian 河的东、西分支，包括费城部分区域、蒙哥马利和特拉华，下游部分包括该河在下游的干流和 Naylors 溪流，以及费城和特拉华的排水区，河流最终汇入 Darby 河。

Cobbs 河流域在费城地区的占地面积约为 3600 英亩，河流长约 11.5 英里，其中干流 8.2 英里，支流 3.3 英里。根据美国人口普查局 2000 年的调查数据，该区域人口数约为 107 000 人，人口密度约 30 人/英亩（U. S. Census Bureau，2000）。与 Tacony-Frankford 流域类似，该区域工业化程度很高，流域的水文状况发生了很大的变化，且 PWD 管辖的 CSO 控制项目基本覆盖了这部分区域。

3.1.3　Schuylkill 河下游流域

Schuylkill 河是 Delaware 河最大的支流，流域面积约 2000 平方英里，覆盖了 11 个郡县的部分地区。河流源头是 Schuylkill 的 Tuscarora 泉，主要流入 Delaware 河口，从源头到费城的 Delaware 河河口的总长约 130 英里。

该流域在费城的占地面积约 23 000 英亩，其中近一半属于 PWD 管辖的 CSO 控制项目区域，包括 Schuylkill 河潮汐段（与 Delaware 河交汇处往上游 7 英里的河段）。该流域的 CSO 控制项目区域外有东、西 Fairmount 公园和 Boathouse 街等大型开放空间和娱乐设施，但在与 CSO 控制项目边界重合的流域下游大部分作为工业用地在使用。

该流域的 CSO 控制项目区域内有客流量大的 CSX 运输公司（CSX Transportation Corporation，CSXT）东场等许多紧邻河流的铁路干线。几条主要的公路也毗邻并穿过河流，包括 I-95 公路、I-76 公路（Schuylkill 高速）、I-676 公路、291 号路、Grays Ferry 大道、University 大道、South 街、Walnut 街、Chestnut 街和 Market 街。根据美国人口普查局 2000 年调查数据，该区域人口约 353 000 人，平均人口密度为 16 人/英亩，其中约 82% 的居民居住在 CSO 控制项目区域，人口密度近 30 人/英亩（US Census Bureau，2000）。

3.1.4 Delaware 河下游（Delaware 河主要流域）

Delaware 河流长 300 英里，流经美国东海岸 4 个州的 42 个郡县和 838 个市。该河流满足了当地钓鱼、交通、电力冷却、娱乐等各种重要的住宅、商业和工业需求，同时也为 PWD 和河流流经地区提供饮用水源。

Delaware 河下游是该河下游 20 英里至入海口区域，该流域基本位于城市范围内，其中约 70% 的土地在 PWD 管辖的 CSO 控制项目区域，包括 Delaware 河潮汐段共 16 英里河流。根据美国人口普查局 2000 年调查数据，该流域总人口约 500 000 人，近 99% 的居民居住在 CSO 控制项目区域。和其他 CSO 控制项目区域一样，该区域高度城市化，但不同于 Schuylkill 河 CSO 控制项目区域的是该区域工业化程度不高，住宅和商业用地约占土地使用总面积的 63%，工业用地仅占 9%。

3.2 雨污合流制溢流污染治理措施

PWD 对每个流域都提出了一套 CSO 控制措施，具体包括 LID、隧道、传输和污水处理厂，以及传输和分散处理四方面。

3.2.1 基于 LID 的绿色基础设施

PWD 针对不同流域开发了一系列基于 LID 的 CSO 控制方案，如通过绿色基础设施控制 25%、50%、75% 和 100% 的不透水地面所产生的径流。LID 侧重于恢复雨水径流和渗透之间的自然平衡，减少污染物负荷，以及控制径流流速以减少对河岸的侵蚀。同时，各种控制措施也被应用到 LID 中，比如，减少不透水地面面积、生物滞留设施、地下储存和渗透、绿色屋顶、洼地和树冠截留等。其中，基于土地利用的控制措施是最关键的，因为这些控制措施不仅可以改善水质，还能为社区带来娱乐效益、改善社区住宅环境和增加住宅价值等。

LID 中也有一系列基于水域的 CSO 控制措施,包括河床河岸的加固修复、建造水生栖息地、水垫塘拆除、改善鱼道和重新连接洪泛平原等。这些措施的最终目标是恢复生态系统原有的功能,以将 CSO 溢流从该区域受损水域名单中移除。与基于土地的控制措施相同,河流恢复将为当地带来包括改善水质在内的许多好处。

3.2.2　基于管理措施的传统灰色基础设施

针对 CSO 控制的隧道、传输、污水厂扩建和处理以及传输和分散处理措施主要包括收集和处理系统中传统的储存、运输和处理。对于每个流域,PWD 围绕这三种基于设施的控制措施提出了一系列方案。例如,在每个流域,一系列隧道方案正在被评估,同时还有一系列分散处理和污水厂扩建方案。

传统灰色基础设施方案主要存在两个缺点:一是不同于 LID 措施除改善水质外还能为社区提供一些重要的环境、社会和公共健康利益,但传统灰色基础设施通常不具有这些优点;二是传统灰色基础设施可能无法从根源上解决费城城市发展对河流、径流的改变和对生态退化的影响。这些设施通常更关注如何清除某种具体污染物,对恢复自然径流和栖息地的关注较少。因此,这类方案对某些水质参数改善有所帮助,但对流域自然系统的恢复(如水生和河岸生态系统)几乎没有作用。为获得更好的 CSO 控制效果并使其效益最大化,PWD 正在考虑将 LID 措施融入传统灰色基础设施中对其功能进行改良,预计改良后的传统基础设施将在可行且具有高性价比的方案中扮演重要角色。

3.3　雨水资源化利用效益评估

3.3.1　三重底线法概述

TBL 反映了社会及其相关机构,包括服务于公众利益的机构(比如水资源和废水资源利用),它们通过不同途径为所服务社区提供的最高总价值。这些价值不只是标准财务分析中现金流(收入和支出)所表达出的传统“经济”底线,PWD 以及相关服务于公众利益的部门,还需要考虑他们的管理和其他责任,从而说明它们是如何产生有助于“社会”和“环境”底线的价值。因此,通过 TBL 法可以更全面、系统地分析 PWD 的相关措施对经济、社会和环境三重底线所产生的影响。

TBL 法与经济学家们所用的综合效益成本分析方法在许多方面非常相似,该方法试图估算一项活动(项目或计划)所涉及的包括非市场效益在内的全部内外部成本和效益,并提供了一个能够分析和解释全部利益和成本的组织框架。TBL 方法中既包括那些可以量化并以美元形式进行货币化的效益，也包括一些不容易定量估算而需要进行定性评估的效益。

因此，在通过 TBL 法评估费城的 CSO 控制方案中不同措施的成本和效益时，很大程度上依赖于自然经济学家在评估各种相关的社会和环境影响中的市场和非市场价值时所采用的方法和工具。本章所提 TBL 法主要用于评估 PWD 和 Camp Dresser & McKee（CDM）所提出各种 CSO 控制措施的经济、社会和环境效益，评估时所需要的关键参数由 CDM 提供，包括种植树木的数量和位置、受影响的河流长度、用于各种施工养护活动的车辆类型、与施工相关的电力需求以及各种项目修建的时间安排等。TBL 法所涉及的关键假设基本方法如下。

1）额外成本和效益

本研究评估了与每个 CSO 控制方案相关的外部或附带的成本和效益（即未包含传统工程估算中设施建设和运营的成本）。这些外部成本包括：因施工造成的交通延误中所消耗的时间和燃料，以及施工维护对空气质量造成的影响（包括传统灰色基础设施方案中由于混凝土需求而产生的碳足迹）。在 LID 方案中，种植树木及其他植物可以产生降低气温等影响，进而通过碳封存、去除大气污染物和节约能源等方式对空气质量和能源产生附带效益。具体内容见表 3-1。

表 3-1　成本效益评估内容

序号	评价指标	指标说明
1	娱乐功能	恢复的河流、改善后的滨水区及城市中增加的绿色植被将提供额外的休闲娱乐空间
2	改善社区环境，提升房产价值	树木与植被可以改善城市景观、增强社区宜居性、提升房产价值
3	缓解城市高温效应对居民健康的威胁	GI（植被）增加产生的直接或间接降温效应可减少极端高温天气导致的热死亡事件
4	改善水质与水生生态系统	流域水系保护与修复会明显提升水体和依托水体的资源的质量
5	湿地恢复或新建	流域水系恢复伴随湿地的新建与改善，进而提供相应的生态服务功能
6	减少贫困，节约社会成本	GI 实施为本地低技能劳动者或其他失业人员提供"绿领工作"的机会，进而降低对失业人员的社会保障成本
7	节约能源，降低碳足迹	绿地能够降低环境温度、减轻建筑对环境温度变化的响应，进而减少建筑制冷与制热能耗；减少灰色基础设施管理雨水量减少相应设施能耗；减少能耗和植被固碳会共同降低碳足迹
8	改善空气质量	树木与植被能够直接提升空气质量；节约能源可减少污染物的排放，提升空气质量；空气质量改善能降低呼吸系统疾病的发病率

续表

序号	评价指标	指标说明
9	建设维护作业产生的影响	建造维护绿色或灰色 CSO 控制工程会造成交通拥堵、商业区进入受限、增加噪声污染等

资料来源：张善峰等，2016。

2）估算或评估成本和效益的方法

研究中效益和额外价值的估算通过环境影响评价专业人员或组织制定的标准方法完成。许多关键方法、模型和数据来自于 U. S. EPA 和其他相关联邦机构。例如，树木种植对空气质量的影响评估使用林业局（The Forest Service）为费城开发的模型完成，项目对环境空气质量的影响评估（即臭氧和颗粒物浓度）由 U. S. EPA 提供的 BenMAP（Environmental Benefits Mapping and Analysis Program）模型完成，该方法可以估算不同项目对健康风险的降低效果并在给定的空气质量标准下将其货币化。

3）效益和价值产生的时间周期

根据 CDM 提供的建设、施工和维护计划表，以及一个用于确定由额外种植树木所产生效益的树木生长模型，研究 2010 ~ 2049 年累积 40 年间 CSO 控制方案的不同效益和价值。例如，通过种植树木来去除空气中污染物在项目实施的第一年并不能实现，所以评估中考虑了每年种植树木的比例，以及树木的生长和成熟速度（假设种植 20 年后树木达到成熟）。

4）现值估算

以 2009 年美元价值为衡量标准，在 4% 的通货膨胀率和 4.875% 的实际利率下，将未来 40 年的货币化结果折算到现值。

5）累加及重复估算部分

评估中所涉及的各种效益可以相加作为综合效益，但是在对各效益进行评估时，评估结果可能包含一些重复估算的部分。例如，树荫使能源消耗量减少，这部分价值将货币化为居民的土地价值。同样，由于绿地使周围娱乐活动增加，这部分价值同样货币化为土地价值。在对土地价值进行分析时，又包含了一些其他效益类型所不能体现的价值（如社区环境）。因此需要认真考虑土地价值的评估，本研究将计算得到的土地价值折半作为最终结果。

6）遗漏和不确定性分析

在评估社会和环境效益时，通常需要一些假定和方法（如效益转换法），这就使得实际估算结果具有一定的不确定性。研究中尽量明确和合理地说明所采用的假设和方法，详细说明存在于相关估算中的关键遗漏、偏差和不确定性，并分析了这种遗漏、偏差和不确定性对估算结果的影响（如估算结果是偏低、偏高以及在不同不确定性下会有何种变化）。

7）敏感性分析

结合不确定性分析对不同效益估算结果进行敏感性分析，通过对一些关键指标的调整分析不同效益估算结果的变化。

3.3.2 不同效益评估方法及结果

1. 娱乐功能

1）概述

娱乐功能包括恢复河流和改造河岸缓冲带在内的绿色基础设施或基于 LID 的设施，会增加居民到河流附近绿地进行娱乐活动的次数。其中，大部分娱乐活动会在陆地或近水区域进行，如慢跑、骑行、散步、野餐等，很少涉及水面活动（部分涉水区域不允许直接接触水或钓鱼）。同时，LID 方案中由于城市绿化面积和树木的增加，非涉水区域的娱乐活动也会增加，研究对这些娱乐活动产生的效益也进行了分析。但是，传统灰色基础设施（如隧道）不会对这些娱乐活动及其效益产生显著的影响。虽然传统的灰色基础设施可以降低发生 CSO 溢流的次数，并改善水质，但不会改善河道或城市的景观，没有相关娱乐功能及效益。

在 LID 方案中，总娱乐效益与新增娱乐活动次数（活动时间）成函数关系，可以用来衡量 LID 措施的改善效果。为估算新增娱乐活动及其产生的效益，参考了公共土地信托公司（Trust for Public Lands）为费城公园联盟（Philadelphia Parks Alliance）编制的 2018 年的研究报告 *How Much Value Does the City of Philadelphia Receive from its Park and Recreation System?*（简称公园报告），公园报告为此次评估提供了各种娱乐活动的具体数据和直接使用价值。同时，结合与公园工作人员的交谈、公园内详细的流域和公园管理计划以及现场访问结果，分别确定各个流域这些基础参数的取值。

为便于分析，研究将项目实施后增加的娱乐活动带来的总效益分为河岸区效益和非河岸区效益两部分，河岸区效益是工程对河流改善作用带来的效益，非河岸区效益为所有方案控制流域因植被面积增加带来的效益。

2）评估方法

A. 确定不同流域在实施 LID 方案后所新增的娱乐活动

重点参考公园报告，确定不同流域在实施 LID 方案后所新增的娱乐活动。由于该公园报告仅提供了费城公园各种娱乐活动的详细数据，并没有其他公园数据。为此，研究根据费城公园的数据估算了 1 英亩公园土地上新增娱乐活动次数，然后根据其他流域公园的面积估算出 LID 方案实施后不同流域河岸区新增娱乐活动的相关数据。同时，结合与公园工作人员的交谈、公园内详细的流域和公园管理计划以及现场访问情况对数据进行校验。后续对于非公园区域新增娱乐活动的相关数据也做了类似的估算。另外，由于公园报告中只考虑了费城居民，所以该报告估算的娱乐活动价值使用价值并未考虑其他地区居民。

B. 估算娱乐活动产生的总效益

考虑到在不同 LID 改进方案下，娱乐活动产生的总效益与新增娱乐活动的次数（活动时间）呈函数关系，所以娱乐活动所产生的总效益或直接价值可以通过每次的娱乐活动价值来估算。由于目前娱乐活动是没有市场价格的，并不能直接通过娱乐活动情况估算其效益或直接价值。为此，经济学家专门研究了一种可以估算没有市场的商品或者资源的价值的方法。例如，经济学家通常参考在特殊市场中的消费者愿意为本次娱乐活动支付的金额（willingness to pay，WTP）作为其价值。该报告依据公园报告中提供具体娱乐活动的直接价值，使用美国陆军工程兵团（U. S. Army Corps of Engineers）向美国水资源委员会（U. S. Water Resources Council）提供的"单位日值法"价值估算程序来估算这些娱乐活动的效益。单位日值法是在当地居民 WTP 的基础上，给每项娱乐活动确定其单位（以美元计），然后通过估算公园中每次娱乐活动的人数来估算其价值。例如，每个用户每次玩游戏的场均价格为 3.5 美元，在公园道路上跑步、散步、溜冰等价格为 4 美元。

C. 不同流域 LID 方案实施后非河岸区新增娱乐活动及其效益

估算不同流域 LID 方案实施后非河岸区新增娱乐活动及其直接价值，首先需要估算因植被面积增加（如树木增加）而带来的效益，该报告基于 CDM 提供的每个流域在不同 LID 方案下增加的绿化面积数据，估算这些绿化面积中可以直接增加娱乐活动次数的绿化面积。例如，研究中去除了 CDM 提供的不同 LID 方案下增加的绿色屋顶面积，以及停车场增加的绿化面积。此外，研究假设上述增加的绿化面积均分布在现有不透水区域。例如，在 Tacony-Frankford 流域，预计 17% 的不透水面积（不包括屋顶）将被改为停车场，因此每个工况下 17% 的绿化面积将被认为是通过停车场增加。因此，在估算 Tacony-Frankford 流域可以直接增加娱乐活动的绿化面积时，除扣除绿色屋顶面积外，还需扣除因停车场增加的 17% 绿化面积。

而且，对于 Schuylkill River 流域，该研究还减去了 Schuylkill River 总体规划中确定用于娱乐活动的 150 英亩土地（EDAW，2003），这部分区域将在河岸区娱乐活动效益分析中估算。表 3-2 给出了基于 LID 不同 CSO 控制方案中各个流域非河岸区增加娱乐活动的植被面积。

其次，要估算每英亩土地面积上由于绿化面积增加而增加的娱乐活动次数（活动时间）。基于公园报告中具体活动（如在人行道或小路上散步、野餐、在长凳上休息等）的相关数据，以及报告所提出的在费城公园，不同 LID 方案下每英亩土地面积上绿化面积的增加可以增加 10% 的娱乐活动。表 3-3 给出了假定所有基于 LID 的 CSO 控制方案都实施后，不同流域非河岸区每年增加的娱乐活动次数（以"活动天数"为单位）。表3-4给出了考虑CDM提供的基于LID的CSO控制方案40年施工计划时，不同流域非河岸区40年累积增加的娱乐活动次数（以"活动天数"为单位）。

表3-2　基于LID的不同CSO控制方案在各个流域非河岸区增加娱乐活动的植被面积

（单位：英亩）

方案	Tacony-Frankford	Cobbs Creek	Schuylkill	Delaware
25% LID	231	87	126	236
50% LID	822	312	832	1715
75% LID	1169	445	1247	2584
100% LID	1404	534	1528	3171

表3-3　基于LID的CSO控制方案下不同流域非河岸区每年增加的娱乐活动次数

（单位：活动天数）

方案	Tacony-Frankford	Cobbs Creek	Schuylkill	Delaware
25% LID	310 000	117 300	169 200	317 300
50% LID	1 104 100	419 500	1 117 600	2 304 100
75% LID	1 571 300	597 500	1 676 300	3 472 900
100% LID	1 886 700	717 000	2 053 400	4 261 400

表3-4　基于LID的CSO控制方案40年施工计划下不同流域非河岸区累积增加的娱乐活动次数

（单位：活动天数）

方案	Tacony-Frankford	Cobbs Creek	Schuylkill	Delaware
25% LID	6 376 780	2 413 061	3 481 727	6 528 626
50% LID	22 714 215	8 629 946	22 991 914	47 402 472
75% LID	32 326 746	12 292 929	34 486 588	71 448 114
100% LID	38 815 401	14 751 738	42 245 022	87 670 535

最后，估算增加的娱乐活动产生的直接价值。依据上述娱乐活动次数，结合公园报告中提供的单次娱乐活动的直接价值，估算增加的娱乐活动产生的价值。同时，将公园报告提供的娱乐活动直接价值的50%作为基础，用于估算非公园区域的娱乐活动（如在人行道散步）价值。为估算40年的总效益，此报告依据CDM提供的LID方案实施计划估算了每年娱乐活动的效益。表3-5为基于LID的CSO控制方案下，各个流域非河岸区新增娱乐活动的总效益。

表 3-5　基于 LID 的 CSO 控制方案在不同流域非河岸区新增娱乐
活动的总效益（将 40 年内的总效益折算到 2009 年美元现值）　（单位：美元）

方案	Tacony-Frankford	Cobbs Creek	Schuylkill	Delaware
25% LID	4 499 952	1 702 843	2 456 977	4 684 956
50% LID	16 028 916	6 089 960	16 224 881	34 016 111
75% LID	22 812 265	8 674 846	24 336 416	51 271 313
100% LID	27 391 164	10 409 972	29 811 370	62 912 556

D. 不同流域 LID 方案实施后河岸区新增娱乐活动及其效益

参考 Stratus 公司在评估与河流恢复相关的基于 LID 的 CSO 控制方案所产生娱乐效益时所采用的方法，查阅流域、公园管理计划并采访当地水利部门和公园工作人员，结合项目实际情况对该方法进行优化调整并用于估算各个流域河岸区娱乐活动所产生的效益，另外，假设在不同 LID 设计工况（25%～100%）下均采取一致的河道恢复方案，每个 LID 设计工况下所估算的娱乐活动的效益均相同。

a. Tacony-Frankford 流域

Tacony Creek 公园是 Fairmount 公园系统的一部分，占有 Tacony-Frankford 流域大部分河岸区的娱乐用地。该公园占地面积 302 英亩（包括 Juniata 公司高尔夫球场），可提供 2.5 英里的溪流小径供居民野餐、跑步、散步和钓鱼，同时也存在游泳、乱扔垃圾、涂鸦等不文明行为。

在 Juniata 公园高尔夫球场下游，Tacony 河与埋藏的管道汇合，形成了 Frankford 河。为了解决暴雨径流大量涌入造成的洪灾问题，Frankford 河河岸已经用混凝土加固硬化。但是，混凝土渠道阻隔了地表水和地下水系统间的联系，水生生物的栖息地也逐渐消失。同时，河流周边地区工业化程度高，导致大部分支流均受到严重污染。

为此，政府部门开展了 Tacony-Frankford 流域的河流生态恢复工作，主要侧重于河道内的恢复，以及穿过 Tacony Creek 公园的 2.6 英里长河流的河岸区和 3.5 英里长 Frankford 河的河岸区（Juniata 公园以南一直到 Frankford 河与 Delaware 河的交汇处）的恢复，主要工作内容包括与娱乐活动相关的一些修复工程，如便道的建设与修复、河岸区的扩大以及改善前往 Tacony-Frankford 河干流的通道。Frankford 河绿道工程（根据 Frankford Greenway Master Plan 所述）预计包括 3.1 英里以上的便道和一些娱乐设施。

先估算 Tacony Creek 公园目前的娱乐活动情况并作为后续估算的基础数据，这些基础数据仅包括公园范围内的数据，因为它是目前该流域内费城居民目前唯——个可以直接进入干流的区域。这些基础数据来自于 Tacony-Frankford River Conservation Plan（RCP）的调查数据，以及 Fairmount 公园工作人员采访和 Tacony Creek Park Natural Lands Restoration Master Plan 中的定性描述。

RCP 提供了整个流域中包括支流在内的与河流相关的游玩人数，在此基础上，研究使用地理信息系统（geographical information system，GIS）的土地利用数据估算 Tacony Creek 公园中沿 Tacony 干流观光游玩人数的比例。结果显示，公园中参与河流相关娱乐活动人数约占整个流域娱乐活动总人数的 70%。

表 3-6 为估算 Tacony-Frankford 河河岸区娱乐活动基础数据所使用的输入参数及其来源，可以发现 Tacony-Frankford 流域大部分居民很少到河岸附近进行娱乐活动，对公园工作人员采访也显示该公园的使用率很低。基于以上结果，Tacony-Frankford 河河岸区每年观光游玩人数约为 192 320 人，每年带来的直接使用价值约 406 000 美元。

表 3-6　Tacony-Frankford 河河岸区娱乐活动基础数据估算所使用的输入参数及其来源

项目		数据	数据来源
2007 年流域人口（费城部分）/人		285 405	U. S. EPA BenMap 2007；Tacony-Frankford Integrated Watershed Management Plan（IWMP）
未满 18 周岁的人口占比/%		26	2000 年人口普查
沿河娱乐活动	沿河娱乐的居民中未满 18 周岁所占比例/%	12	Tacony-Frankford IWMP 报道的 RCP 调查数据
	沿河娱乐的居民中超过 18 周岁所占比例/%	39	Tacony-Frankford IWMP 报道的 RCP 调查数据
	每年平均访问次数（两组都有）/次	3	Tacony-Frankford IWMP 报道的 RCP 调查数据
	沿溪流散步活动占比/%	53	Tacony-Frankford IWMP 报道的 RCP 调查数据
	其他非接触式活动占比/%	38	Tacony-Frankford IWMP 报道的 RCP 调查数据；公园报告
	钓鱼活动占比/%	8	Tacony-Frankford IWMP 报道的 RCP 调查数据

依据 Tacony-Frankford 流域沿河娱乐活动的基础数据，估算 LID 方案实施后河岸区新增娱乐活动及其效益。首先，将该流域分为三个区域，分别估算不同区域基于 LID 的 CSO 控制方案所增加的娱乐活动，结果见表 3-7。

表 3-7　基于 LID 的 CSO 控制方案在 Tacony-Frankford 流域不同区域增加的娱乐活动项目

	Tacony Creek 公园	Juniata 公园高尔夫球场	Frankford 河绿色走廊
娱乐活动项目	游乐场游玩 野餐或在长凳上休息 沿小径散步 沿小径跑步 沿小径骑行 遛狗 观鸟 钓鱼	高尔夫球运动	野餐或在长凳上休息 沿小径散步 沿小径跑步 沿小径骑行 遛狗 观鸟

其次，分别估算各区域娱乐活动所增加的人数。对于 Tacony Creek 公园，针对表 3-7
提供的 Tacony Creek 公园增加的娱乐活动，参照费城公园每英亩土地面积上相应娱乐活动
的参与人数，估算 Tacony Creek 公园增加的娱乐活动的人数。假设 Tacony Creek 公园与费
城公园一致，每英亩土地面积上 LID 和河道修复可以增加 40%的娱乐活动次数，便可以估
算 Tacony Creek 公园 174 英亩面积（不包括 Juniata 公园高尔夫球场）上由于 LID 和河道修
复所增加的总娱乐活动次数。上述 40%的假设是基于公园的相对基础属性（如东西
Fairmount 公园相似的区域吸引力）、周边社区人口组成及数量，以及与 Fairmount 公园代
表的讨论结果。由此得到在 LID 方案下（所有项目完工的条件下），每年约有 210 万游客
来此公园。该数据假定人们已经到访过 Tacony Creek 公园，或者是在 Tacony Creek 的改善
措施尚未实施的条件下到访过费城的其他公园，该假设在后续效益估算中一直使用。

对于 Juniata 公园高尔夫球场，增加的娱乐活动人数是在 *Juniata Park Golf Course Land
Use and Feasibility Study* 报告所提供数据基础上估算的（EDAW, 2008）。该报告显示，发
生在 Tacony 河的 CSO 事件是限制该球场旅游人数增长的因素。据易道公司（EDAW）报
道，Juniata 公园每年约有 11 350 场高尔夫球运动，同费城其他球场的平均水平（28 375
场）相比，仅占平均水平的 40%。鉴于该球场不仅受到 CSO 事件制约，还受到涂鸦等破
坏行为的影响。同时，该球场场地面积较其他球场较小，也没有悠久历史，缺乏区域吸引
力。因此，在进行娱乐活动人数估算时采用保守估算，假设实施 LID 方案后该球场可以达
到平均水平的 50%，即每年约有 14 190 场高尔夫球运动（增加 2800 场）。根据每场运动
约有 3 名高尔夫球手，可估算出在 CSO 得到改善后，将有额外的 8500 人到此打高尔夫球
（不含去过该市其他高尔夫球场的人）。

对于 Frankford 河绿色走廊，该项目包含沿 Frankford 河建造的 3.1 英里道路，以及
河道修复。为了估算该绿色走廊的游客访问量，研究采用了与 Tacony Creek 公园游客访
问量估算方法一致的方法。基于 3.5 英里走廊长度和假设的走廊宽度，估算得到该走廊
总占地面积约为 190 英亩。参考 Tacony Creek 公园娱乐活动项目确定该走廊内活动项目
（表 3-7）。由于河流旁边的混凝土河岸阻止了人们与河流的直接接触，研究人员也并不
清楚走廊内是否要建设游乐场（Frankford Greenway Master Plan 中没有描述）。因此假定
除了钓鱼和游乐场游玩外，走廊内的娱乐活动项目和 Tacony Creek 公园内的活动一样。
该走廊每英亩土地观光访问量取值同 Tacony Creek 公园，约为费城公园平均游客访问量
的 40%。由此可知，绿色走廊完全建成后，每年将有超过 190 万人来此观光游玩。在
LID 方案下，游客中约有 70%为新游客，如果 LID 河流修复项目尚未实施，则这些游客
不会前来。如果 LID 对周围环境的改善作用还未体现，则剩余 30%的游客将前往该市
其他公园或高尔夫球场。

表 3-8 为 LID 方案下，Tacony-Frankford 流域河岸区娱乐活动人数的增加量，表中包含

了每年增加的娱乐活动人数（假设项目全部完工）及 40 年期间娱乐活动人数的总增加量。其中，40 年间娱乐活动人数总增加量在 CDM 提供的施工进度表的基础上估算。

表 3-8   LID 方案下 Tacony-Frankford 流域河岸区增加的娱乐活动的总人数

项目	数量
Tacony Creek 公园增加的娱乐活动总人数/人次	1 934 000
Frankford 绿色通道增加的娱乐活动总人数/人次	1 910 000
Juniata 公园高尔夫球场增加的娱乐活动总人数/人次	8 500
新增娱乐活动人数占比/%	70
每年增加的娱乐活动人数/人次	2 696 800
40 年期间增加的娱乐活动人数/人次	80 527 887

最后，在 Tacony-Frankford 流域河岸区增加的娱乐活动总人数的基础上，参考公园报告中所提供的直接使用价值对 LID 方案下娱乐活动增加所带来的货币价值进行估算，并对各项娱乐活动的货币价值进行加权得到该流域河岸区娱乐活动总效益的货币值。经估算，在项目全面完工后，每年可带来约 610 万美元的效益（2009 年美元现值）。根据 CDM 提供的河流恢复施工进度表，2009～2049 年 40 年间的效益折算到现值将超过 1. 45 亿美元。

b. Cobbs 河流域

Cobbs Creek 公园位于费城西部边缘，占地面积 220 英亩，包括 13 英里长的河流（干流长 8.2 英里），占据了 Cobbs Creek 流域的大部分公园用地。此次效益估算只针对沿 Cobbs 河干流的娱乐活动，该区域也是 PWD 河流恢复项目的重点实施区域。沿河流的所有修复项目均设置在 Cobbs Creek 公园内，没有任何新建的娱乐设施，项目实施后预计将改善河流水质、恢复和扩大道路、扩大河岸区面积等。

该流域娱乐活动效益估算方法同 Tacony-Frankford 流域，由于数据资料缺乏，娱乐活动人数采用 Tacony Creek 公园每英亩土地的娱乐活动相关数据，并将其应用到 220 英亩的 Cobbs Creek 公园。基于研究人员对每个公园的现场访问资料和定性描述，假设该公园每英亩的土地访问量比 Tacony Creek 公园高出 15%，则每年公园访问量约为 28 万人次。假定 Cobbs Creek 公园内娱乐活动类型和 Tacony Creek 公园一致，根据费城公园现状调研分析，在河流修复完成的情况下，该公园每英亩的土地访问量取当地平均水平的 40%，在 LID 方案实施后该公园访问量约为 270 万人次/a，包括已经参观过公园的游客，以及在项目完工前参观过其他公园的游客。

Cobbs 河流域的 LID 方案实施后娱乐活动人数增加量的估算，是在已确定的公园访问人数基础上扣除基础的娱乐活动人数并假定访问人数中约 70% 是新游客。据此得到在 LID 方案下，Cobbs Creek 公园每年娱乐活动人数增加量约为 170 万人。根据 CDM 提供的项目施工进度表，未来 40 年间娱乐活动人数总增加量可达 5050 万。采用公园报告的娱乐活动直接使用价值进行货币价值估算，并对各项娱乐活动货币价值进行加权。结果显示，项目全面完工之后每年可带来约 390 万美元的效益，在 2009~2049 年 40 年累计效益现值将超过 9400 万美元（2009 年美元现值）。

c. Schuylkill River 流域

该流域主要包括 *Tidal Schuylkill River Master Plan* 报告中的研究区域，从 Fairmount 大坝流向 Delaware 河的 Schuylkill 河部分河段，还有许多与居民区、政府办公区等公共用地相邻的重要工业用地，以及大量铁路干线、沿河或跨河公路干道等。土地利用数据显示，目前该区域 54.75% 的土地用于制造业、公用事业，停车和交通，29% 的土地用于种植树木、存水（工业用水相关的水）或是空地，2.52% 的土地用于娱乐，2.81% 的土地用于居住。

该流域的效益评估主要依赖于 EDAW 在 *Tidal Schuylkill River Master Plan* 中提供的数据信息（EDAW，2003）。EDAW 在报告中提出该区域未来重大的公共投资将重点倾向 Schuylkill 河潮汐段的振兴，包括绿道和便道的改善，增加街区与河流的联系，以及改善基础设施等。当报告中规划方案全面落实后，该区域预计将有超 3270 个住宅单位、超过 160 万平方英尺（1 平方英尺 ≈ 0.093m²）土地用于商业销售、超过 11300 平方英尺土地用于餐馆、超过 100 万平方英尺土地用于办公、超过 200 万平方英尺土地用于工业、超过 10 万平方英尺土地用于文化设施、超过 150 英亩土地用于新绿地和公园用地、超过 8 英里的新多功能小径，以及码头存船约 400 艘。

基于 LID 的 CSO 控制方案对 Schuylkill 河下游生态环境的改善，将对实施 *Tidal Schuylkill River Master Plan* 起到关键作用。在评估娱乐活动效益时，重点考虑了上述可以直接与基于 LID 的 CSO 控制方案有关的发展项目。结合 LID 的相关认识，这些发展项目包括 150 英亩河岸区域新开放的空间和公园建设、人行道和街景的改进，以及新码头的建设等，具体包括：

i. 由新增绿化空间带来的娱乐人数的增加

为估算娱乐活动效益，需要先依据公园报告估算每英亩土地面积上由于新增绿化空间和公园而增加的娱乐活动。由于该公园更好的区域属性，假定在 Schuylkill 河下游河岸区娱乐活动的数量是费城公园的 60%，该取值高于 Tacony 公园和 Cobbs Creek 公园的 40%。但是，由于该区域的大量娱乐活动仅发生在受 CSO 影响区域的上游（东西 Fairmount 公园，Boathouse 峡谷），考虑到该区域更高的工业属性，这个区域娱乐活动的次数仍然远远低于其他区域的公园。同时，考虑到 Schuylkill 下游娱乐活动多发生在受 CSO 影响区域的上游部分，该报告进一步假设在 Schuylkill 下游开放区域参与娱乐活动的人数中 50% 为新增人数（未在区域内其他公园进行娱乐活动的人数）。

基于上述假设,当 *Tidal Schuylkill River Master Plan* 中确定的改进措施(仅与绿色空间、人行道相关)全部实施后,Schuylkill 河下游河岸区娱乐活动人数每年将新增加约 130 万。考虑 CDM 提供的河流恢复项目实施计划,40 年间增加的访客量可达 4020 万人。

ii. 由游船和钓鱼带来的娱乐人数的增加

除新增绿化空间带来的娱乐活动效益之外,*Tidal Schuylkill River Master Plan* 中还计划在码头设置 400 艘船。因为该项目和 CSO 控制方案相关,直接关系到水质的改善效果,因此将码头纳入对流域娱乐活动效益的分析。为了估算 Schuylkill 河下游与钓鱼和划船相关的娱乐活动人数,根据公园报告提供的一份调查数据确定费城喜欢钓鱼、划船的居民每年的平均旅行次数,并假定每次钓鱼/划船旅行的平均人数为 3 人,且认为发生在此下游区域 60% 的旅行都不会在别处发生。根据这些假设,当项目全部完工后,码头每年增加旅行为 4400 次,40 年间共增加了 131 600 次旅行。

iii. 新增娱乐活动的总效益

娱乐活动效益的估算方法同前两个流域类似,使用公园报告中的各项娱乐活动的直接使用价值确定总效益。经估算,新增绿化空间每年带来的娱乐活动效益约 310 万美元,码头钓鱼、划船每年带来的效益约 19 172 美元。根据 CDM 提供的施工计划表,在 40 年间这些效益累积价值折算到现值分别为 7340 万美元和 460 000 美元(2009 年美元现值)。

d. Delaware 河流域

由于缺乏详细数据资料,假设 Delaware 河的 LID 方案下每英里河流所含绿地面积与 Schuylkill 河相同。Schuylkill 河下游区域每英里河长大约有 21 英亩绿地面积,Delaware 河有 15.6 英里的河流位于 PWD 的 CSO 控制区域内,所以预计在 LID 方案下该区域将包含 341 英亩的绿地面积。和 Schuylkill 河类似,在估算非河岸区娱乐活动效益时,减去了这部分沿河的绿地面积。

采用与 Schuylkill 河相同的娱乐活动效益评估方法估算该区域娱乐活动效益,预计 LID 方案下河流修复项目完工后,该区域沿河岸访客量将增加 260 万人。考虑项目施工计划后,40 年间河岸访客累积增加量可达 7610 万人。经估算,Delaware 河河岸区每年将带来 580 万美元的娱乐活动效益,将未来 40 年的总效益折算到现值约为 1.39 亿美元(2009 年美元现值)。

3)研究区娱乐活动效益结果汇总

表 3-9 和表 3-10 提供了 LID 方案下费城居民娱乐活动总效益估算结果,表 3-9 为河岸区和非河岸区在 LID 方案下,2009~2049 年累积增加的娱乐活动人数,表 3-10 为 2009~2049 年娱乐活动增加所带来的总效益。

表 3-9 LID 方案下 40 年期间增加的娱乐活动总人数 （单位：人）

项目		Tacony	Cobbs	Schuylkill	Delaware
非河岸区	25% LID	6 376 780	2 413 061	3 481 727	6 528 626
	50% LID	22 714 215	8 629 946	22 991 914	47 402 472
	70% LID	32 326 746	12 292 929	34 486 588	71 448 114
	100% LID	38 815 401	14 751 738	42 245 022	87 670 535
河岸区[a]		80 527 887	50 478 407	40 371 870	76 146 118

a 适用于所有 LID 方案。

表 3-10 LID 方案下 40 年期间产生的总娱乐效益 （折算到现值[a]）（单位：美元）

项目		Tacony	Cobbs	Schuylkill	Delaware
非河岸区	25% LID	4 499 951	1 702 843	2 456 977	4 684 956
	50% LID	16 028 916	6 089 960	16 224 881	34 016 111
	70% LID	22 812 264	8 674 846	24 336 416	51 271 313
	100% LID	27 391 163	10 409 972	29 811 370	62 912 556
河岸区[b]		145 154 937	94 100 602	73 900 681	138 970 735

a 2009 年美元现值，且通货膨胀率为 4%，贴现率为 4.875%；b 适用于所有 LID 方案。

4）遗漏、偏差和不确定性分析

为了估算 LID 方案下娱乐活动总效益，在缺少详细数据的情况下，有必要对部分数据作出假设。前文已确定部分分析中所用数据的遗漏和不确定性，表 3-11 将对估算采用的假设和不确定性及其对娱乐活动效益估算结果可能存在的影响进行阐述。

表 3-11 遗漏、偏差和不确定性分析

假设/方法	对净效益的潜在影响[a]	评论/解释
效益分析中仅考虑新增游客	—	此分析中仅包括若 LID 设施未实施则不会出现在任何地方的游客，而本应发生在其他地点与旅行相关的边际效益（或个人将继续在 LID 替代方案下前往该地点）则由于直接使用价值相对较低，排除这些效益不太可能对总体效益产生重大影响，因此不做考虑。此外，新访问总数的比例通过定性讨论和实地访问估算的，这些假设存在一定程度的不确定性
分析中不考虑非费城居民	+/++	公园报告只包括费城居民参观公园的数据。由于缺少非费城居民参观费城公园频率的统计数据，因此不包括在此次分析中。这些游客的加入将增加整体效益，其中 Schuylkill 河和 Delaware 河流域由于更具吸引力最有可能增加整体效益

假设/方法	对净效益的潜在影响[a]	评论/解释
直接使用价值中不考虑娱乐体验质量	U	如果到 CSO 控制流域的娱乐活动质量高于（或低于）费城公园的平均质量，那么用户每次出行可能会体验到更高（或更低）的价值。区位因素（如邻近现有公园或社区人口结构）也可能影响娱乐活动的质量
与同类研究相比，此分析中使用的直接使用价值较低	+	公园报告中的直接使用价值相对较低。然而在费城，LID 设施的娱乐效益估算不会达到偏远地区的水平。在这个城市大多数人不必长距离远行去公园，且到达公园后居民可以在较短时间内进行娱乐活动。此外，基于对流域公园的定性描述，此流域娱乐活动质量似乎低于其他领域的评估研究

a 以下符号表示遗漏，偏差和不确定因素对估算值的可能影响：+可能会增加净效益；++将显著增加净效益；U 净效益变化方向不确定。

2. 改善社区环境，提升房产价值

1) 概述

树木与其他绿色植物可以改善社区环境并提升社区的宜居性，相关研究表明在社区环境中多种植植物可以提升社区住宅价值。基于一些与 LID 工程舒适性价值相关的文献（如 Wachter 和 Wong 在 2006 年发表的 *Philadelphia-specific study*）以及社区一些基础属性，通过价值转移估算法得到了每个 LID 方案，以及 LID 实施区域社区价值总增长量。

研究对 Cobbs 河流域、Delaware 河下游、Schuylkill 河下游和 Tacony-Frankford 河流域四个区域的 LID 方案在改善社区环境、提升社区住宅价值的效益方面进行了详细估算。其中，PWD 的所属和合流制排水区及非合流制排水区内的提升社区住宅价值的效益将被分别估算，且研究区仅限于城区。由于非合流制排水区以及 Schuylkill 下游区域（包括东西 Fairmount 公园）已经有大量的 LID 设施，以上区域内 LID 对改善社区环境、提升社区住宅价值的效益可以忽略不计，所以本次未估算上述区域内的效益。在其余七个地理区域内，基于文献中提出的效益区间采用价值转移估算法估算提升社区住宅价值的效益。与其他效益的估算不同，此处价值转移估算法仅估算住户在实施 LID 方案或 LID 方案中的某个部分（如种树）后获得的新效益。

2) 评估方法和数据

研究中价值转移估算法所用数据源自社区数据和宾夕法尼亚大学制图建模实验室（University of Pennsylvania's Cartographic Modeling Lab）提供的费城"NIS neighborhood Base"（CML, 2005）。其中，带有社区边界、流域边界和合流排水区域边界的住宅总数（包括合流制排污区和非合流制排污区）通过 GIS 获得，流域内所有的住宅数量由社区数据中的住宅数据估算得到。

在拟研究的地理区域内（如给定流域内的合流制排水区域），采用 NIS neighborhood Base 中提供的 2007 年平均住宅销售价格的中位数，估算已出售住宅的平均售价。而且，在特定地理区域内每个社区有一定的房屋出售量。将每个社区 2007 年已出售住宅的平均售价乘以该社区所有的住宅数量，然后将每个社区的估算结果加权求和，就可以得到加权平均市场价值。在估算过程中，使用销售价格的中位数可以消除价格波动的影响，特别是在特定区域只有一部分房屋被出售时。另外，与历史时期相比较，如果 2007 年某一类型的住宅（如公寓或单户住宅）的销售特别高的时候，销售价格的中位数可以消除其对结果的影响。这就是估算效益时使用了销售价格的中位数而非平均值的原因。

文献研究认为，绿色的暴雨控制措施或者 LID 措施产生的提升住宅价值效益为 0 ~ 7%。因此，该报告将 LID 提升周边住宅价值的效益定为 0%~7%。参考相关资料，将合流制排水区域内的住宅设定为 2%~5%，平均值取 3.5%；对于在合流制排水区域外的住宅，效益将随距离增加而降低，LID 对住宅价值的提升范围降为1%~2.5%。由于缺少 LID 详细的布置位置，该报告估算了在分别布设 25%、50%、75% 和 100% 四种工况下 LID 对住宅价格的影响。以布设 50% LID 设施为例，特定区域 LID 对住宅价格的影响为该区域 50% 的住宅数量乘以该区域住宅销售价格的中位数。

由于 LID 设施仅仅布置在合流制排水区域，在这些 LID 设施附近的住宅将会获得最大的效益，其次为位于合流制排水区域内的住宅，合流制排水区域外的住宅也将会获得一些效益，这项效益的价值将以一定的速率递减。许多研究发现这个递减速率与距离舒适度提高的区域的远近有关（Correll et al., 1978；Tyrvainen and Miettinen, 2000；Morancho, 2003；Wachter and Wong, 2006）。因此，对于合流制排水区域外的区域，其效益由 2%~5% 递减至1%~2.5%。

现有的研究中重点考虑 LID 设施带来的效益，但研究并未对这些效益进行明显的区分，比如节约能源带来的效益可以转变为增加绿化面积带来的效益。理论上来讲，LID 对住宅价格的影响会涵盖其对空气质量、水质、能源利用（通常与热应激有关）、洪水控制及其他方面（特别是那些定性的方面）的潜在影响。例如，空气质量好的区域住宅售价要高于空气质量差的区域。在评估 LID 效益时如果再简单地加上对空气质量的改善效益，会导致这部分效益被重复估算。所以研究仅考虑了相互之间有明确差异的效益类型，如对社区环境的改善效益。在估算 LID 对改善社区环境、提升社区住宅价值的效益时，只考虑文献中 50% 的效益，如在合流制排水区域内的效益值为 1%~2.5%，在合流制排水区域外的效益值为 0.5%~1.25%。正如 Sample 等（2003）和 Powell 等（2005）所指出，当前在费城地区 LID 及其相关措施的效益价值研究均存在成本极高的问题，特别是时间成本，此处还缺少 LID 效益价值的研究，因此研究评估期间可用的研究成果较少。表3-12为现有研究中不同 LID 项目产生的改善社区环境，提升社区住宅价值的效益。

表 3-12　价值转移估算法中涉及的相关研究文献

文献	主要内容	估算值（价值增加的比例）
Ward 等（2008）	与较远区域相比，估算 Seattle King 市 LID 设施对其邻近区域住宅价值的影响	3.5%~5.0%
Shultz 和 Schmitz（2008）	通过分析 Omaha 市集群式开放空间和生态走廊附近社区来评估 LID 的影响	生态走廊：1.1%~2.7%；集群式开放空间：0.7%~1.1%
McPherson 等（2006 年）	参考一项未注明引用的研究，分析种植大量树木和不种植或少种植树木的影响	3%~7%
Wachter 和 Wong（2006）	估算植树对费城部分社区住宅价值的影响	2%（树木的内在价值）
Anderson 和 Cordell（1988）	使用 Athens-Clarke 市住宅销售数据估算树木对住宅价格的影响，分析前院种有少于 5 棵和 5 棵以上（含 5 棵）树木的住宅的价值差异	3.5%~4.5%
Braden 和 Johnston（2003）	利用 Meta 分析法来评估采用原位雨水滞留设施（植被/LID）来控制降雨的效益	0~5%

3）不同流域改善社区环境，提升社区住宅价值的总效益

结果显示，合流制排水区域内住宅价值的总体平均效益为 2.83 亿~11.3 亿美元，合流制排水区域外住宅价值的总体平均效益为 5.10 亿~2.06 亿美元，具体大小取决于 LID 覆盖率。根据各流域不同住宅数量，结合表 3-13 估算得到各区域在不同 LID 覆盖率下提升住宅价值的总效益，结果见表 3-14、表 3-15。

4）遗漏、偏差和不确定性分析

在进行 LID 方案提升住宅价值效益分析时，对于某些缺少具体数据情况下做出的假设，有必要进行数据遗漏和不确定性分析，表 3-16 为分析中所用假设的不确定性分析及其对效益估算结果可能存在的影响。

3. 缓解城市高温效应对居民健康的威胁

1）概述

目前，城市夏季出现许多过热事件（excessiveheat events，EHEs）和热应激导致的过早死亡（如 1993 年的 EHEs 导致超过 100 人由于热应激而过早死亡），这些问题已经被相关城市、联邦疾控中心（the federal Centers for Disease Control，CDC）和 U. S. EPA 广泛研究，并证明过热和健康问题有一定的联系。欧洲 2003 年的 EHEs 事件导致法国约 15000 人死亡，而 1995 年 7 月芝加哥的 EHEs 事件导致超过 700 人死亡。除了引起死亡率增加外，

表 3-13 不同覆盖率下住宅值提升效益（折合为 2009 年美元价值）

（单位：美元）

LID 覆盖率	评估区域	总住宅价值	加权平均销售价格中位数	预计受影响住宅的总价值	住宅价值提升的最低值	住宅价值提升的平均值	住宅价值提升的最高值
25%	合流制排水区域内	503 882	128 307	16 162 924 000	161 629 000	282 851 000	404 073 000
	合流制排水区域外	48 544	152 920	1 855 841 000	2 941 000	5 146 000	7 352 000
	总计	552 426	130 470	18 018 765 000	164 570 000	287 997 000	441 425 000
50%	合流制排水区域内	503 882	128 307	32 325 848 000	323 258 000	565 702 000	808 146 000
	合流制排水区域外	48 544	152 920	3 711 682 000	5 881 000	10 292 000	14 703 000
	总计	552 426	130 470	36 037 530 000	329 140 000	575 995 000	822 850 000
75%	合流制排水区域内	503 882	128 307	48 488 771 000	484 888 000	848 554 000	1 212 219 000
	合流制排水区域外	48 544	152 920	5 567 523 000	8 822 000	15 438 000	22 055 000
	总计	552 426	130 470	54 056 294 000	493 710 000	863 992 000	1 234 274 000
100%	合流制排水区域内	503 882	128 307	64 651 695 000	646 517 000	1 131 405 000	1 616 292 000
	合流制排水区域外	48 544	152 920	7 423 364 000	11 763 000	20 585 000	29 407 000
	总计	552 426	130 470	72 075 059 000	658 280 000	1 151 989 000	1 645 699 000

表 3-14 各流域在不同 LID 覆盖率下合流制排水区域内住宅价值提升总效益 （单位：美元）

流域	LID 覆盖率							
	25%		50%		75%		100%	
	最低效益增加值	最高效益增加值	最低效益增加值	最高效益增加值	最低效益增加值	最高效益增加值	最低效益增加值	最高效益增加值
Tacony-Frankford	22 160 000	55 399 000	44 319 000	110 798 000	66 479 000	166 197 000	88 639 000	221 596 000
Cobbs 河	7 010 000	17 525 000	14 020 000	35 049 000	21 030 000	52 574 000	28 040 000	70 099 000
Delaware Direct	77 123 000	192 808 000	154 246 000	385 615 000	231 369 000	578 423 000	308 492 000	771 230 000
Lower Schuylkill	55 337 000	138 342 000	110 673 000	276 683 000	166 010 000	415 025 000	221 347 000	553 367 000

表 3-15 各流域在不同 LID 覆盖率下合流制排水区域外住宅价值提升总效益 （单位：美元）

流域	LID 覆盖率							
	25%		50%		75%		100%	
	最低效益增加值	最高效益增加值	最低效益增加值	最高效益增加值	最低效益增加值	最高效益增加值	最低效益增加值	最高效益增加值
Tacony-Frankford	2 133 000	5 333 000	4 266 000	10 666 000	6 399 000	15 998 000	8 532 000	21 331 000
Cobbs 河	81 000	203 000	162 000	406 000	244 000	609 000	325 000	812 000
Delaware Direct	726 000	1 816 000	1 453 000	3 632 000	2 179 000	5 447 000	2 905 000	7 263 000

表 3-16 遗漏、偏差和不确定性

假设/方法	对净效益的潜在影响[a]	评论/解释
只考虑住宅价格	++	效益估算时未包含商业、工业和其他非住宅的效益，而它们可能会导致净效益增加
价值转移估算法中采用 2% ~ 5% 的价值估算	U	文献中给出的 LID 实施对住宅价格的估算影响为 0 ~ 7%，该报告将其缩减为 2% ~ 5%。Wachter 和 Wong（2006）对费城特定区域的研究认为，种树对住宅价格的影响为 2%。研究假设研究区有相似的人口规模，所有区域采用相同的平均估算
价值转移估算法基于土地市场的边际效应	U	价值转移估算法主要考虑了居民对住宅的享受性价值，这反映了与土地市场边际变化相关的利益。研究假设 LID 对城市不同效益的影响存在边际效应
降低 LID 对住宅价格影响的估算结果，以避免效益被重复估算	U	为了避免重复估算，研究将 LID 对住宅影响的效益降低 50%。这种调整是为了后期估算文献中提到的与住宅价格不同的其他特殊效益。例如，提升社区环境是一种特殊的效益，而降低热应力不是
受影响的住宅数量	U	受影响的住宅数量取决于被纳入效益估算的 LID 设施，如表 3-12、表 3-13 所示，其覆盖率为 25% ~ 100%
所有受影响的住宅都将被估算效益	U	由于缺少一些基础数据以及 LID 设施的布置位置等信息，该报告假设所有受影响的住宅都将被估算效益
平均效益值来源于受影响住宅的加权平均价值的中位数	U，但很小	特定地理区域的平均住宅价格（用于估算该地区的总价值）是先将每个社区的住宅销售价格乘以该社区销售的住宅数量，然后根据各社区权重系数对每个社区的结果加权求和

a 以下符号表示遗漏、偏差和不确定因素对估算值的可能影响：++ 表示将显著增加净效益；U 表示净效益变化方向不确定。

EHEs 还与急诊数量、住院人数等一系列发病率相关（Koppe et al.，2004；Valleron and Mendil，2004；Kaiser et al.，2007；NOAA，1995；Semenza et al.，1999）。

费城地区也有因为 EHEs 而影响公众健康的悲惨事件发生，在 1991 年和 1995 年分别因 EHEs 造成 20 多人和 100 人死亡（CDC，1994；U. S. EPA，2006）。这些事件引起了人们对热-健康间关系的重视，并成立费城 Heat Task Force 以帮助制定和实施 EHEs 通知及响应机制。此外，市政府开发了气象预警系统来预测何时发生高温威胁，推动了当地热预警系统的发展。该系统可以根据预报的天气条件，预测每日死亡率增加量。20 世纪 80 年代末到 90 年代，人们对热健康问题的持续关注推动了相关研究的发展，如研究城市环境如何增加居民暴露于高温下的严重程度和持续时间等。这些健康问题及其引发的人们对减少城市地区电力的需求，促进了人们对这些城市热岛（urban heat island，UHI）问题的研究，特别是对不同缓解措施潜力的研究，如增加城市表面反射率（即反照率）和城市植被的面积等（U. S. EPA，2008a；Hudischewskyj et al.，2001；Sailor，2003）。

一些基于 LID 的 CSO 控制措施可以增加土壤植被面积，这类似于 UHI 缓解措施中增加城市植被的计划。LID 中的一些绿色基础设施（如树池、绿色屋顶和生物滞留池），通过遮挡阳光、减少吸热材料的使用和增加空气湿度，可以显著降低空气温度和缓解城市热岛效应。在过热事件中，这些绿色基础措施能够有效降低相关人群的热应激压力。依据 Larry Kalkste 及其团队提出的估算方法，研究估算了增加绿化面积在降低夏季温度和避免因热应激而出现的过早死亡方面的效益。

2）增加城市植被面积对城市温度降低的模拟和预测

一些复杂的空间模型已经被用于估算城市绿化面积增加对太阳能吸收量和温度、空气湿度等气象参数的影响。这些模型中，城市被划分为不同的网格单元，每个单元被指定为一种包括一些特殊属性（如太阳反射率/吸收率、湿度、粗糙度）的土地类别。最后，通过调整不同单元的属性，来研究一些措施实施后的影响。

例如，最简单的划分方法是将网格单元划分为植被和非植被两种，然后将增加城市绿化面积的政策定义为增加绿化面积的比例（如 10%）。为模拟这一政策的影响，为最初分配给非植被类别的所有单元格设置一组新的属性值，以反映植被和非植被属性值的加权平均值。在此假设下，先前非植被单元格的新属性值将等于它原来属性值的90%与植被属性值的10%的加和。此案例中最初划分为植被类别的单元格属性值保持不变，通过运行城市气象模型计算原始条件和政策条件下日平均温度等气象值的差值，来分析增加城市绿化面积对不同气象参数的影响。

这种方法曾被用于评估包括费城在内的美国许多城市植被面积增加10%对当地气温的影响，如 Hudischewskyj 等（2001）模拟了 1995 年 7 月 14～15 日植被对气温的影响，Sailor（2003）模拟了 1991 年 6 月至 2001 年 8 月植被对气温的影响，结果见表 3-17。

表3-17　费城城区植被增加对城市温室效应的影响研究汇总

研究者	植被情景	温度变化结果/°F	备注
Sailor（2003）	城市植被增加10%的落叶阔叶树覆盖率	0.39（平均气温）	平均气温是上午8：00至下午7：00估算的每小时差的平均值
		0.49（最高气温）	最高温度是控制条件和政策条件中日最高温度间的差异
Hudischewskyj 等（2001）	城市植被增加10%（植被类型未明确规定）	0.70（最高气温 7/14）	原始条件和政策条件下最高表面温度的差异
		0.40（最高气温 7/15）	

表 3-17 的结果表明，费城的植被每增加10%可将城市温度降低0.40～0.70°F[①]，具体

———————

① 华氏温度（°F）= 摄氏温度（℃）×1.8+32。

取决于温度测量值（即最高气温与平均温度）。也有类似研究如 Columbia University Center for Climate Systems Research 等（2006）评估了 2006 年纽约城市景观的一些潜在变化对当地温度的影响，发现如果增加街道树木使城市总面积的 6.7% 被树荫遮蔽，下午 3：00 的气温将下降 0.40°F；如果 31% 的城市面积由草地、无树木街道和不透水屋顶转化为种有树木和植被屋顶的地区，下午 3：00 温度可下降 1.10°F。

3）增加城市植被面积对城市温度降低的模拟和预测

基于 LID 的 CSO 控制方案不仅可以降低周边环境的日最高气温，同时由于植被面积增加导致蒸散发量增加还可增加空气湿度。Sailor（2003）对植被面积增加的研究结果表明，已实施的 LID 项目增加的植被面积相当于流域内所有 CSO 控制区域不透水面积的 6%~31%，相当于流域 CSO 影响区域内不透水面积的 4%~11%。这与 University Center for Climate Systems Research 等（2006）发布的研究结果类似。

由于研究区 LID 方案实施后植被面积的增加与 Sailor（2003）和 University Center for Climate Systems Research 的研究类似，此处参考上述研究预估 LID 方案实施后当地温度变化情况从而分析 LID 方案对城市气象参数的影响。表 3-18 为费城地区 LID 方案的温度-死亡率模型中温度和相对湿度情况。

表 3-18　费城地区 LID 方案温度-死亡率模型中温度和相对湿度情况

假设	每日最高温度降低量/°F	白天露点温度升高量/°F
温度：最低	0.25	0.00
温度：最高	1.75	0.00
温度和相对湿度：最低	0.75	0.25
温度和相对湿度：最高	1.25	0.50

4）预测降低温度对费城 EHEs 事件居民健康的影响

为了分析温度变化对居民健康影响，参考 Kalkstein 和 Sheridan（2003）使用的城市温度变化对热死亡率的影响估算方法估算费城的 LID 方案实施后的热死亡人数。该方法选择夏季天数来代表 EHEs 的严重程度，具体分为五步。

第一步，根据可以获得的气象数据将每一天分为不同的天气类型，这些天气类型是根据温度、露点、风速和云层确定的，具体包括如下情况。

（1）温暖干燥型（DM）：夏季在费城经常发生的温暖舒适的天气。

（2）寒冷干燥型（DP）：冷锋过后立即发生，比 DM 温度低，但在夏季依旧较温暖。

（3）炎热干燥型（DT）：温度通常超过 95°F 甚至 100°F 的夏天最热天气，少量的云层和低湿度可能会导致快速脱水。

（4）温暖潮湿型（MM）：多云、温暖的天气，有时可能伴有雾和小雨。

（5）寒冷潮湿型（MP）：往往与东海岸的风暴有关，常发生在冬天。

（6）炎热潮湿型（MT）：炎热且潮湿的天气，使人感觉闷热不适，有时与夏季雷暴有关。

（7）高度炎热潮湿型（MT+）和极度炎热潮湿型（MT++）：这些是 MT 型天气中的极端天气，露点温度非常高（大于 90℉），夜间温度是所有天气中最热的，历史上这种炎热潮湿的天气将导致费城地区死亡率上升。

（8）过渡型（T）：温度、露点和其他气象因素在快速变化，通常与锋面通道相关。

第二步，确定危险天气类型的天数。危险天气类型指日死亡率始终大于长期平均值的天气类型，这种天气类型的识别依赖于评估多年时间序列的数据从而确定日死亡率和天气类型之间的关系。费城的危险天气类别包括 DT、MT+ 和 MT++。

第三步，估算每个危险天气类型的每日热死亡率。通过迭代确定长期趋势下死亡率的回归方程（即热死亡率）。在迭代过程中，气象变量、夏季危险天气类型天数和 EHEs 持续时间等因素为潜在解释变量。

第四步，考虑因城市植被增加所导致温度变化的预测结果，再次确定危险天气类型的天数。

第五步，估算两种情景下（有无植被增加）的热死亡率差异，探究城市植被增加的影响。

Kalkstein 和 Sheridan（2003）的研究发现，随着 EHEs 的发生，每天因植被增加所带来的影响会有所不同。因此，研究报告给出的是由于植被增加而产生的热死亡率的净减少。而且，死亡率的降低并不是平均分布在几天内，部分天数的死亡率估算值也会有所增加。植被增加所带来长期影响的评估结果是基于有限的夏季天数和 EHEs 获得的。

依据 Kalkstein 和 Sheridan（2003）的研究方法，进一步评估不同 LID 方案下对潜在的热死亡事件的影响，以及温度和相对湿度的变化（表 3-18）。鉴于 LID 方案实施后需花费数年时间才能实现植被面积增加的目标，气象数据取自大气环流模型（General Circulation Model，GCM）中的 A1 气候变化排放情景。通过线性月回归校正 GCM 的数据，以保证 20 世纪 90 年代的数据与评估期间内的观测数据一致，这种方法已经被用于研究未来潜在的热影响（Hayhoe et al., 2004）。为研究气象数据的年际变化情况，并为 LID 全生命周期内的不同时期提供气象数据，大气环流模型主要包括 2020～2030 年和 2045～2055 年两个时期。同时，1990～2000 年也被分析研究以对模型进行验证。

通过降尺度的 GCM 模型预测的热死亡率和危险天气天数如表 3-19 和表 3-20 所示，参考工况仅使用 GCM 数据，不同的 LID 工况仅考虑温度和露点温度的变化。结果发现：

（1）LID 方案提供的任何可预见的降温效果都可以对降低 EHEs 所致的热死亡率产生一定作用；

（2）EHE 导致的死亡率降低与温度变化的相对大小大致成正比；

（3）除 2020～2030 年和 2045～2055 年 1.75°F 的温度降低量显著增加了被拯救的人数外，与对照组相比，各方案 LID 方案带来的健康效益相对稳定；

（4）如果不继续推进相关工作，EHEs 对费城地区居民健康的威胁将日益增大。

表 3-19　不同时期考虑温度、露点条件下 LID 对热死亡人数的影响　（单位：人）

年份	参照	年份	参照	方案1	方案2	方案3	方案4	年份	参照	方案1	方案2	方案3	方案4
1990	75	2020	90	85	66	79	75	2045	121	118	86	97	93
1991	70	2021	50	47	34	39	36	2046	117	114	90	102	94
1992	32	2022	52	48	36	41	38	2047	98	91	75	82	78
1993	47	2023	155	150	122	135	127	2048	94	87	64	78	70
1994	120	2024	128	122	105	112	109	2049	138	130	111	121	116
1995	53	2025	61	55	43	51	47	2050	85	79	62	77	69
1996	69	2026	98	95	74	83	79	2051	171	165	149	158	154
1997	93	2027	86	83	63	77	71	2052	72	63	47	56	50
1998	56	2028	54	49	41	46	45	2053	105	97	74	87	78
1999	116	2029	117	105	83	93	91	2054	89	87	73	82	77
2000	60	2030	47	45	33	40	37	2055	147	143	110	134	122
均值	72	均值	85	80	64	72	69	均值	112	107	85	98	91

表 3-20　在考虑温度、露点条件下 LID 方案的不同时期对危险天气天数的影响

（单位：d）

年份	参照	年份	参照	方案1	方案2	方案3	方案4	年份	参照	方案1	方案2	方案3	方案4
1990	54	2020	59	56	49	53	52	2045	73	72	60	62	61
1991	44	2021	43	41	35	36	35	2046	62	62	53	59	55
1992	32	2022	37	35	32	33	32	2047	61	58	53	56	54
1993	33	2023	76	75	69	72	69	2048	57	54	44	50	47
1994	67	2024	61	58	55	55	55	2049	74	71	67	69	67
1995	44	2025	46	44	37	40	38	2050	56	53	45	53	46
1996	45	2026	62	61	52	56	54	2051	76	74	70	70	70
1997	51	2027	61	61	52	59	54	2052	47	44	35	40	35
1998	41	2028	38	35	32	33	34	2053	60	58	51	55	53
1999	64	2029	65	62	56	57	57	2054	55	55	49	52	50
2000	42	2030	42	42	37	39	38	2055	79	78	69	76	74
均值	47	均值	54	52	46	48	47	均值	64	62	54	58	56

上述结果中，基于气象数据模拟结果以及危险天气天数，通过下列公式估算天气因素造成的死亡率，每日热死亡率（dailyheat-attributable mortality）估算公式如下：

$$每日热死亡率 = [-22.904 + (1.79 \times DIS) + (1.198 \times T_{max}) - (0.054 \times Julian)] / 4.722 \qquad (3-1)$$

式中，DIS 为日序列值，1 是危险天气第一天，2 是连续危险天气第二天等；T_{max} 为日最高温度，℃；Julian 为年时间变量，4 月 1 日为 1，4 月 2 日为 2，以此类推；4.722 为调节参数，使 1990 年 GCM 模拟后方案死亡率与 2020～2030 年 10 年间实际热死亡率估算结果相匹配。

这个公式说明死亡率可以通过温度的变化进行排序，因为 T_{max} 是该公式中唯一的气象参数。同时，T_{max} 的系数约为 1，说明死亡率的结果会随着温度的变化而变化。但是，这种死亡率的算法由于过于强调 T_{max} 的影响，却忽略了露点温度对结果的重要影响，进而影响每天的天气类型划分，导致这一天是否属于危险天气类型划分错误。

表 3-19 和表 3-20 中的死亡率和 EHEs 天数分析了某一工况或者是其整个周期内热死亡率的年际变化情况，是可能由 EHEs 导致的死亡率的平均值，其中 2020～2030 年 10 年的标准偏差为 45%，2045～2055 年 10 年的标准偏差为 30%。在同一年内，不同 LID 方案的最大估算结果与最小估算结果间相差 2～3 倍。简而言之，虽然结果显示了 LID 可以减少费城居民因过热产生的死亡，但是随着研究的事件周期越短，预测任何给定时间段内的结果都会变得越复杂并产生许多不确定性。

5）费城地区不同 LID 方案下的效益

基于以上研究结果，使用表 3-18 中确定的温度和相对湿度变化来估算 LID 方案下热死亡率的变化。首先，根据预计的植被面积增加量，假设方案 1 和方案 3 代表在 25% LID 方案下发生的变化，方案 2 和方案 4 代表 100% LID 方案下的变化。根据这些假设，估算在 25% 和 100% LID 方案下，2020～2029 年、2030～2039 年和 2040～2049 年 3 个时期内挽救的生命数。然后根据 CDM 提供的项目实施时间表和 Stratus Consulting 开发的有效树模型，确定每年可以产生的效益。在此过程中，假定 2020 年之前没有体现降温的好处。

根据 25% 和 100% 的 LID 覆盖率下的结果，估算 50% 和 75% LID 方案下挽救的生命数。然后，根据 U. S. EPA 推荐的 VSL（700 万美元）估算不同 LID 方案下挽救的生命数量及其货币价值。表 3-21 列出了费城全市范围内的分析结果。

表 3-21　LID 方案下费城温度降低的效益（2019 年美元现值）

CSO 控制方案	40 年间挽救人数	挽救人数效益现值（根据 U. S. EPA 的 VSL）/10^6 美元
25% LID	137	739.4
50% LID	196	1057.6
75% LID	255	1375.9
100% LID	314	1694.1

为估算每个流域的效益，根据流域人口按比例分配上述城市温度降低的效益，表 3-22 为各流域热死亡人数减少的效益现值（40 年项目期间，2009 年美元现值）。

表 3-22　各流域在基于 LID 的 CSO 控制方案下热死亡率降低的
效益（2009 年美元现值）

CSO 控制方案	CSO 流域总人口的比例/%	Tacony /10⁶ 美元	Cobbs /10⁶ 美元	Schuylkill /10⁶ 美元	Delaware /10⁶ 美元
25% LID	8	174.7	62.8	207.7	294.2
50% LID	24	249.9	89.8	297.1	420.9
75% LID	28	325.1	116.8	386.5	547.5
100% LID	40	400.3	143.8	475.9	674.2

6）遗漏、偏差和不确定性分析

报告估算结果的遗漏、偏差和不确定性主要包括以下方面。

A. 任何场景下单一温度和露点结果的准确性

基于基础的物理学知识，假定通过 LID 方案显著增加费城的植被面积可以有效降低环境温度、增加相对湿度和露点温度。但是，目前这种变化的程度尚不确定。过去的研究使用复杂的综合模型来估算环境参数的变化范围，但是模型采取了瞬间改变城市大部分地区性质这种与事实不符的假定，而现实的情况是这些变化随着时间的推移逐渐得到实施。此外，效益估算过程中的部分参数可能也是城市景观中其他变化的影响因素，使得评估这些变化的影响更加复杂，上述研究的不确定性增加了结果的不确定性，但研究结果和死亡率算法明确表明，温度降低幅度的增加将提高 LID 实施的效益。

B. 气候变化的不确定性

费城有长期受到 EHEs 不利影响的历史，气候变化也可能会增加未来与 EHEs 相关的公共风险和影响。然而，尽管人们对气候变化影响的接受度持续增长，但未来气候将如何变化仍然存在很大的不确定性。特别是研究人员已经注意到原本将在 21 世纪后期开始出现的几个与气候变化有关的影响可能已经出现，气候变化的速度可能比预期的更快。本研究中，温度的进一步升高将增加 EHEs 天数，导致对照组和 LID 方案的死亡率估算结果的升高，但是这对 LID 方案下挽救生命数量的估算结果影响可能不大。更重要的是，气候变暖可能会从根本上改变费城的 EHEs 与死亡率的关系。如果在日益温暖的气候下，温度在人们适应之前就已超过容忍阈值，那么相应提出的死亡率可能是保守的。

C. 人口规模、人口特征和人类对热的反应并非一成不变

高温是费城公认的公共卫生威胁，该市有一个积极的教育、通知和应对方案来解决 EHEs 问题。此处估算假设未来 EHEs 条件下的 EHEs 致死率将保持不变，如果未来的高温

项目实施效果更明显或当前最容易受到 EHEs 影响的因素更少（如充分利用空调），当前的热死亡率估值可能偏高。然而，如果其他情况相同且影响相对较小，LID 方案的潜在效益在这种情况下可能保持不变。此外，这些估算值假定城市人口在整个评估时间段都保持不变，如果相比 2000 年未来人口水平下降，由此产生的偏差将导致估值偏高。如果未来人口水平增长，结果将被低估。高温已经出现且将继续成为费城公共卫生的威胁，LID 方案通过降低温度进而控制与 EHEs 相关的风险，从而防止人们在未来过热事件中的死亡。

D. 不包括避免非致命性热应激病例的效益

研究仅侧重于通过 LID 方案来控制城市温度和热死亡压力，进而避免过早死亡。绿色基础设施的降温作用为即将受高温事件影响的非致命人群产生的效益未被估算。例如，LID 措施将减少非致死性热应激发作的数量，从而减少原本可能因此生病或暂时残疾的个人所遭受的病痛、医疗费用和其他损失。上述研究仅专注于死亡事件，忽略了热应激发病率，效益估算结果偏低。

4. 改善水质和水生生态系统

1）概述

CSO 控制的核心目标是提升受影响流域的水质和水生态环境。传统基础设施（如污水处理厂扩建隧道等）的主要目的是减少溢流事件的发生，很少关注改善实际河岸区域的环境（包括河岸及水域生态系统及其栖息地）或者是提升流域内城市区域中的环境。相反，LID 设施包括一些对相关水域的恢复措施，可能会对上述环境产生有益的影响。

为评估上述影响，基于价值转移估算法，通过 Meta 分析法分析不同潜在基础条件下的非使用价值和水质改善价值。这种分析的目的是在已有研究基础上建立一个回归模型，用于预测每个家庭愿意为水质改善所支付的费用。利用这个回归模型，就可以根据费城的 CSO 控制方案（不同方案下的人口统计数据和预期水质/栖息地改善）去估算该地居民对水质改善的 WTP。由于受统计人口所处位置（与资源的距离）不同，研究分别评估了费城城区以及其他周边区域（包括 Bucks、Chester、Delaware 和 Montgomery 县的费城都会区）每户家庭的 WTP。

不同的 LID 方案会产生不同的水质改善效果。例如，LID 方案中河流恢复和水质改善措施会增加费城居民的娱乐效益，而参与娱乐活动的人们获得的效益则通过估算河岸区相关娱乐活动的使用价值来定量。对于许多居住在费城都会区居民（包括那些永远不会有近河岸区娱乐活动的居民），不同 LID 方案也会产生一些非使用价值的效益。这些非使用价值的效益来源于人们对环境商品和资源付出的价值（如水质和水生态环境的改善）。最近的研究认为这些非使用价值是维持生态正常功能的期望。在环境经济学中，非使用价值常常被认为是存在价值或遗留价值（King and Mazzotta，2005）。存在价值是资源存在但尚未被使用条件下的期望价值，遗留价值指人们保存资源并被后代使用的价值，一般情况下将上述两种价值统称为非使用价值（Harpman et al.，1994）。

尽管目前部分研究会使用复杂的变量（如联合或选择数据集方法）来评估非使用价值，但此价值常通过"偏好性描述法"来估算，并用条件价值（contingent valuation，CV）来表示。简单来说，CV 估算一般基于调查方法找出单个用户为具有特殊性质的资源（或改善资源的属性）愿意支出的最大金额（以美元衡量）。在经济学分析中，偏好性描述法因其主要通过调查个人偏好性的陈述来完成而命名，为了获得更有价值、更可信的数据，调查前需要先进行一些重要的设计和特征性采样，因此最初的偏好性调查需要花费大量的时间和费用。基于此，研究者通常使用价值转移估算法来估算 WTP 值。

Bergstrom 和 De Civita（1999）对价值转移估算法进行了定义，即通过某条件下估算的经济价值结果估算另一个不同条件下的经济价值，对于自然资源、环境政策或者工程，价值估算转移法指通过某个研究区估算的价值结果估算另一个不同位置和不同时间区域内实施类似方案后的价值。此方法常被用于经济学领域，一些经典文献已经详细阐述了如何更好地运用这种方法，例如 Rosenberger 和 Loomis（2003）。政府对何时、如何运用价值转移估算法也进行了详细的分析讨论（U. S. EPA，2000；U. S. OMB，2003）。研究基于 Van Houtven 等（2007）提出的 Meta 分析以及 1997～2003 年 18 个研究（21 篇论文）中估算的 131 个 WTP，利用价值转移估算法估算费城都会区（MA）区域的居民为改善水质和水生态环境愿意为每项 CSO 控制措施支付的平均 WTP。

2）估算方法

如上所述，依据 Van Houtven 等（2007）提出的针对水质评估的 Meta 分析方法估算费城水质和水生态环境改善措施的 WTP。Meta 分析的主要目标是建立一个基于现有研究成果的可以用于预测不同工况下 WTP 估算值的回归模型，具体如下。

A. Meta 分析：数据收集及对 WTP 估算值的影响因素

Van Houtven 等（2007）的研究基于美国现有的相关研究，将水质转换为 10 种水质指数。一旦一项研究结果满足某一种水质状况，研究者就找出该研究中影响 WTP 估算值的相关因素，包括：

a. 水质中的"商品"

为将每项研究中评估的水质转化为常量，研究人员在 Vaughan（1986）开发的水质分级梯度（water quality ladder，WQL）基础上构建了 10 种水质指数 WQI_{10}。WQL 主要为了向公众特别是目标人群更清楚地表达水质现状，如水质指数为 2.5 为"可通船"，5.1 为"可钓鱼"，7.0 为"可游泳"。许多研究人员如 Desvousges 等（1987），已经使用 Vaughan 的 WQL 来估算提升水质指数的 WTP。Van Houtven 等（2007）提出的 WQI_{10} 将与娱乐用途（如栖息地适宜性）无关的水质特征加入 WQL，图 3-1 为 Vaughan（1986）提出 WQL 的原始示意图，表 3-23 为 5 类与使用用途相关的水质指标标准。

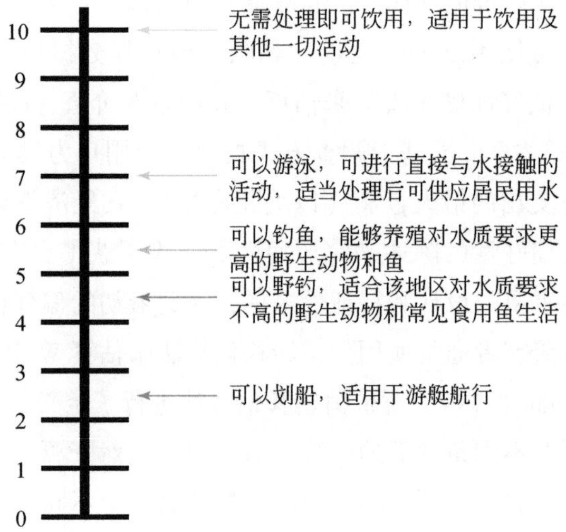

图 3-1　Vaughan（1986）提出的水质分级梯度

表 3-23　5 类用途的水质指标标准

项目	粪大肠菌群 /（个/100mL）	溶解氧 /（mg/L）	BOD$_5$ /（mg/L）	浊度 /NTU	pH
无需处理即可饮用	0	7.0	0	5	7.25
可以游泳	200	6.5	1.5	10	7.25
可以钓鱼	1000	5.0	3	50	7.25
可以野钓	1000	4.0	3	50	7.25
可以划船	2000	3.5	4	100	4.25

b. 被调查人群特征

WTP 主要与个人意愿相关，至少部分由个人特征决定。例如，积极参加与水相关娱乐活动的个人可能对提高淡水质量有较强的意愿。因此，在其他指标都相同的条件下，这些用户通常对水质变化的评价比其他人更高。此外，用户愿意为水质变化支付的价值反映了他们的支付意愿和能力。通过个人或家庭收入，至少可以获得影响个人为改善水质愿意支付金额的经济因素。如果水质正常，那么个人收入提高预计会对 WTP 产生积极影响。

c. 评估方法

水质变化的价值大小取决于评估方法。研究使用的所有 WTP 估算均基于偏好性描述法（CV 法或联合分析法）获得。然而，获取结果方式的差异可能影响 WTP，如是通过开放性问题还是选择题获得结果。同时，WTP 也可能受调查问卷发放方式（电话、邮寄等）

的影响。Van Houtven 等（2007）的研究中对上述因素进行了分析。

d. 其他的研究特征

WTP 估值也可能受研究方法和数据质量的影响，调查问卷的响应率和与调查相关的论文是评价研究质量的两个潜在指标，一般认为较高的响应率和通过同行评议的论文反映更高的研究质量。然而，如果评审专家和问卷分析人员更倾向于接受较高的价值估算，或研究人员不太愿意给出较低的估值，则论文发表过程可能会导致估值偏差（Stanley, 2001）。因此，虽然这些特性对 WTP 的影响尚不确定，但在 Meta 分析中对其进行控制是十分重要的。

B. Meta 回归分析

为了评估社会对水质改善的意愿，Van Houtven 等（2007）将 18 个与水价值相关研究的数据纳入 Meta 回归分析（如上所属）。表 3-24 给出了最终回归模型中的变量，主要包含 WTP2000（因变量）和 WQI_{10} CHANGE 两个主要变量，其中 WTP2000 是用户愿意为水质改善支付的年平均价格［利用消费价格指数（CPI）转化为 2000 年美元］，WQI_{10} CHANGE 是基于 WQI_{10} 的水质变化。

表 3-24　Van Houtven 等（2007）Meta 回归分析的变量

变量	描述
WTP2000	水质变化的年度 WTP（以 2000 美元计）
WQI_{10} CHANGE	水质变化（基于 WQI_{10}）
WQ_REC_USE	=1，如果研究中描述的水质变化包括娱乐用途（如适合休闲钓鱼）
WQI_{10} BASE	水质改善对应的水质基准
ESTUARY	=1，如果河口水质发生变化
LOCAL_FWATER	=1，仅当地淡水水质发生变化（即单一水体、县或市区）
WIDWEST	=1，受影响水体位于美国中西部地区
SOUTH	=1，受影响水体在美国南部地区
INCOME2000	家庭平均收入（以 2000 美元计）
INCOME_APPROX	=1，基于当地人口普查数据估算的家庭平均收入
PERCENT_USER	受影响的水资源区域的样本人口百分比
PUBLISHED	=1，如果研究发表在通过同行评议的期刊
OPEN_ENDED	=1，价值估算结果通过开放性问题获得
RESPONSE_RATE	研究中调查问卷的响应率
IN_PERSON	=1，研究中的调查通过面对面访谈进行
STUDY_YR73	=已开展 SP 调查年数（减去 1973）

研究使用三种函数形式进行模型估算，包括线性、半对数和对数线性。尽管这三种函

数均使 WTP 和其他变量之间关系近似且合理，但对数线性函数至少具有两个概念上的优势：第一，水质变化接近零时，估算的 WTP 结果也接近零；第二，水质变化对 WTP 的边际效应取决于收入。半对数函数与对数线性函数都具有第二个优势，但 WTP 会随着水质的提高以越来越快的速度增长。

Van Houtven 等（2007）给出了两个相似模型中的不同方程。第一个模型是包含所有主要解释变量的完全模型，第二个是使用更简洁规范的限制模型，限制模型排除了显著性低于 0.10 级（基于 t 统计）的变量。完全模型中丢弃的变量包括 ESTUARY、LOCAL_FWATER、MIDWEST、SOUTH、OPEN_ENDED，以及 INCOME_2000 和 INCOME_APPROX 的交互变量，但是由于这些变量在模型中的概念和经济重要性，无论水质变量的统计意义如何，都保留在限制模型中。

表 3-25 显示了 Van Houtven 等（2007）在对数–线性（完全和限制）模型中的估算结果。该研究使用对数–线性模型进行效益转移分析，尽管表中给出的数字并不直观（因为它们只是记录形式），但系数的大小和名称表明了一些变量是如何影响 WTP 估值的。

表 3-25　Van Houtven 等（2007）在对数一线性（完整和限制）模型中的估算结果

变量	模型系数（完全模型）	模型系数（限制模型）
ln（$WQI_{10}CHANGE$）	0.343	0.358
ln（$WQI_{10}CHANGE$）×WQ_REC_USE	0.414*	0.456**
WQI10BASE	0.091	0.08
ESTUARY	0.025	
LOCAL_FWATER	−0.11	
MIDWEST	0.329	
SOUTH	−0.052	
ln（INCOME_2000）	0.964*	0.897*
ln（INCOME_2000）×INCOME_APPROX	−0.008	
PERCENT_USER	0.011**	0.011**
PUBLISHED	0.960**	0.898**
OPEN_EDNED	0.051	
RESPONSE_RATE	−0.014	−0.013*
IN_PERSON	0.315	0.43
STUDY_YR73	−0.041**	−0.029**
CONSTANT	−0.339	−0.227

**和*分别表示5%（$p=0.05$）和10%水平（$p=0.10$）的统计学显著性。

如表 3-25 所示，模型中包含的大多数变量对 WTP 估值变化有积极影响（如收入较高的居民会有较高的 WTP）。STUDY_YR73 的负面影响表明，为了控制收入和价格的影响，水质改善的平均 WTP 估值（通货膨胀调整后）随时间而下降。这种下降可能反映了支付意愿随时间的变化，但也可能是其他因素如出版物选择过程、评估方法等因素作用的结果，使得 WTP 估值降低。RESPONSE_RATE 的影响也是负面的。研究者认为尽管没有直接证据表明调查报告的响应率会如何影响 WTP 估值，但模型估算结果表明，响应率较低的调查可能会排除那些水质改善中 WTP 值较低的用户。

效益转移评估法就是将上述模型参数乘以各自的输入值（不同工况下的数值），然后对其求和用于估算 WTP2000。例如，限制模型中的 WTP 值估算方法如下：

$$\ln(WTP2000) = -0.227 + (0.358 \times \ln[WQI_{10}CHANGE]) + (0.465 \times \ln(WQI_{10}CHANGE) \times WQ\_REC\_USE) + (0.08 \times WQI_{10}BASE) + (0.897 \times \ln(INCOME\_2000)) + (0.011 \times PERCENT\_USER) + (0.898 \times PUBLISHED) + (0.013 \times RESPONSE\_RATE) + (0.43 \times IN\_PERSON) + (-0.029 \times STUDY\_YR73)$$

3）效益转移评估

如上所述，使用对数线性模型来预测基于 LID 的 CSO 控制方案和非 LID 的 CSO 控制方案下的 WTP。首先，需要估算 100% LID、35′隧道和 RTB HR01 方案下的水质或栖息地改善的效益。为了估算每个方案（LID、隧道、分散处理）下相对不积极的替代措施的效益，根据不同替代方案的特点将尺度缩小。此外，假定污水厂扩建方案产生的效益和其他相应 LID 措施的效益相等（如 100% LID 和 215MGD（million gallons per day，百万加仑/天）污水厂扩建组合方案下的效益与单独 100% LID 方案相同）。

通过 Van Houtven 等（2007）的完全模型和限制模型来估算不同方案产生的效益。同时，在将这些模型应用于费城时做了以下假设。

（1）效益分析是基于所有受影响水体的平均水质完成的（不按流域区分），这与 Meta 分析中的相关研究是一致的，特别是一些针对大型区域尺度的研究。这些假设很难在流域尺度内进行设置。

（2）研究分别评估了居住于费城的家庭和费城都会区家庭的 WTP 估值，而 Bucks、Chester、Delaware 和 Montgomery 的家庭不在评估范围内。采用分区评估主要是：①费城以外的家庭收入（平均）显著高于费城以内，这影响了水质和生态栖息地改善的 WTP；②与被改善水体之间的距离预计会在一定程度上降低 WTP；③鉴于 Chuylkill 和 Delaware 河流区域的重要性，费城以外家庭预计对这两条河流的 WTP 比当地 Tacony 和 Cobbs 河流更高；④为综合考虑上述因素，将费城以外家庭的 WTP 根据距离的影响乘以系数 0.80，最终结果乘以 0.61（在 Schuylkill 和 Delaware 河流域的 CSO 控制区域内河流长度的百分比）。

（3）根据 WQI_{10} 和受影响河流的调研，假设受影响河流（Cobbs 河、Tacony 河，以及 Schuylkill 和 Delaware 河流的潮汐部分）的现状水质为 4.3，即水体水质和栖息地被认为支持一些简单的钓鱼活动（而非娱乐）且可划船。

（4）在 100% LID 方案下，WQI_{10} 预计将由 2.5 提高到 6.8。在这个水平上，栖息地环境（或钓鱼活动）将大大改善，但水质水平仍不允许游泳。

（5）在最优的隧道和分散处理方案下，假设 WQI_{10} 提高 1.2，水质有所改善，水生栖息地变化不大。

（6）每种情况下均假设河流恢复和水质改善将增加大多数地区的娱乐机会（WQ_REC_USE 等于 1）。虽然很多居民并不使用这些地方进行娱乐，但仍具有非使用价值。

（7）为考虑此次分析中的非使用价值，变量 PERCENT_USER 设置为 0。

（8）变量 INCOME_2000 设定为城市家庭收入中位数，据人口普查结果，取每年 30746 美元（低于 2000 年全国平均水平）。对于费城都会区范围内的非城市居民，INCOME_2000 取值为 64736 美元（U.S. Census Bureau，2000）。

（9）变量 ESTUARY 和 LOCAL_FWATER 都设置为 0.61，表示 PWD 的 CSO 控制区域内的河流长度为"潮汐"河段而非淡水。

（10）研究年假定为 2009 年。

（11）最后，与 Van Houtven 等（2007）研究一致，PUBLISHED 设定为 0.5（由于该变量反映研究质量或发表性偏倚有不确定性）。与研究相关的其他所有变量均参考 Van Houtven 等（2007）研究。

根据这些假设，表 3-26 显示了费城每个家庭对于 CSO 控制方案 WTP 预测的模型输入。

表 3-26　费城每个家庭 CSO 控制方案 WTP 回归分析预测模型的输入参数

变量	LID 方案变量输入	非 LID 方案变量输入
WQI_{10} CHANGE	2.5	1.2
WQI_{10} CHANGE×WQ_REC_USE	2.5	1.2
ln（WQI_{10} CHANGE）	0.916	0.182
ln（WQI_{10} CHANGE）×WQ_REC_USE	0.916	0.182
WQI_{10} BASE	4.3	4.3
ESTUARY	0.61	0.61
LOCAL_FWATER	0.61	0.61
MIDWEST	0	0
SOUTH	0	0
INCOME_2000	30.746	30.746
INCOME_2000×INCOME_APPROX	30.746	30.746

续表

变量	LID 方案变量输入	非 LID 方案变量输入
ln（INCOME_2000）	3.426	3.426
ln（INCOME_2000）×INCOME_APPROX	3.426	3.426
PERCENT_USER	0	0
PUBLISHED	0.5	0.5
OPEN_ENDED	0.6	0.6
RESPONSE_RATE	58.02	58.02
IN_PERSON	0.31	0.31
STUDY_YR73	36	36

基于这些输入，表 3-27 和表 3-28 显示了 Meta 分析的结果。表 3-27 为 100％LID 和最优的非 LID 方案下费城都会区的水质改善 WTP 估值。表 3-28 为各流域所有 CSO 控制方案的总效益估算结果（40 年项目周期内）。

表 3-27　在 100％LID 和最优的非 LID 方案下，水质改善的估算 WTP（每户每年）

（单位：美元）

项目	每户每年 WTP（全模型）	每户每年 WTP（限制型）	年总 WTP（全模型）	年总 WTP（限制型）
100% LID 方案				
费城	11.48	18.28	6 774 451	10 791 199
费城都会区[a]	11.41	17.40	9 917 607	15 119 047
每年总 WTP			16 692 057	25 910 246
最优的非 LID 方案				
费城	6.58	9.99	3 886 634	5 898 359
费城都会区[a]	6.55	9.51	5 689 925	8 263 918
每年总 WTP			9 576 559	14 162 277

注：根据费城都会区的 1 459 331 户家庭统计数据（2000 年人口普查）。根据 2000 年 CPI 增长百分比，价值调整至 2009 年的美元现值。

a 仅考虑与河道的距离和 Delaware/Schuylkill 区域内的 WTP 估算值。

表 3-28　不同的 CSO 控制方案下费城都会区为改善水质和水生态环境的总 WTP（2009 美元现值）

（单位：美元）

项目	Tacony	Cobbs	Schuylkill	Delaware
LID 方案或组合其他传输和处理技术的 LID 方案[a]				
25% LID	21 576 660	27 912 663	78 631 310	178 551 447

项目	Tacony	Cobbs	Schuylkill	Delaware
50% LID	23 664 723	30 613 888	86 240 792	195 830 619
75% LID	25 752 787	33 315 114	93 850 273	213 109 791
100% LID	27 840 851	36 016 339	101 459 755	230 388 963
隧道方案b				
15′隧道	6 646 639	8 598 429	24 230 834	55 021 981
20′隧道	8 862 185	11 464 573	32 307 779	73 362 642
25′隧道	11 077 731	14 330 716	40 384 724	91 703 302
30′隧道	13 293 277	17 196 859	48 461 668	110 043 963
35′隧道	15 508 824	20 063 002	56 538 613	128 384 623
分散处理方案				
25 Ofs	15 508 824	20 063 002	56 538 613	128 384 623
10 Ofs	8 840 029	11 435 911	32 227 009	73 179 235
4 Ofs	2 481 412	3 210 080	9 046 178	20 541 540
1 Ofs		642 016	2 985 239	

a 假设分散处理方案与 LID 设施相结合，以达到不同 LID 方案下的目标水质；b Delaware 河流域的隧道方案分别是 15′、18′、21′、23′、28′和 31′隧道。

为估算 24 种不同 CSO 控制方案下的总体效益，研究通过归一化算法，参考最优的 LID 方案、隧道方案和分散处理方案估算不同 CSO 控制方案的效益，并根据 CDM 提供的项目进度表估算了整个 40 年内的效益。假设所有的恢复和修复措施均在不同的 LID 工况下被设置（25%~100% 的 LID 覆盖率），因此在每一个 LID 覆盖率下，将会获得最低 75% 的水质和水生态环境效益（这将作为河道修复计划的成果），其余 25% 的效益在不同的 LID 覆盖率下会有所不同。

为了估算每个流域水质和生态栖息地改善的 WTP，研究根据受 CSO 影响的区域内被恢复河流的长度分配了不同家庭的 WTP。但是，对于在费城以外但在费城都会区内的家庭，只依据 Schuylkill 和 Delaware 河流域 CSO 控制区域内的被恢复河道的长度来分配总 WTP。因此，该报告假设这些家庭对改善 Tacony-Frankford 和 Cobb 河的 WTP 为 0。

表 3-28 显示了费城都会区、MA 地区（包括费城市/县）每个 CSO 控制方案下水质和生态改善的总 WTP（按现值估算），它是根据表 3-27 中每户家庭的平均 WTP 估算的总 WTP，反映了费城、MA 城市内外 WTP 的汇总。

4）遗漏、偏差和不确定性分析

为评估每户家庭 WTP 如何随现状水质和水质/栖息地改善水平的变化而波动（由 WQI_{10} 定义），Stratus 公司对其进行了敏感性分析。结果表明（表 3-29），在相关变量合理的假设范围内，每户家庭的 WTP 不会因项目投入变化而产生较大改变，但会按照一定规律合理变化。相比分析中所有的现状水质指数，WTP 对水质的实际改善效果更敏感。

表 3-29　家庭 WTP 对水质改善的敏感性分析汇总

方案	WQI_{10} 初始值	WQI_{10} 增加量	WQI_{10} 最终值	费城家庭 WTP/美元		费城都会区 家庭 WTP/美元	
				完全模型	限制模型	完全模型	限制模型
1	4.3	2.5	6.8	11.48	18.28	23.39	35.65
2	4.3	1.9	6.2	9.32	14.59	19.00	28.44
3	4.8	2.0	6.8	10.14	15.84	20.67	30.88
4	4.8	1.4	6.2	7.74	11.81	15.78	23.02
5	5.0	1.8	6.8	9.54	14.75	19.74	28.77
6	5.0	1.2	6.2	7.02	10.57	14.30	20.61
7	4.3	1.2	5.5	6.58	9.99	13.42	19.49

　　为进一步验证估算结果，研究者汇总分析了包括 CV 在内的许多相关研究以获得估算值的误差范围（Hurley et al., 1999；Loomis et al., 2000；Whitehead, 2000；Stumborg et al., 2001；Eisen Hecht and Kramer, 2002；Brox et al., 2003；Collins et al., 2005）。然而，很少有研究分析与费城现有政策类似条件的水质改善情况，也少有研究在城市开展，且大多数研究同时包括使用价值和非使用价值。因此，表 3-27 中每户家庭的 WTP 估值反映了大多数研究报告的 WTP 值范围的较低值，但是评估人员认为每个家庭 WTP 的估算值是比较合理的。

　　在没有研究区详细数据的情况下，有必要做出一些假设以估算在 CSO 控制方案下每个家庭水质和栖息地改善的 WTP，表 3-30 对这些假设和不确定因素及其对总效益的可能影响进行了总结。

表 3-30　遗漏、偏差和不确定性

方案/方法	净效益潜在影响[a]	成因分析
Schuylkill 和 Delaware 河流域的水质改善分析包括费城都会区的家庭（不仅包括城市居民）	--	将 Bucks、Chester、Delaware 和 Montgomery 家庭纳入研究范围大大增加了总 WTP，原因是：①这些城市的家庭数多；②这些城市的家庭平均收入高，而这与 WTP 估值相关，相比之下，费城家庭的平均收入相对较低，因此水质/栖息地改善的 WTP 估值较低。对于不住在河流附近的家庭未调整 WTP 估值，但是根据与河流的距离调整 WTP 估值将会降低整体效益

方案/方法	净效益潜在影响[a]	成因分析
在缺少对费城地区研究的情况下，依靠对水质/栖息地改善的 WTP 进行 Meta 分析来估算效益	U	使用 Meta 回归模型作为效益转移评估方法有一定的局限性。例如，相关结果仅部分考虑了 WTP 与水质变化的空间分布的关系。Meta 回归分析不能充分考虑在期望的不同水体修复量条件下或者是距修复河道不同距离下的人口规模下的 WTP 的变化量。由于政策的实施对水体产生的效果在空间上往往是不统一的，这种具体数据的缺乏会影响关于政策相关的价值转移估算法的精度
不同 CSO 控制方案下采用的 WQI_{10} 水质指数和改善措施有不确定性	U	在不同的 CSO 控制方案下，很难估算每个流域的 WQI_{10} 指数变化。然而，通过敏感性分析（表 3-29）证明，在 WQI_{10} 估值的合理范围内，不会对总效益产生重大影响 此外，研究假设传输/治理方案与 LID 方案相结合将无法实现那些仅通过实施 LID 才能实现的水质和栖息地改善效益。如果对此假设进行修订，将有助于增加总效益

a 以下符号表示遗漏、偏差和不确定因素对估算值的可能影响：U 净效益变化方向不确定；－－将显著降低净效益。

5. 湿地恢复或新建的效益

1）概述

在不同的 LID 方案中，流域恢复相关措施预计将增加或改善 190 英亩湿地。参考在城市区域内这些湿地可以提供的服务，研究基于相关文献通过价值转移估算法将这些改善或增加的湿地的效益货币化。目前，PWD 正在评估一些用于控制 CSO 的 LID 方案，主要包括对河流的有效恢复计划以提升水质和水生态环境。作为河流恢复计划的一部分，PWD 计划在每个 CSO 流域内改善或新建一些湿地。

长期以来，湿地一直被认为是荒地，但现在已经是景观中的重要部分，并为人类、鱼类和野生动物提供了许多有益的服务，包括改善水质、地下水补给、海岸线的锚定作用、防洪和提供物种栖息地等。此外，湿地还可以像河流湖泊等其他自然资源一样，为邻近居民提供诸如开放的视野空间、增加野生动物、降噪和减少其他形式污染等能够增强环境舒适性的价值。

随着人们对湿地价值认识的不断提高，已有部分研究分析了湿地的服务价值。然而，不同湿地间位置、规模、功能、周边人口及环境等差别很大，很难准确评估单个湿地的具体价值。尽管如此，基于对湿地服务价值研究文献的汇总分析，针对基于 LID 的 CSO 控制方案，在 CSO 控制区域内分析了新建或者改善湿地的服务价值。由于湿地的部分效益（如一定程度的娱乐和改善水质效益等）已在其他效益指标中考虑，此处得到的每英亩湿地的效益估算值代表了大多数研究中的最低值。

2）估算方法

A. 恢复或新建湿地面积

要估算湿地的效益，必须先估算 CSO 控制方案中每个流域新建或恢复湿地的面积。对于 Schuylkill 和 Delaware 河流域，这些信息由 PWD 和 CDM 提供。Cobbs 河流域的湿地面积来自于 CDM 和 PWD 合作完成的 2008 年 11 月的报告 *Cobbs Creek：A Gateway to Many Places and to Cleaner Water*。由于 Tacony-Frankford 流域缺少具体的数据资料，研究中将依据 Cobbs 河流域每修复 1 英里河流所需的湿地面积，乘以 Tacony-Frankford 流域计划恢复的河流长度来估算。表 3-31 列出了基于 LID 的不同 CSO 控制方案中新建或恢复的湿地面积。

表 3-31　基于 LID 的不同 CSO 控制方案中恢复或新建湿地面积（单位：英亩）

项目	Tacony-Frankford	Cobbs	Schuylkill	Delaware
需要恢复植被的湿地	8.4	9.7	/	26.7
新建湿地	26.3	30.3	30.1	61.3
总面积（由于四舍五入，可能不是直接加和）	34.8	39.9	30.1	88.0

B. 湿地价值

为了量化每英亩修复或新建湿地的价值，研究人员对湿地价值研究文献进行汇总。研究发现，尽管已有许多关于湿地价值的研究，但仍缺少可以直接应用于费城的研究案例，在城市区域开展的湿地价值的研究也很少。此外，许多研究通过费城少数未提供相关服务的湿地估算得到很高的单位面积价值或 WTP（如这些研究区新建或恢复扩建湿地并未提供防洪功能）。因此，基于两种 Meta 分析方法来估算每英亩湿地的平均价值，从而保证得出一个针对特殊湿地服务功能的保守估算价值。同时，Meta 分析方法可以将每英亩湿地面积的平均价值应用到每一个流域。

但是，文献中关于湿地价值研究结果的偏差很大。例如，Woodward 和 Wui（2001）通过分析 39 个相关研究发现，湿地的价值为每英亩 5~1877 美元（折算到 2009 年美元现值）。Borisova-Kidder（2006）利用 Meta 分析法分析美国不同区域 33 项研究中给的 72 个观测数据时发现，湿地价值为每英亩 93~1935 美元（折算到 2009 年美元现值）。越来越多的估算方法已被用于湿地价值估算中，观察并收集与湿地服务相关商品的市场价格并用产品总收入替代湿地价值是目前最常用的方法（Brander et al., 2003）。但是，此方法不适用于费城地区，因为该区域湿地预计不会在任何程度上提供与市场相关的产品。除此以外，条件估值法（contingent valuation method，CVM）也得到了广泛的应用，一个常见的方法是就假设的问题进行全民投票，如投票决定是否同意每个家庭支付一定数量的美元用于特定资源的保护。由于每户家庭给定的金额不同，从而可以获得需求曲线并据此估算出 WTP，通常以每户每年多少美元来表示（或每月或其他特定时间段）。

不同估值方法已被应用于不同湿地服务功能价值的评估中。例如，CVM、享受性服务价值法（hedonic pricing）和娱乐活动旅行费用法（travel cost method，TCM）已被应用于享受性服务价值和娱乐价值评估中。成本替代法很大程度上被用于评估湿地在改善水质方面的作用，生产函数法被用于评估湿地作为栖息地和苗圃的服务功能。此外，湿地价值还常常在不同的面积单位、不同货币类、不同时期进行估算（如每年每户家庭的 WTP、货币价值、每英亩的边缘价值等）。表 3-32 和表 3-33 给出了不同文献中湿地的相关价值。

表 3-32　不同文献中的湿地价值

价值（折算到 2009 年美元现值）	描述	来源
每英亩湿地 14047 美元	该报告采用贴现率 3%，每英亩湿地的现值是：商业渔业 = 846 美元；诱捕 = 401 美元；娱乐 = 181 美元；暴雨防护 = 7549 美元；总价值 = 8977 美元/英亩（1983 年美元现值）	Costanza et al.，1989
每户每年 74 美元	俄亥俄居民为保护当地 Maumee 河和 Western Lake Erie 湿地愿意支付的价格	De Zoysa，1995
每户每年 10 ~ 38 美元	保护肯塔基西部湿地的 WTP	Dalecki et al.，1993
30 年内每年每英亩 1392 美元（15 年内每年每英亩 381401 美元）	估算了与传统废水处理方法相比，湿地处理废水的经济效益	Breaux et al.，1995
每户每年 8 美元和 27 美元	保护肯塔基西部 Clear Creek 湿地的 WTP	Whitehead and Bloomquist，1991
每英亩 169 ~ 2688 美元	将农田恢复为湿地的效益，通过估算土地成本、恢复成本和一直作为农田的作物收入（按一定比例折减）估算	Heimlich，1994
每名受访者每年 106 ~ 164 美元	新英格兰地区受访者愿意为保护湿地而付出的价格	Stevens et al.，1995
每户每年 56 美元	对 30 项相关研究进行 Meta 分析。湿地服务功能中，防洪功能平均 WTP 最大（84 美元），发电量平均 WTP 最小（20 美元）	Brouwer et al.，1997
排水区域内居民为每英亩 657 ~ 11830 美元，密歇根居民为 9463 ~ 80380 美元	估算密歇根的 Saginaw Bay 的湿地效益	Cangelosi et al.，2001
每年每英亩 4 ~ 1877 美元	单一功能湿地每英亩价值预计为 4 ~ 1868 美元，其中大部分的服务价值在 275 ~ 600 美元（表 3-33）	Woodward and Wui，2001
每英亩湿地 93 ~ 1935 美元	对 33 项相关研究中的 72 个湿地价值进行 Meta 分析，该范围代表美国不同地区的预测价值	Borisoba-Kidder，2006

表 3-33　每年每英亩湿地的服务价值

服务	每英亩平均值（2009 年 4 月美元现值）
洪水	641
水质	681
水量	207
休闲钓鱼	583
商业捕鱼	1270
捕鸟	114
观鸟	1978
舒适性	5
栖息地	498
风暴	387

注：预测值以每年每英亩的平均值估算，但是这些值不代表边际值，也不能被求和以得到多种服务功能下的湿地价值。

资料来源：Woodward 和 Wui，2001。

两种 Meta 分析方法如下。

第一种方法源于 Borisova-Kidder 2006 年的硕士论文，但是 Borisova-Kidder 的 Meta 分析方法仅估算了一种湿地服务功能的价值（如防洪或者娱乐活动），研究中的 Meta 分析方法使用了 Borisova-Kidder 研究中 72 份数据的平均值将其作为新建湿地价值的最低值，约为每英亩湿地 303.38 美元（通过 CPI 将 2003 年的价值折算到 2009 年的美元现值），并将其一半即每英亩湿地 151.69 美元（折算到 2009 年美元现值）作为恢复湿地的价值。

第二种方法参考了 Woodward 和 Wui 在 2001 年发表的论文，作为估算湿地服务价值的最高值。Woodward 和 Wui（2001）研究了两种不同的湿地价值：①由于湿地价值估算值的偏差或错误导致的估值函数的偏差；②不同湿地特征导致的估值函数的变化（适用于防洪、栖息地和水质）。这些参数在回归分析中通过一系列的参数来表达，如通过在湿地服务功能及评估方法中的虚拟变量来表达。

Woodward 和 Wui（2001）所用回归模型中的因变量是每英亩湿地价值转为 1990 年美元价值的自然对数。除上述变量外，回归分析中的变量还包括研究年份、湿地是否是沿海湿地、价值是否为生产者盈余的估值，以及结果是否已经公布。在分析中还包括三个虚拟变量来表明研究中使用的数据、理论或计量经济学是否被认可。研究选择栖息地作为湿地的单一服务价值，是因为它代表了湿地单一服务功能的中间情况，且不包括以前已经估算的一些效益（如娱乐活动效益）和一些不太适用于费城的效益（如防洪）。参考 Woodward 和 Wui（2001）的研究结果，湿地作为栖息地的单一服务功能的价值约为每英亩 498 美元。对于修复的湿地（不含新建湿地），则将该价值的一半作为价值的上限。

3）估算结果

基于以上结果，对费城各流域不同 LID 方案下新建和修复湿地的年效益进行估算汇总，具体见表 3-34。此外，根据 CDM 提供的河流修复计划，河流恢复预计将在 2025 年前完成实施，40 年内的总效益见表 3-34。

表 3-34　不同 LID 方案下新建和修复湿地的总效益（2009 年美元现值）

（单位：美元）

项目	湿地年总效益（假定项目完全实施后）		湿地效益的现值（范围）	
Delaware 河（潮汐湿地）				
修复湿地	4 055	6 657	97 320	159 751
新建湿地	18 585	30 507	445 910	731 964
总效益	22 640	37 164	543 230	891 715
Schuylkill 河（潮汐湿地）				
新建湿地	9 134	14 994	219 170	359 769
总效益	9 134	14 994	219 170	359 769
Cobbs 河				
修复湿地	1 465	2 405	35 157	57 711
新建湿地	9 183	15 074	220 335	361 681
总效益	10 649	17 480	255 492	419 392
Tacony-Frankford 河				
修复湿地	1 276	2 094	30 608	50 243
新建湿地	7 991	13 117	191 728	314 723
总效益	9 267	15 211	222 336	364 966

4）遗漏、偏差和不确定性分析

虽然对湿地价值的研究相对较多，但与费城类似的城市区域的湿地相关研究还不多。因此，研究主要依赖于两项关于湿地效益评估的 Meta 分析成果，以英亩为单位估算湿地恢复与新建效益。表 3-35 列出所用方法的不足和不确定性。

6. 减少贫困，节约社会成本

1）概述

在经济学中，与市政工程相关的工作，如 CSO 控制措施的运行，并没有在效益-价值分析中统计。这是因为这些工程中的劳动者可能会同时受雇于其他企业（私人或国有企业），这意味着就业机会只是在潜在的工作中转移，并没有实际净增就业机会。因此，在本次 PWD 的 CSO 控制方案研究中，并没有将任何方案所能提供的就业机会视为新的就业机会。但是，在一些 CSO 控制项目中已经开始考虑城市中那些没有工作或就业不足的居民，特别是那些缺乏教育、培训和其他社会资源的居民，他们可以获得相关工作并带来的社会效益（如避免了社会福利支出）。

表 3-35 遗漏、偏差和不确定因素

假设/方法	对净效益的潜在影响[a]	评论/解释
湿地价值的相关研究分别聚焦于价值的获得、湿地评价和研究的特点等不同方面	U	虽然通过平均估算值和 Meta 回归分析得出估算值，但费城湿地的特征可能与数据来源的相关研究中的湿地有很大不同。虽然可以根据湿地特征增加或减少整体效益，但研究中得到的估算值应该是每英亩湿地效益的合理范围，因为它排除了与娱乐和防洪等湿地服务相关的更高价值效益
基于 LID 的 CSO 控制方案下的湿地规模比大多数研究中评估的湿地小（且不连续）	U	很难确定该因素会如何影响整体效益。一方面，城市中湿地稀缺可能导致与之相关的价值更高。另一方面，面积较大的湿地往往可提供额外的生态系统效益，规模较小的湿地则不具有此优点
效益转移估算未考虑周边社区的人口特征	–	两项 Meta 分析中的湿地价值研究都是基于家庭 WTP 估算，受到受访人群的家庭平均收入影响。鉴于费城家庭平均收入相对较低（同全国平均水平相比），考虑人口特征可能会使整体效益略有下降

a 以下符号表示遗漏，偏差和不确定因素对估算值的可能影响：U 净效益变化方向不确定；–会降低净效益。

在建设传统的暴雨管理措施时（如钻孔、隧道），常常需要一些特殊技能的工人，这些工人往往已经在工程建设中被雇用。相反，绿色基础设施，特别是在 LID 中的绿色基础设施，可以创造一些与绿化和修复相关的工作岗位，以雇用一些没有工作技能或没有工作的劳动者。因此，这些与绿色基础设施相关的工作不仅可以为无工作的人提供工作机会进而节约社会福利成本（失业救济金），也给一些贫困人口提供了脱贫的机会。绿色基础设施相关工作岗位的效益包括节约了城市为那些没有工作技能的人提供的社会福利，解决了就业压力和贫困问题。

大城市，特别是一些老的大城市，贫困问题是其发展过程中面对的长期问题。费城就是一个典型的例子，在 2005～2007 年 U. S. Census Bureau 公布的 *American Community Survey* 中就进行了详细的说明，包括：①2007 年费城中产家庭的收入为 34767 美元，与美国中产家庭平均 50007 美元的收入相比少 30%；②如果以家庭每年收入 25000 美元作为贫困标准，2007 年费城有 212093 户家庭为贫困家庭，占到了该城市家庭的 38%，美国家庭收入低于 25000 美元的家庭比例为 25%；③在费城地区 57.8% 的年龄大于 18 岁的居民拥有工作机会，而美国全国这一比例为 64.7%（U. S. Census Bureau，2008）。

为此，城市在应对贫困问题方面要付出很多，许多方案的制定就是为应对贫困。但是城市财政最大的支出类别之一便是应对犯罪，而贫困是导致犯罪的主要因素。在这方面，费城的花费更大（Heller，2008），与美国其他大城市相比该地区的犯罪率也更高，累计犯罪率为 80%，且每名囚犯的花费最高可达 30 000 美元/a。此外，费城每年在刑事司法系统上花费约 10 亿美元，约占该市财政预算的 1/4。

以暴雨控制和能源节约的形式将城市土地改变为绿色基础设施，可以带来大量减少贫困方面的效益。由于基本上都是与绿化相关的工作，绿色基础设施的建设和运维需要大量无工作技能的劳动者。许多相关的工作是在社区内完成，而这里就住着大量无工作的贫困人口。同时，绿色基础设施在这些社区的转化效应有助于稳定这些陷入复杂困境的社区、为减少犯罪和减少贫困提供一些办法。用一名绿色基础设施先驱的话来说"如果你给这个社区的年轻男女提供机会来养活他们自己和他们的家庭，就没有建造监狱的必要了"（Cartet，2007）。

关于绿色基础设施更多的效益在 2003 年发布的 *The Community Capacity Development Office of the U. S. Department of Justice* 的"Weed and Seed"计划中就进行了充分的证明（U. S. DOJ，2009）。这项计划已经在美国 300 个地点实施，包括一些双管齐下的方法，如执法机构和检察官合作"清除"暴力罪犯和吸毒者，公共机构和基于社区的私人组织合作"播种"急需的人类服务（包括预防、干预、治疗和社区恢复计划等）。通过协调使用联邦、州、地方和私营部门的资源，社区恢复计划的重点是促进经济发展、为居民提供就业机会以及改善社区的住房条件和环境。2003~2006 年，"Weed and Seed"计划实施区域内的犯罪率降低了 2%（Barker，2009）。

2）绿色基础设施相关工作通过减少贫困产生的效益估算

绿色基础设施工作可以在目标社区为无技能的工作者提供相应的工作并为这些居民脱贫提供一个重要的途径，否则他们无法脱贫。这些社区的绿色基础设施工作为社区稳定和减少贫困提供了机会并可以让他们长期远离贫困。

如上所述，为控制贫困带来的影响，社会每年需要付出很多。如果 PWD 通过基于 LID 的 CSO 控制措施来为那些生活在贫困社区的无技能的居民提供工作，将减少贫困以及为控制贫困产生的社会成本。如果 PWD 选择传统的灰色基础设施，就不可能为这些无技能的贫困居民提供工作，也不会减少社会为控制贫困产生的成本。

绿色基础设施相关工作的效益将通过因新员工贫困状况改变而减少的社会福利成本与新增岗位总数的乘积估算。估算过程中将建设和维护 LID 设施所需工时数作为工程成本分析的一部分，并假定工时的 1/4 为监督职位（这个岗位不太可能雇用无技能的工作人员或者其他失业人员）。因非监督性岗位工作减少贫困人口而降低的社会成本预计每年为 10 000 美元，可以作为绿色基础设施相关工作的效益。1993 年，The Institute for the Study

of Civic Values 关于当地预算数据的一份分析报告中对城市减少贫困人口的投资如表 3-36
所示，由于不包括控制犯罪的成本，表中的数值偏低。

表 3-36　费城减少贫困人口的投资估算值

指标	年成本估值（1992 年美元现值，百万美元）
收入、医疗补助计划、食品券	1000
卫生和社会服务部门	400
公共住房	150
社区发展	100
无家可归者的支出	15
教育	200
总计	2000

　　1998 年 Wharton 研究人员采用了一种自下而上的分析方法发现该市 1996 年预算中约
有 10 亿美元是与贫困有关的直接支出，但是该研究忽略了犯罪和教育的额外费用，尽管
认为它们很重要（Summers and Jakubowski，1996）。同时，这项研究还忽略了联邦政府的
直接支出，据 Schwartz 估算该费用可达 10 亿美元。20 世纪 90 年代中期一项研究将计量经
济学应用于美国的城市调查中，统计数据表明城市贫困的高发率不仅增加了城市政府的直
接贫困支出，还显著增加其他看似不相关的城市服务成本（Pack，1998）。将 Summers 和
Jakubowski 以及 Pack 的方法应用于 2009 年费城的城市预算中，40 亿美元总预算中高达 35
亿美元可归因于贫困，但该预算仍然省略了联邦政府在费城与贫困相关的额外支出。

　　研究采用 Oppenheim 和 MacGregor（2006）为 Entergy 公司编写的一种"可以减少的贫
困投资"的自上而下的分析方法，结果见表 3-37。

表 3-37　美国可以减少贫困投资的估值

指标	描述	每年的估算费用（2005 年美元现值，百万美元）
犯罪	犯罪活动的成本，包括财产损失、司法和惩教制度的费用及安保费用	660 791
健康	医疗成本，包括改善医疗条件的成本，以及由社会承担的低收入者的医疗成本	335 841
失业/就业不足	失业和就业不足的成本，包括失业补偿、职业培训、失去经济来源后的累计效应	222 492
扶贫投资	目前减少贫困的投资成本，包括社会服务成本、老年服务、收入支持、经济适用住房、食物、教育、能源和公用事业支持，以及针对社区服务和社区发展的大量赠款	270 053

续表

指标	描述	每年的估算费用（2005 年美元现值，百万美元）
总计		1 489 178

资料来源：Oppenheim and MacGregor, 2006。

The Center for American Progress（CAP）开发的另一个自上而下的分析方法从不同角度对美国全国的贫困成本进行估算。该方法估算了孩子在贫困中长大所增加的社会成本，特别是那些既失去了经济生产能力，又由于较高的犯罪概率和较差的健康水平而需要更高社会成本的孩子。虽然这是一种不同的分析方法，但它涵盖了在估算由贫困造成的总社会成本时所需要考虑的相同因素。该项研究最终分析了贫困对美国国内生产总值（gross domestic product，GDP）的影响，结果见表 3-38。

表 3-38　美国为减少贫困而产生的经济成本　（单位:%）

指标	年成本估算值（占 GDP 的比例）
因缺乏教育失去工作而放弃的收入	1.3
犯罪	1.3
健康	1.2
总计	3.8

美国将为应对贫困问题所付出 3.8% 的 GDP，转化为全国减少贫困的估算成本约为每年 5000 亿美元，相关研究表明这只是全国减少贫困的估算成本的 1/3。CAP 在为 Entergy 公司提供的研究结果显示，为应对贫困所付出的成本占 GDP 的 18%，该结果包含了用于估算由贫困造成的犯罪成本以及 CAP 为社会援助支出计划中未估算的部分。另外，CAP 的研究者强调了他们分析的目标是给出一个减少贫困的最低估算成本。与他们研究不同的是，Ontario 的研究结果认为减少贫困的成本为该州 GDP 的 5.5%~6.6%（Laurie，2008）。

费城地区（包括郊区）是美国 GDP 排名第四的城市（Price Water House Coopers，2006），按照 CAP 估算的每年 5000 亿美元减少贫困的成本，以及费城 GDP 在美国 GDP 中所占比例，该地区每年预计要为减少贫困支付 120 亿美元。如果按照低收入家庭在全国所占的比例，以及 CAP 估算的 5000 亿美元减少贫困成本，费城每年预计要为减少贫困支付 30 亿美元。如果按照减少贫困成本在 GDP 中较高的占比（如 Ontario 的约 6%），费城为减少贫困的支出为 50 亿美元。

根据前面所述的几种关于费城自下而上的相关估算，第二种自上而下的估算方法中减少贫困的成本估值与第一种自下而上的估算方法的结果相似，即每年 20 亿~35 亿美元。但是，自下而上的方法会忽略联邦政府为减少贫困的直接支出。CAP 为 Entergy 公司开展的研究被认为是为估算美国每年为减少贫困而支出的成本提供了一种更全面的自上而下的方法，按照低收入家庭在全国所占的比例，从每年 1.5 万亿美元的全国 GDP 中分配出 90 亿美元用于减少贫困。

为了估算绿领工作在减少贫困方面的溢出效益，假设贫困的无工作者被聘用到无需工作技能、没有监督责任的岗位。根据最新的人口图，预计有 227 500 城市人口属于这种人群。如果估算的 120 亿美元用于减少贫困的成本正确，这意味着费城每年要为每个贫困人口花费 57 000 美元；90 亿美元用于减少贫困意味着每年每个贫困人口花费 45 000 美元；50 亿美元用于减少贫困意味着每年每个贫困人口花费 25 000 美元；30 亿美元用于减少贫困意味着每年每个贫困人口花费 15 000 美元。

假设每个 LID 设施为减少贫困而支付的社会成本为每年 10 000 美元，则提供绿色基础设施相关工作而减少贫困的效益为 10 000 美元乘以每个 LID 设施可以提供的绿色基础设施相关工作的工作年数。

3）估算结果

表 3-39 列出了 40 年间每个流域不同 LID 方案提供的"绿色基础设施相关工作"总工作年数。表 3-40 为 LID 方案实施的 40 年间因提供这些工作而减少社会贫困产生的总效益（2009 年美元现值）。

表 3-39　LID 方案提供的"绿色基础设施相关工作"工作总年数

LID	Delaware	Schuylkill	Cobbs	Tacony	总计
25%	3 341	1 607	476	1 490	6 914
50%	7 379	3 535	1 050	3 303	15 266
75%	11 307	5 409	1 608	5 040	23 364
100%	14 778	7 081	2 105	6 590	30 554

表 3-40　LID 方案提供的"绿色基础设施相关工作"的效益

（2009 年美元现值）　　　　　　　　　　　　（单位：10^6 美元）

LID	Delaware	Schuylkill	Cobbs	Tacony	总计
25%	28	13	4	12	57
50%	60	29	9	27	125
75%	93	44	13	41	192
100%	121	58	17	54	251

4）遗漏、偏差和不确定性分析

分析"绿色基础设施相关工作"在减少贫困方面的效益很简单，将提供的工作年数乘以每年避免贫困的社会成本估值便可。每年应对贫困问题的社会成本是最大的不确定性因素，如表 3-41 所述。

表 3-41 影响"绿色基础设施相关工作"效益的遗漏、偏差和不确定性

假设/方法	对净效益的潜在影响^a	评价/解释
假定 LID 方案可以让大多数目标人群从事非监管岗位的"绿色基础设施相关工作"	–	如果无法为无技能的失业人口提供许多绿色基础设施相关工作，那么减少贫困的溢出效益将相应减少。研究中假设 75% 的工作时间可以提供给相关人群
仅有 6 份关于估算为减少贫困而产生的社会成本的文献	U	尽管对贫困问题进行了广泛的研究，但减少贫困的总社会成本并没有被深入研究，只有个别研究进行了相关分析，虽然已经给出一个大致范围，但如果有更多的研究支持，准确性也将有所提高
在目标人群获得"绿色基础设施相关工作"的条件下，假设应对贫困的社会成本将降低 10 000 美元	U	有证据表明，一份无技能要求的工作不足以帮助一个人摆脱贫困。因此，"绿色基础设施相关"只是走出贫困的一种基本途径。该报告假设绿色基础设施相关工作可以减少 10 000 美元的贫困社会成本

a 以下符号表示遗漏，偏差和不确定因素对估算值的可能影响：U 净效益变化方向不确定；–会降低净效益。

7. 节约能源，降低碳足迹

1）概述

绿色空间可以降低空气温度，如果布置到建筑物周边或者建筑物上，可以遮阳并避免建筑物受到大范围温度波动的影响，进而减少建筑物加热和制冷对能源的消耗。另外，从废水收集、传输和处理系统中分离雨水，可以减少因抽水或处理水而产生的能源消耗，进而减少发电厂温室气体（GHG，包括 CO_2）的排放和其他大气污染物的排放（如 SO_2、NO_x）。通过植被减少建筑物对能源的需求，增加对碳的吸收，也可以减少碳足迹（减少 CO_2 的排放）。

研究估算了不同 CSO 控制方案下增加或减少的能源消耗量，并在现有能源价格下，估算了增加消耗的能源价值（或者是节约的能源价值）。能源的使用既包括不同 LID 方案下每户家庭通过树木遮挡阳光节约的能源，也包括由于 LID 设施建设和维护造成堵车而增加的汽车对能源的消耗。一些 CSO 控制措施会实现净能源的节约和增加（如 LID 措施），一些也会导致净能源的消耗和减少（如隧道）。研究中的能源成本仅指工程成本预算之外的能源成本，工程建设和维护过程中车辆的能源消耗成本和挖掘过程中的电力消耗成本以及其他建设过程中的成本由 CDM 提供。

对于增加的能源消耗成本（或节约的能源成本），研究还估算了不同 LID 方案下 CO_2

排放量的增加（减少或吸收）。例如，LID 方案通过为家庭遮挡阳光节约能源进而减少电厂 CO_2 的排放，植物也会吸收一些 CO_2。这些减少的 CO_2 远远超过 LID 方案实施过程中增加的 CO_2 排放量，如在绿色基础设施建设过程中车辆产生的能源消耗。减少 CO_2 净排放的价值通过"碳社会成本"来衡量，它由政府间气候变化专门委员会（Intergovernmental Panel on Climate Change，IPCC）提供的每公吨（Mt）CO_2 排放当量（CO_2e）对气候变化的损害来估算，价值是 12 美元/Mt。

相反，传统的灰色基础设施会增加 CO_2 的净排放，因为它们需要大量挖掘工程和混凝土，另外它们需要消耗能源通过泵来抽取和处理已经收集和储存的雨水。由于在所有 CSO 控制方案中，建设和维护传统灰色基础设施过程中所产生的能源消耗是反映在资本和运营维护（O&M）成本中的内部成本（如这些能源消耗包含在 CDM 提供的工程成本预算中），研究并未估算这部分内部成本，仅估算了这些控制方案新增能源消耗所需的外部成本。

最后，能源使用的变化也会导致电厂 SO_2 和 NO_x 排放量的变化。这些排放量的变化依据 Epaulets 提供的区域专门数据估算，并根据 U. S. EPA 提供的方法分配其货币价值，这种方法反映了减少（或增加）每吨排放物所产生的平均健康效益（或者健康支出）。

2）估算方法

研究采用 Stratus 咨询公司的方法估算 PWD 正在评估的 CSO 控制方案的净能源消耗量及其相关价值，涉及定量评估的能源消耗（及其相关排放）包括基于 LID 的 CSO 控制方案通过降温效应而节约的电能和天然气，以及 LID 设施建设维护过程中因造成交通拥堵而产生的能源消耗和与其相关的碳、SO_2 和 NO_x 的排放与吸收（包括建设和维护过程中车辆的能源消耗），还有与碳、SO_2 和 NO_x 排放与吸收相关的社会和健康价值。

A. 关键输入和假设

采用标准行业方法估算每个 CSO 控制方案下与能源相关的效益和外部成本，由于部分数据缺失，根据对不同控制方案的理解作出若干假设，关键输入和假设详情如下。

a. 能源成本

研究中所用电费标准相对保守，使用 CDM 提供的由 PECO 估算的电价和天然气价（分别为 0.10 美元/kW·h 和 0.0135 美元/MM Btu，MM Btu 为百万英热单位）估算 LID 方案下节约的电力和天然气的货币价值。假设每加仑汽油的成本为 2.50 美元，估算因施工造成的交通拥堵所消耗的额外燃料成本。

b. 能源相关的排放参数

研究评估了每个 CSO 控制方案下与净能源使用相关的 CO_2、SO_2 和 NO_x 的排放。为此，使用宾夕法尼亚电力部门的平均空气污染排放因子（以 MW·h 为单位的吨排放量；EIA，2007）。根据 EIA 提供的报告，宾夕法尼亚的 CO_2 排放系数为 0.574Mt/MW·h，宾夕法尼亚发电厂的 SO_2 和 NO_x 排放系数分别为 0.0041Mt/MW·h 和 0.000 76Mt/MW·h。为了估算与天然气使用有关的排放量，CO_2 排放系数取 0.0527 $MtCO_2$/MM Btu（EIA，2007）。由于费城地区电网无法确定具体的发电厂，相关排放系数在州或地区的层面上使用。

c. 碳排放的社会成本

此分析中 GHG 排放成本（以美元计）的输入参数通过 CO_2e 估算。碳排放的社会成本是全球气候变化造成的净经济损失，并以未来净效益和折现的成本表示（IPCC，2007）。IPCC 最近的评估报告包含了经同行评议的碳排放的社会成本估值，该机构发现排放 1Mt 的 CO_2 造成的平均社会成本为 12 美元，且变化范围很大。例如，在对 CO_2 价值的 100 项调查中，CO_2 价值为 -3 ~ 95 美元/Mt。经常被引用的 *Stern Review on the Economics of Climate Change* 认为碳排放的社会成本为 85 美元/Mt（Stern，2006）。研究保守估算 GHG 排放产生的效益和成本，采用 IPCC 提供的 12 美元的平均价值作为碳排放的社会效益和成本。为估算 40 年内的总效益，考虑通货膨胀速率，每年将碳的社会效益和成本价值提高 2.4%。

d. 绿色基础设施的降温效应和碳汇

碳汇是指通过植树造林、森林管理、植被恢复等措施，利用植物光合作用吸收大气中的 CO_2，并将其固定在植被和土壤中，从而减少大气中温室气体浓度的过程、活动或机制。为了估算 LID 方案下与降温效应和碳汇相关的效益，参考美国农业部（Department of Agriculture，USDA）森林局研究的城市森林效应模型（urban forest effect，UFORE），通过树木遮蔽和绿色屋顶的隔热效应来估算节能效果，模型还提供了不同树木种类的碳储存和吸收的数据。研究采用树木的平均大小和平均碳储存能力代表所有的降温效应和碳汇，还假定 30% 的树木将足够靠近建筑物以提供阴影，此结果可以针对特定树种进行随机调整。

e. 工程预算与外部成本

挖掘其他施工活动所消耗的能源是本次分析的关键输入，假设这些成本已包含在每个 CSO 控制方案的工程预算中，此处总效益和外部成本的估算不包含与能源消耗相关的成本（即电力成本、建筑和维护车辆的燃料成本），但包含与能源消耗相关的外部成本（如 CO_2、SO_x 和 NO_x 排放与吸收成本）。

B. 方法

a. 估算 CSO 控制方案中传统灰色基础设施的外部成本

第一步，估算每个非 LID 的 CSO 控制方案中的总能源消耗（电力和燃料）。依据 CDM 提供的开挖、建筑、设备、泵送的电力需求估算方案的总用电量、整个项目期间施工和维护车辆行驶里程（vehicle-miles of travel，VMT），以及因施工造成的费城地区交通延误导致居民产生的额外能源消耗确定总能源消耗量。

第二步，根据总能源使用量估算结果，估算每个 CSO 控制方案下的 NO_x、SO_2 和碳的排放量，以及相关的货币成本，具体内容及过程如下。

i. 与挖掘、建筑、设备和泵送所用能源相关的排放量

根据 CDM 提供的基于传统灰色基础设施的不同 CSO 控制方案（即隧道开挖、污水处理厂扩建和分散处理）下挖掘、建设、设备和泵送所需功率的估值，估算在每个方案下产生的总排放量。

为了确定碳排放量，使用宾夕法尼亚电力部门的平均空气污染排放系数（0.574Mt CO_2/MW·h）（EIA，2007），依据每个方案所需的总耗电量，并根据 IPCC 的碳排放的平均社会成本（12 美元/Mt），估算这些碳排放的货币成本（EIA，2007）。除了碳排放，基于宾夕法尼亚发电厂的平均空气污染排放系数，取 SO_x 和 NO_x 排放系数为 0.004 14Mt SO_2/MW·h 和 0.000 766Mt NO_x/MW·h，评估不同 CSO 控制方案下与用电相关的 SO_x 和 NO_x 排放量。

然后，根据 EPA 提供的 SO_2 和 NO_x 全国人均排放量估算 SO_2 和 NO_x 排放产生的健康成本，这些估值反映了健康风险大小及相应价值与不同污染物单位质量排放量间变化关系（U.S.EPA，2008b）。此外，这些估值不只反映了污染物排放在当地的效益估值，也考虑了污染物的长距离运输（将一个地点的排放量分布到周边区域）给周边居民带来的影响。

U.S.EPA 估算，因电厂排放的 SO_x 造成的与健康相关的成本为 25 234～53 985 美元/t，对于 NO_x 这一数值为 2681～5733 美元/t。为估算不同 CSO 控制方案下因 SO_x 和 NO_x 造成的与健康相关的总成本，取这些数值的中间值来估算排放造成的与健康相关的总成本。

应注意的是，CDM 提供的开挖、建设和设备所需电力要求为 40 年项目期间的总电力需求，泵送则是每年的电力需求。因存在许多不稳定因素，包括发电组合的变化、能源零售价格的改变、碳排放和空气污染成本的变化，以及地区政策导致碳排放价格的变化等，很难估算未来与能源相关的成本。

ii. 重型卡车辆尾气排放量

根据 CDM 对每个 CSO 控制方案下重型卡车行驶次数的估算结果，评估与施工活动相关的燃料使用量和排放量。研究取每辆卡车平均行驶 20 英里且平均每英里消耗 6.6gal 燃料，估算重型卡车的总柴油消耗量（U.S.EPA，2007）。然后，根据 *The South Coast Air Quality Management District* 给出的重型卡车排放系数（lbs CO_2/英里）估算与重型车辆相关的 CO_2、SO_x 和 NO_x 排放量（SCAQMD，2007）。通过碳排放的社会成本来估算由这些重型卡车行驶产生的碳排放社会成本，通过 U.S.EPA 提供的因 SO_2 和 NO_x 造成的与健康相关的成本中间值来估算由这些重型卡车行驶产生的 SO_x 和 NO_x 与健康相关的成本，其中 SO_2 和 NO_x 估值范围分别为 13 200～28 264 美元和 4357～9350 美元。

iii. 混凝土输送卡车的尾气排放量

运送混凝土的卡车尾气排放成本与重型卡车尾气排放成本估算方法相同，因 CDM 未提供每个方案下的混凝土运输车数量，假设这些卡车的数量为用于挖掘和施工的重型卡车

数量的一半。

iv. 混凝土加工

水泥生产是世界上最耗能的工业之一，在水泥制造的加热过程中消耗了大量电力和化石燃料，而水泥是建造基于传统灰色基础设施的 CSO 控制措施中大量使用的混凝土的关键成分。虽然水泥制造的直接能源成本并不影响这种效益–成本分析，但由此产生的碳排放和空气污染却会对其产生影响，研究对这一过程所用能源和由此产生的碳排放和空气污染成本进行了估算。根据 CDM 提供的混凝土用量，参考标准混凝土–水泥转换方法估算每个非 LID 方案使用的水泥量，并在此基础上依据标准能源/排放系数估算各方案水泥制造过程相关的能源消耗及气体排放量（Worrell and Galitsky，2001）。

v. 交通中断

在全部 CSO 控制方案下，施工及维护活动将导致费城道路上的交通延误，而怠速和慢速行驶时间增加使得相关车辆燃料使用量相应增加。实际燃料使用量和相关成本见表 3-42 ~ 表 3-49。

如上所述，研究使用标准排放转换系数估算因额外燃料消耗而排放到大气中的 CO_2、SO_x 和 NO_x 的增加量。

b. 估算绿色基础设施的外部成本和效益

i. 与挖掘中能源消耗相关的排放

与传统灰色基础设施方案类似，LID 方案需要大量的电力来挖掘 LID 覆盖区域。根据 CDM 提供的相关数据，采用上述方法来估算能源消耗所产生废气的外部成本。

ii. 与建设和运行中车辆能源消耗相关的排放

与建筑和操作车辆燃料使用相关的尾气排放量也采用与上述相同的技术和假设来估算这些车辆相关的排放量，运营和维护车辆产生的尾气排放量也包含在本次分析中。假设每辆卡车平均行驶 15 英里，每加仑汽油平均行驶 20.2 英里。

iii. 能源节约和碳吸收：树木

树木可通过遮阳、蒸腾冷却和阻挡冬季风来影响能源消耗（USDA，2007）。研究通过 USDA 获得的相关数据，基于树木对每栋建筑平均供暖和制冷节省的能源量估算树木节能效果，从而估算社区内树木遮蔽下的建筑物节省的能源成本，以及节省能源消耗所减少的污染物排放量。

iv. 能源节约和碳吸收：绿色屋顶

绿色屋顶也为建筑提供隔热和遮蔽作用，降低了室内对供暖和冷却成本的需求。研究通过两项已证实的研究中的节能估值，估算每个基于 LID 的 CSO 控制方案下与绿色屋顶相关的能源节约量，即每平方英尺绿色屋顶减少降温的节电量为 0.39kW·h，每栋建筑减

表 3-42　40 年项目期间 Tacony-Frankford 流域 CSO 控制方案的非货币化

能源效益及其外部成本

项目	空气质量—排放量（减少量）		能源消耗（节约）			CO₂排放量
	SO₂/Mt	NOₓ/Mt	天然气/kBtu	燃料/gal	电力/(kW·h)	（减少）
LID 方案						
25% LID	(145.05)	3.41	(38 028 191)	59 440	(35 046 202)	(105 045)
50% LID	(330.20)	(8.24)	(129 277 877)	106 449	(79 771 661)	(235 478)
75% LID	(463.54)	5.56	(183 776 322)	182 578	(111 990 066)	(358 536)
100% LID	(583.72)	16.55	(221 563 669)	247 575	(141 029 264)	(453 597)
污水处理厂扩建方案（不包括 LID 组件）						
215 MGD	6.67	11.19		14 985		2 361
298 MGD	7.29	12.78		17 126		2 666
490 MGD	17.39	21.10		25 277		5 155
820 MGD	24.95	32.03		37 222		7 819
隧道方案						
15′隧道	133.56	375 913.37		57 002		26 553
20′隧道	176.62	561 135.30		89 378		36 885
25′隧道	225.74	793 910.46		131 335		49 197
30′隧道	283.22	1 082 609.31		184 336		63 986
35′隧道	345.42	1 421 147.25		247 285		80 737
分散处理方案						
25 Ofs	3.55	1.75		988		720
10 Ofs	14.57	6.93		4 017		2 868
4 Ofs	63.47	28.51		16 783		12 071
1 Ofs	183.27	80.61		48 179		34 379

注：污水处理厂扩建方案不单独实施，与某种 LID 方案结合使用；Ofs 表示分散处理中排水口个数。

表 3-43　40 年项目期间 Cobbs 河流域 CSO 控制方案的非货币化能源效益及其外部成本

项目	空气质量—排放量（减少量）		能源消耗（节约）			CO₂排放量
	SO₂/Mt	NOₓ/Mt	天然气/kBtu	燃料/gal	电力/(kW·h)	（减少）
LID 方案						
25% LID	(46.32)	1.09	(12 144 517)	18 983	(11 192 203)	(33 547)
50% LID	(105.45)	(2.63)	(41 285 620)	33 995	(25 475 530)	(75 201)
75% LID	(148.03)	1.78	(58 690 006)	58 307	(35 764 660)	(114 501)
100% LID	(186.42)	5.29	(70 757 609)	79 064	(45 038 492)	(144 859)

续表

项目	空气质量—排放量（减少量）		能源消耗（节约）			CO_2 排放量
	SO_2/Mt	NO_x/Mt	天然气/kBtu	燃料/gal	电力/(kW·h)	（减少）
污水处理厂扩建方案（不包括 LID 组件）						
63 MGD	12.71	12.26		8 072		3 884
233 MGD	16.93	14.35		8 886		4 775
404 MGD	18.68	15.83		9 115		5 336
隧道方案						
15′隧道	94.69	475 999.78		86 965		24 465
20′隧道	126.19	665 540.02		121 974		33 620
25′隧道	167.55	962 260.15		178 847		46 873
30′隧道	207.52	1 256 965.47		235 991		59 809
35′隧道	248.74	1 598 573.93		303 556		74 109
分散处理方案						
25 Ofs	3.81	1.65		689		739
10 Ofs	20.74	7.94		3 269		3 761
4 Ofs	62.20	22.23		9 047		10 887
1 Ofs	108.61	37.85		15 467		18 756

注：污水处理厂扩建方案不单独实施，与某种 LID 方案结合使用；Ofs 表示分散处理中排水口个数。

表 3-44 40 年项目期间 Schuylkill 流域 CSO 控制方案的非货币化能源效益及其外部成本

项目	空气质量—排放量（减少量）		能源消耗（节约）			CO_2 排放量
	SO_2/Mt	NO_x/Mt	天然气/kBtu	燃料/gal	电力/(kW·h)	（减少）
LID 方案						
25% LID	(156)	4	(40 843 047)	63 840	(37 640 331)	(112 820)
50% LID	(355)	(9)	(138 847 060)	114 328	(85 676 380)	(252 908)
75% LID	(498)	6	(197 379 493)	196 092	(120 279 600)	(385 075)
100% LID	(627)	18	(237 963 870)	265 900	(151 468 287)	(487 172)
污水处理厂扩建方案（不包括 LID 组件）						
157 MGD	12	11		7 033		3 684
747 MGD	26	24		15 300		7 737
1336 MGD	35	35		22 729		11 156
隧道方案						
15′隧道	237	742 003		125 136		47 605

续表

项目	空气质量—排放量（减少量）		能源消耗（节约）			CO_2排放量
	SO_2/Mt	NO_x/Mt	天然气/kBtu	燃料/gal	电力/(kW·h)	（减少）
20′隧道	305	987 092		166 225		62 539
25′隧道	379	1 291 300		219 519		78 755
30′隧道	456	1 653 470		285 414		98 814
35′隧道	528	2 069 410		364 310		118 737
分散处理方案						
25 Ofs	23	8		3 053		3 850
10 Ofs	72	23		9 444		11 937
4 Ofs	186	58		23 692		30 399
1 Ofs	415	129		53 185		67 707

注：污水处理厂扩建方案不单独实施，与某种 LID 方案结合使用；Ofs 表示分散处理中排水口个数。

表 3-45　40 年项目期间 Delaware 河流域 CSO 控制方案的非货币化能源效益及其外部成本

项目	空气质量—排放量（减少量）		能源消耗（节约）			CO_2排放量
	SO_2/Mt	NO_x/Mt	天然气/kBtu	燃料/gal	电力/(kW·h)	（减少）
LID 方案						
25% LID	(325)	8	(85 243 992)	133 241	(78 559 566)	(235 468)
50% LID	(740)	(18)	(289 789 289)	238 615	(178 816 154)	(527 847)
75% LID	(1 039)	12	(411 953 001)	409 267	(251 036 931)	(803 695)
100% LID	(1 308)	37	(496 657 118)	554 963	(316 131 196)	(1 016 782)
污水处理厂扩建方案（不包括 LID 组件）						
225/130 MGD	37	49		59 935		11 634
225/250 MGD	49	52		61 634		13 402
495/950 MGD	67	77		101 611		18 003
495/1250 MGD	78	80		104 722		19 740
隧道方案						
15′隧道	292	1 089 554		187 535		64 559
20′隧道	337	1 298 714		224 781		75 805
25′隧道	415	1 770 355		313 301		98 203
30′隧道	505	2 363 038		426 667		125 361
35′隧道	572	2 754 184		500 053		144 203
分散处理方案						
25 Ofs	14	7		4 046		2 875
10 Ofs	38	19		11 460		7 689

项目	空气质量—排放量（减少量）		能源消耗（节约）			CO$_2$排放量
	SO$_2$/Mt	NO$_x$/Mt	天然气/kBtu	燃料/gal	电力/(kW·h)	（减少）
4 Ofs	109	50		29 780		20 947
1 Ofs	222	103		62 973		42 744

注：污水处理厂扩建方案不单独实施，与某种 LID 方案结合使用；Ofs 表示分散处理中排水口个数。

表3-46　40年项目期间 Tacony-Frankford 流域 CSO 控制方案的能源效益和
外部成本（2009年美元现值） （单位：美元）

项目	节能 （表示为成本）	与空气质量相关的健康的 改善（表示为成本）	减少碳足迹 （增加的价值）
LID 方案			
25% LID	2 994 995	4 380 801	2 022 051
50% LID	7 274 893	9 989 179	4 574 863
75% LID	10 164 800	13 920 497	6 955 968
100% LID	12 671 820	17 492 296	8 790 891
污水处理厂扩建方案（不包括 LID 组件）			
215 MGD	(32 635)	(240 406)	(36 526)
298 MGD	(37 299)	(262 233)	(41 239)
490 MGD	(55 050)	(600 679)	(79 752)
820 MGD	(81 063)	(840 455)	(120 971)
隧道方案			
15′隧道	(124 142)	(4 127 396)	(469 015)
20′隧道	(194 652)	(5 461 468)	(644 125)
25′隧道	(286 028)	(6 988 847)	(851 115)
30′隧道	(401 457)	(8 781 757)	(1 098 570)
35′隧道	(538 551)	(10 722 019)	(1 376 390)
分散处理方案			
25 Ofs	(2 152)	(108 395)	(12 248)
10 Ofs	(8 748)	(443 600)	(49 884)
4 Ofs	(36 550)	(1 945 197)	(212 250)
1 Ofs	(104 928)	(5 620 441)	(608 916)

注：污水处理厂扩建方案不单独实施，与某种 LID 方案结合使用；Ofs 表示分散处理中排水口个数。

表 3-47　40 年项目期间 Cobbs 河流域 CSO 控制方案的能源效益及其

外部成本（2009 年美元现值）　　　　　　　　　　　（单位：美元）

项目	节能 （表示为成本）	与空气质量相关的健康的 改善（表示为成本）	减少碳足迹 （增加的价值）
LID 方案			
25% LID	956 469	1 399 034	645 753
50% LID	2 323 278	3 190 101	1 461 008
75% LID	3 246 186	4 445 589	2 221 428
100% LID	4 046 817	5 586 264	2 807 421
污水处理厂扩建方案（不包括 LID 组件）			
63 MGD	（17 580）	（363 341）	（60 090）
233 MGD	（19 353）	（497 537）	（73 871）
404 MGD	（19 851）	（539 720）	（82 551）
隧道方案			
15′隧道	（189 398）	（2 946 459）	（409 049）
20′隧道	（265 640）	（3 918 187）	（558 469）
25′隧道	（389 503）	（5 202 623）	（771 474）
30′隧道	（513 954）	（6 450 870）	（979 242）
35′隧道	（661 099）	（7 745 230）	（1 206 602）
分散处理方案			
25 Ofs	（1 500）	（113 581）	（12 967）
10 Ofs	（7 119）	（626 085）	（67 436）
4 Ofs	（19 703）	（1 889 297）	（197 383）
1 Ofs	（33 685）	（3 307 472）	（341 548）

注：污水处理厂扩建方案不单独实施，与某种 LID 方案结合使用；Ofs 表示分散处理中排水口个数。

表 3-48　40 年项目期间 Schuylkill 流域 CSO 控制方案的能源效益

及其外部成本（2009 年美元现值）　　　　　　　　　（单位：美元）

项目	节能 （表示为成本）	与空气质量相关的健康的 改善（表示为成本）	减少碳足迹 （增加的价值）
LID 方案			
25% LID	3 216 685	4 705 069	2 171 724
50% LID	7 813 382	10 728 581	4 913 495
75% LID	10 917 201	14 950 896	7 470 850
100% LID	13 609 791	18 787 081	9 441 595

续表

项目	节能 （表示为成本）	与空气质量相关的健康的 改善（表示为成本）	减少碳足迹 （增加的价值）
污水处理厂扩建方案（不包括 LID 组件）			
157 MGD	（15 316）	（349 321）	（57 000）
747 MGD	（33 322）	（727 346）	（119 692）
1336 MGD	（49 501）	（988 837）	（172 595）
隧道方案			
15′隧道	（272 527）	（7 429 041）	（842 353）
20′隧道	（362 014）	（9 537 170）	（1 100 347）
25′隧道	（478 079）	（11 840 716）	（1 394 327）
30′隧道	（621 589）	（14 238 048）	（1 715 633）
35′隧道	（793 412）	（16 506 514）	（2 045 052）
分散处理方案			
25 Ofs	（6 648）	（705 765）	（70 845）
10 Ofs	（20 567）	（2 224 732）	（220 716）
4 Ofs	（51 597）	（5 728 678）	（563 893）
1 Ofs	（115 829）	（12 774 988）	（1 256 428）

注：污水处理厂扩建方案不单独实施，与某种 LID 方案结合使用；Ofs 表示分散处理中排水口个数。

表 3-49　40 年项目期间 Delaware 河流域 CSO 控制方案的能源效益

及其外部成本（2009 年美元现值）　　　　　　　　　（单位：美元）

项目	节能 （表示为成本）	与空气质量相关的健康的 改善（表示为成本）	减少碳足迹 （增加的价值）
LID 方案			
25% LID	6 713 580	9 820 003	4 532 630
50% LID	16 307 399	22 391 744	10 255 012
75% LID	22 785 416	31 204 186	15 592 497
100% LID	28 405 151	39 210 732	19 705 661
污水处理厂扩建方案（不包括 LID 组件）			
225/130 MGD	（130 530）	（1 259 852）	（179 991）
225/250 MGD	（134 230）	（1 690 557）	（207 334）
495/950 MGD	（221 295）	（2 439 859）	（278 522）
495/1250 MGD	（228 070）	（2 848 114）	（305 397）

续表

项目	节能 （表示为成本）	与空气质量相关的健康的 改善（表示为成本）	减少碳足迹 （增加的价值）
隧道方案			
15′隧道	(408 423)	(9 101 348)	(1 115 480)
18′隧道	(489 540)	(10 503 691)	(1 304 735)
23′隧道	(682 323)	(12 903 993)	(1 670 979)
28′隧道	(929 218)	(15 726 970)	(2 112 658)
31′隧道	(1 089 041)	(17 824 366)	(2 422 831)
分散处理方案			
25 Ofs	(8 811)	(438 766)	(49 371)
10 Ofs	(24 959)	(1 167 302)	(133 045)
4 Ofs	(64 856)	(3 331 932)	(367 354)
1 Ofs	(137 147)	(6 784 880)	(750 802)

注：污水处理厂扩建方案不单独实施，与某种 LID 方案结合使用；Ofs 表示分散处理中排水口个数。

少的用于供暖的天然气量为 123MM Btu（Doshi，2005；Green Roofs for Healthy Cities，2008）。

v. 碳汇：树木

树木通过吸收碳将其作为纤维素储存在树干、树枝、叶子和根中，将氧气释放回空气，不仅扮演了重要的碳汇角色，还通过 CO_2 为绿色基础设施提供了一项宝贵的价值。USDA 的 UFORE 模型估算了多种树木的碳储量，研究选择一种平均尺寸的树木的碳储量作为 LID 方案所种植树木的模型，利用平均尺寸树木的碳储量与种植树木总数估算储存碳量。

vi. 碳汇：绿色屋顶和生物滞留池

研究根据英国环境部（The United Kingdom's Department of Environment）的环境、食品和乡村事务处（Department for Environment, Food and Rural Affairs, DEFRA）给出的每 1000m² 绿色屋顶和生物滞留池吸收 CO_2 量的估值，依据每个 LID 方案下新增绿地的面积估算 CO_2 的吸收量（UK DEFRA，2007）。

3）估算结果

表 3-42～表 3-49 为研究区每个流域内不同 CSO 控制方案的能源效益和外部成本。其中，表 3-42～表 3-45 显示了带有具体物理量的结果（如吨排放量、节能量），表 3-46～表 3-49 显示了与表 3-42～表 3-45 中的带有具体物理单位的结果对应的货币值。每个方案的最大效益和成本（货币价值）通常可归因于 SO_x 和 NO_x 的排放量（或净排放量）的减少，在一些 LID 方案下减少 NO_x 的排放量并不能完全抵消与能源使用相关的 NO_x 排放量，因此

净排放量存在正值。

4) 遗漏、偏差和不确定性分析

为了估算在不同 CSO 控制方案下的节能量、成本和排放量，研究过程中进行一些假设，表 3-50 对数据遗漏、偏差和所用假设的不确定性进行总结。

表 3-50　遗漏、偏差和不确定性

假设/方法	对净效益的潜在影响[a]	分析/解释
碳排放的社会成本估值范围广，有较大的不确定性	+	IPCC 评估了 CO_2 排放的社会成本的估算值，指出平均值为 12 美元/Mt，包括 Stern 在内的研究对碳排放的社会成本的估值都在 IPCC 给出的范围的上限内，后续敏感性分析的结果中给出了一个较高的碳排放的社会成本，即 48 美元
电价取值较保守	+	联邦气候政策可能使以化石燃料为基础的能源价格远高于研究所用估值。预计将出台一个限制温室气体排放的经济政策，但仍存在不确定性，后续将给出使用较高电价的灵敏度分析结果
宾夕法尼亚地区与发电相关的 GHG 排放量各不相同	U	发电厂的 GHG 排放系数因工厂和地区而异，CSO 控制方案的实际排放量可能高于或低于分析中使用的宾夕法尼亚的平均排放系数。但是，研究使用的排放系数是最佳选择
运输燃料成本	U	汽油和柴油的平均成本参考最近价格确定，并随通货膨胀而调整。许多专家预计，在项目全生命周期内，燃料价格的上涨速度将快于通货膨胀。根据联邦气候政策，这些增长预计会更大。然而，汽车效能的提高可以缓解任何价格上涨
植树减少的能源使用量	−	冬季挡风效果和夏季遮蔽作用取决于种植树木的类型以及与建筑的距离和方向。分析中假设约有 30% 的树木对建筑物夏季有遮阴效果，冬季有挡风作用。该分析可能对这一假设很敏感，如果 30% 取值过高，效益就会下降
树木的碳储量是基于 USDA 的 UFORE 模型对费城城市森林效益的分析	U	不同种类的树木在不同生命阶段能够吸收不同数量的碳。研究使用平均尺寸的树木来估算碳储量。利用树木生长模型，可以模拟树木随着时间生长的不同碳储量阶段

a 以下符号表示遗漏，偏差和不确定因素对估算值的可能影响：+可能会增加净效益；U 净效益变化方向不确定；−会降低净效益。

为了解电价和碳排放的社会成本对评估结果的影响，研究对比分析使用较高的碳排放社会成本与 IPCC 给出的碳排放成本均值两种情况下 50% LID 和 30′隧道两种方案的效益和外部成本，以进行敏感性分析。此外，还评估了电价翻倍的情况下，LID 方案对节能的影响。表 3-51 敏感性分析的结果。

表 3-51　费城的关键 CSO 控制方案在 40 年内累积效益现值的敏感性分析

	50% LID 方案	30′隧道方案
碳排放增加的社会成本	扣除外部成本的总效益	
12	2846.4	122.0
48	2910.0	104.3
总体结果中的百分比变化/%	2.23	−14.53
联邦气候政策导致电价上升	能源节约（使用量）	
0.1kW·h	2846.4	122.0
0.2kW·h	2874.9	122.0
总体结果中的百分比变化/%	1.00	0

注：研究中外部成本分析不包括与30′隧道方案工程成本相关的更高电力成本，该方案的工程预算中将假设在此情况下的电力成本翻倍。

8. 改善空气质量

1）概述

植被可以通过过滤一些空气中的污染物（颗粒物和臭氧）来改善空气质量。同样，减少能源消耗也可以降低 SO_2 和 NO_x 等电厂排放空气污染物。这些空气质量的改善可以降低呼吸系统疾病的发病率和严重程度。为评估树木对空气质量的影响，该报告将美国林务局（U. S. Forest Service）研发的模型应用到费城地区，通过模型分析不同 CSO 控制措施对空气质量的影响（如臭氧和颗粒物浓度），再利用 U. S. EPA 研发的软件来估算树木导致的 $PM_{2.5}$ 降低和臭氧浓度减少在避免健康问题方面的贡献，并估算避免健康问题带来的价值。

在 PWD 管辖的 CSO 控制流域，正在被 PWD 评估的基于 LID 的 CSO 控制方案预计将增加（或改善）区域内的娱乐设施。在 LID 方案下，PWD 计划将持续增加城市内植被的面积（包括树木的面积），而费城地区植被和树木面积的增加可以去除大气污染物来改善空气质量。在美国，持续的空气污染已经是许多城市面临的严峻问题，即使经过联邦政府和州政府共同努力，大多数美国人仍然生活在空气质量低于国家环境空气质量标准（The National Ambient Air Quality Standards，NAAQS）的地区。臭氧和细颗粒是对人类健康危害最大的两种空气污染物，其中臭氧是烟雾的主要成分，细颗粒物（$PM_{2.5}$）是指直径小于 2.5μm 的气溶胶颗粒。

A. 树木对臭氧和颗粒物的影响

乔木和灌木对减少包括臭氧和颗粒物在内的空气污染物有重要影响，除美化环境等效益外，树木还可以减少空气中污染物浓度。由于树木可以去除空气中部分臭氧和颗粒物，增加树木特别是释放低水平生物挥发性有机化合物的树木种植面积是空气污染控制的一个潜在方法。因此，树木可以帮助减少当地人口的空气污染暴露水平，并帮助城市地区实现空气质量目标。

臭氧和其他污染物通过呼吸作用进入树木叶片，扩散到细胞间空隙并与叶内表面发生反应（Nowak et al., 2006）。通过与叶片表面的直接相互作用，可以从周围空气中去除臭氧和颗粒物。虽然有些颗粒被吸收到叶子中，但大多数仍被保留在叶子表面，约50%会被再次释放到大气中，其余将被降雨冲走或在秋天随落叶沉积，从而有效去除空气中颗粒物。据估算，费城地区15.7%的土地面积覆盖了210万棵树，5.9%的土地面积被灌木覆盖。美国林务局关于费城城市森林效益的报告指出，该地区现有森林面积每年可以去除空气中0.33%的臭氧和0.38%的中颗粒物（PM_{10}）（USDA, 2007）。本研究植被对空气污染的影响分析参考上述报告取值，并假设植被对$PM_{2.5}$和PM_{10}去除比例相同，均取0.38%，以此估算植被减少$PM_{2.5}$带来的健康效益。

B. 费城空气质量状况

和美国大部分城市一样，U. S. EPA 参考 NAAQS 对费城以及整个费城都会区进行臭氧和$PM_{2.5}$超标区划分。[①] 费城地区最近的臭氧水平超出当前标准19%。2008年该地区$PM_{2.5}$最高监测值的均值为13.49 $\mu g/m^3$，相比 NAAQS 的15.0 $\mu g/m^3$，低于国家细颗粒物标准，但邻县$PM_{2.5}$的较高水平使得费城市区被归为$PM_{2.5}$超标区。作为污染物超标区，费城必须制定并定期更新城市执行计划，确定将采取额外的控制措施能够使其空气质量在2015年达标并一直保持。

费城地区每年的空气污染水平各不相同，反映了气象和经济活动的变化。考虑到空气质量的逐年变化，一般基于三年的监测数据判定空气污染水平是否达标。随着联邦、地方政府的排放控制措施开始生效，该地区的空气质量普遍有所提高。

研究选取费城地区2007年监测数据分析树木增加对空气影响。2007年，该地区臭氧8h浓度最高值达到110ppb，最低值为87ppb，均超出 NAAQS 标准。2007年$PM_{2.5}$监测年最高值为14.83 $\mu g/m^3$，年最低值为12.77$\mu g/m^3$，低于15.0$\mu g/m^3$的标准。

研究中最初的空气质量数据源于2007年费城地区的臭氧和$PM_{2.5}$的监测数据。其中，全市人口加权平均的年平均$PM_{2.5}$为13.6$\mu g/m^3$，全市人口加权平均的7个月（4~10月）的季度平均日8小时监测值的最大值为42.4ppm。臭氧浓度的季度变化决定了臭氧对健康的影响，而不是由 NAAQS 的每日峰值的变化决定。

如上所述，费城城区绿化面积的增加可能会降低空气中臭氧和$PM_{2.5}$的浓度。根据美国林务局报告提供的相关数据，目前该地区210万棵树的城市森林面积可以减少0.33%的臭氧和0.38%的$PM_{2.5}$（USDA, 2007）。在50%的 LID 方案中，计划在四个流域种植

---

① 2006~2008年，费城地区臭氧8h浓度限值监测指标的第四位最高值为89ppb，2008年 NAAQS 修订的臭氧8h标准值为75ppb（相同度量标准）。

637 000棵树，预计使费城的树木数量增加30%，按照2007年的数据，如果树木完全种植，可以减少0.04ppb的臭氧浓度和减少0.02$\mu g/m^3$的$PM_{2.5}$。在后续效益估算中，假设未来同样的种树数量可以减少同样数量的臭氧和$PM_{2.5}$。在其他LID方案中，假设树木对臭氧和$PM_{2.5}$的影响与种树数量的变化同比例变化。

C. 臭氧和$PM_{2.5}$暴露对人体健康的影响

臭氧和$PM_{2.5}$对人体的健康有不良影响已得到证实，最近的U.S.EPA报告中也有相关报道，例如2008年的规制影响分析（Regulatory Impact Analysis，RIA）中对臭氧的NAAQS进行修订（U.S.EPA，2008b）。降低大气中臭氧和$PM_{2.5}$浓度可以避免其对人类健康的不利影响，包括过早死亡以及对呼吸和心血管健康的影响。臭氧和$PM_{2.5}$对健康的不良影响不只发生在其浓度超出NAAQS标准时，低于该标准也将会产生不良影响。

评估中与空气污染相关的健康问题包括：过早死亡（源自臭氧和$PM_{2.5}$）；不可逆慢性支气管炎（源自$PM_{2.5}$）；心脏病（非致命性急性心肌梗死）（源自$PM_{2.5}$）；因呼吸和心血管疾病住院（非致命）（源自臭氧及$PM_{2.5}$）；哮喘急诊（源自臭氧和$PM_{2.5}$）；呼吸道症状（患病天数）（源自臭氧和$PM_{2.5}$）；工作损失天数（源自$PM_{2.5}$）和缺课天数（源自臭氧）。

研究利用U.S.EPA（2008a）研发的空气污染健康风险评估软件BenMAP（Ver.3.0.15）来估算树木降低$PM_{2.5}$和臭氧浓度在避免健康问题方面的贡献，并估算避免健康问题带来的价值。

2）估算方法

通过2007年林务局提供的树木减少空气污染百分比倒推费城地区2007年的空气质量监测数据，进而估算树木因避免健康问题而产生的效益。首先，将2007年臭氧和$PM_{2.5}$的监测数据降低1%，通过BenMAP软件估算得到树木对健康的影响。然后，根据此条件下树木对健康的响应，依据不同LID方案中的树木种植计划下该地区城市森林增加带来的空气污染变化按照一定比例估算其对当地居民健康的影响。

利用BenMAP的最近监测算法，将费城人口就近分配给监测员来估算臭氧和$PM_{2.5}$的加权平均变化量（基于2000年市级人口普查数据和U.S.EPA对市级人口变化的预测，BenMAP预测2010年=1 438 198）。此地共有4位U.S.EPA的监测员，每人都对臭氧和$PM_{2.5}$水平进行记录。

健康影响分析方法源自U.S.EPA在2008年臭氧NAAQS RIA中使用的方法（U.S.EPA，2008b），参考报告里使用的各污染物浓度反应函数，在BenMAP中估算对避免健康问题的影响。

由于效益估算主要针对与$PM_{2.5}$相关的过早死亡率，此处分析使用与$PM_{2.5}$相关的成人过早死亡率的两种估值进行效益估算，形成效益的高估值和低估值。高估值来自在美国东部6个城市长期跟踪流行病学的团队研究得出的浓度反应函数（Laden et al.，2006），低估值来自于在美国 50 个城市长期跟踪流行病学的团队（Pope et al., 2002）。

健康分析分别评估了费城的 4 种 LID 方案避免健康影响的年病例数，代表性结果见表 3-52，结果显示四个流域内实施 50% LID 方案（如种植 63.7 万棵树达到成熟大小后的健康效益）减少病例的数量。

表 3-52 全部流域实施 50%LID 方案导致费城地区相关病例的
减少量（假定 2010 年人口水平）

健康效益	减少病例数
过早死亡	1.0 例/a（Pope et al., 2002；低估值）
	2.4 例/a（Laden et al., 2006；高估值）
新增慢性支气管炎病例	0.4 例/a
心脏病	1.2 例/a
医院入院（各类）	1.0 例/a
哮喘发作	23 例/a
呼吸系统疾病发病日数	708d/a
工作或学校缺勤日数	250d/a

当树木种植数量改变时，假定臭氧和 $PM_{2.5}$ 水平的变化对健康效益产生的影响呈比例变化，根据上述结果按比例估算。

A. 避免健康问题的经济价值评价

为了将与空气质量相关的健康影响纳入包含节能等其他效益类别的效益成本分析中，有必要估算避免健康影响的经济价值。U. S. EPA 对避免的每个健康问题的价值依次进行评估，并将其应用在 BenMAP 软件中用于健康和价值评估（以 2006 年的价格和 2010 年的预测收入水平表示），参考上述方法估算避免健康问题的价值（U. S. EPA，2008a）。

根据经济理论，降低不良健康影响风险的最佳衡量标准是个人为降低风险的平均 WTP。U. S. EPA 尽可能使用 WTP 对空气污染健康影响进行评估，这依赖于 U. S. EPA 对现有经济学研究的定期跟踪。然而，对于某些研究目标，没有可靠的 WTP 支持。为此，U. S. EPA 开发了一种替代方法来评估健康影响，以替代 WTP 评估。因为替代方法只考虑避免健康影响的 WTP 的一部分，所以评估结果比 WTP 方法产生的估值低。例如，根据住院期间产生的费用进行评估，忽略了 WTP 中会考虑的病痛部分。心脏病发作后，结合医疗成本信息和无法重返工作岗位（或必须降低收入水平的人）的收入来评估对心脏病发作产生的影响。因此，心脏病发作的估值也忽略了 WTP 中病痛部分和被认为是失业人员（退休人员和失业成年人）的收入损失。

研究使用的参数简介和详细来源可在 BenMAP 文档和技术附件中查询，LID 方案避免各种健康问题的价值如表 3-53 所示。

表 3-53　避免不同健康问题的价值

健康效益	每个病例估值（2006 年价格，2010 年收入）
过早死亡	700 000 美元
慢性支气管炎	196 000 美元
心脏病	141 000 ~ 233 000 美元（因年龄而异）
医院入院	15 000 ~ 33 000 美元（因住院和年龄而异）
急诊室	336 美元
哮喘发作	189 美元
疾病日	18 ~ 59 美元（因疾病而异）
失业日	143 美元
学校缺勤等（2002）	89 美元

参考 Pope 和 Laden 等（2006）研究得到的 $PM_{2.5}$ 相关成人死亡率的最低值和最高值并按照上述方法计算发现费城地区四个流域均实施 50% LID 方案后，该地树木数量将增加 30%，每年健康价值在 1250 万 ~ 2050 万美元。每棵树的年效益在 19 美元（最低估值）和 45 美元（最高估值）之间，年平均效益为 32 美元。若种植的树木数量（如其他 LID 方案）不同，将按比例估算对臭氧和 $PM_{2.5}$ 的影响进而估算对总体健康效益的影响，但每棵树的效益将保持不变。

然而，当种植树木时，这些效益不会立即实现。种植树木的时间安排以及树木成长所需的时间大大降低了避免健康问题的效益现值，以及种植每棵树的效益现值。

B. 树木种植数量、种植时间和成熟时间估算

研究区四个流域的各 LID 方案中种植的树木数量见表 3-54。

表 3-54　LID 方案中每个流域内种植的树木数量　　　　（单位：棵）

方案	Tacony-Frankford	Cobbs Creek	Schuylkill	Delaware
25% LID	38 612	12 331	41 470	86 553
50% LID	137 537	43 923	147 718	308 304
75% LID	195 743	62 511	210 231	438 776
100% LID	235 032	75 059	252 429	526 848

树木种植计划和树木成熟所需时间这两个假设将影响效益的评估，这使得 LID 方案开始后树木数量的增加就可以充分实现提高空气质量的健康效益。CDM 提供的方案计划表显示，项目于 2010 年开始，预计在 2045 年完成，每个方案的树木种植将在 35 年内全部

完成。其中约 10% 的树木将在计划开始的前 6 年种植，35% 在接下来的 14 年种植，55% 在后 15 年种植。

最初，种植的树木还未完全成熟时并不能立即产生充分的空气质量改善效益。为此，假设每棵新种植的树都需要 20 年才能成熟并达到改善空气质量要求，且在 20 年生长期间树木匀速增长。20 年增长期后，树木对空气质量的改善效果保持不变，必要时采取城市林业管理措施替换树木以保证树木对空气污染的改善水平保持不变。35 年植树计划和 20 年树木生长时期的假设，导致树木种植 55 年后空气质量改善作用才得以实现。从 LID 方案开始实施到树木成熟，将树木对健康影响的效益折算，以体现种植树木对空气质量和人类健康产生充分影响的时间延迟，折算比例取 4.875%，LID 项目启动年为 2008 年。

3）估算结果

表 3-55 列出了每个 LID 方案在四个流域中种植树木改善空气质量所产生的健康效益。

4）遗漏、偏差和不确定性分析

为估算 LID 方案下植树后改善空气质量所带来的健康效益，该报告对部分情况作出了假设，并确定了分析过程中存在的遗漏、偏差和不确定性因素，具体见表 3-56。

表 3-55　LID 方案中植树改善空气质量产生的健康效益　（单位：10^6 美元）

方案	Tacony-Frankford	Cobbs Creek	Schuylkill	Delaware	总计
25% LID	7.9	2.5	8.5	17.8	36.8
50% LID	28.3	9.0	30.4	63.4	131.0
75% LID	40.2	12.8	43.2	90.2	186.5
100% LID	48.3	15.4	51.9	108.3	223.9

表 3-56　遗漏、偏差和不确定因素

假设/方法	对净效益的潜在影响[a]	分析/解释
空气质量改善效果通过林务局对费城现有城市森林对空气质量改善的效益分析结果获得	U	随着城市森林规模扩大，臭氧和 $PM_{2.5}$ 的改善效果会随树木数量增加成比例增长，树种组成的变化可能使这种关系呈非线性，对效益影响难以确定
非费城居民不包括在分析中	+	在费城种树也可能会改善邻近县的空气质量，未分析人口密集的邻近地区空气质量的改善效果
研究中假定树木减少 $PM_{2.5}$ 的水平与 USDA 的 UFORE 中给出的费城现有森林减少 PM_{10} 的水平相同	−	$PM_{2.5}$ 的毒性大于同等数量的 PM_{10}，如果树木在降低 $PM_{2.5}$ 浓度方面的效率不如降低 PM_{10}，那么植树将导致 $PM_{2.5}$ 的变化比该报告估值小。$PM_{2.5}$ 对总效益价值的贡献比臭氧大，因此 $PM_{2.5}$ 的小幅变化对效益的影响比相同程度臭氧的变化带来的影响大

假设/方法	对净效益的 潜在影响[a]	分析/解释
假定今后树木去除臭氧和颗粒物水 平的降低程度与现在相同	–	过去几十年费城的空气质量随着空气污染项目实施一直在稳步 提高，老旧汽车退役、其他管理项目实施等因素均使该趋势继 续下去。如果未来的空气质量更好，树木的影响效果会更不明 显，导致 $PM_{2.5}$ 和臭氧水平的改善效益比模拟的小

a 以下符号表示遗漏，偏差和不确定因素对估算值的可能影响：+可能会增加净效益；U 净效益变化方向不确定；–会降低净效益。

9. 建设维护作业产生的影响

1）概述

所有 CSO 控制方案中，涉及建设维护作业时均可能造成交通中断，所产生的社会成本包括：交通延迟、限制进入营业场所的机会、增加噪声污染和大气污染，以及带来其他的不便影响。此外，各 CSO 控制方案中的建设活动很可能会导致费城地区的自驾和乘车旅行者出现行程延误及通行时间被迫延长，因施工增加卡车数量造成交通减速、道路上的施工设备和卡车进出施工场地时的减速，以及与施工相关的道路封闭均是造成通行时间增加的主要原因。除了因交通"损失"时间造成经济损失外，车辆减速、临时停车和怠速亦会导致车辆燃料成本增加。

2）新增建设维护作业车辆对费城道路影响的估算方法

为了估算费城地区道路上新增的建设维护车辆所导致的行驶时间延长量，首先通过 CDM 提供的施工期间重型卡车出行次数和每年运维总工时等输入参数估算总 VMT，得到这些车辆在不同 CSO 控制方案下行驶的里程数。估算时对每辆车的平均行驶里程、非 LID 方案下的混凝土卡车数量和每辆卡车的平均员工人数做出假设，表 3-57 为不同 CSO 控制方案下不同车辆行驶里程的输入参数和假设值。

根据每个方案中所用建设和维护车辆的总 VMT，使用得克萨斯交通研究所（The Texas Transportation Institute，TTI）提出的方法估算这些车辆所造成行驶时间延长量（Schrank and Lomax，2007）。下面给出了每个 CSO 控制方案中与施工影响相关的货币和非货币成本估算方法，非货币成本估算以总延误小时数来表示。

步骤 1：确定拥堵高峰期的 VMT。

假设费城地区道路上工程车数量增加只会影响已经在拥挤状况下行驶的车辆，对于行驶在不拥挤条件下的车辆则不受影响，仍以"自由速度"行驶。此外，还假定拥堵仅在堵车高峰期这一固定时间段发生。根据 TTI 的年度交通报告（*Annual Mobility Report*），高峰期出行量占日行驶里程（DVMT）的 50%（Schrank and Lomax，2007）。同时，据 TTI 估算，费城高峰期时有 63% 的出行是在拥堵条件下度过。因此 DVMT 中约 32%（50%×63%）被认为是在拥堵高峰期出行。

表 3-57　不同 CSO 控制方案下不同车辆行驶里程的输入参数和假设值

	方案	参数和假设值
重型卡车行驶情况	车辆行驶里程（重型卡车/建设）	每个方案数据均由 CDM 提供
	车辆行驶里程（混凝土卡车）	对于非 LID 方案，假定为重型车辆行驶里程的 1/2
	每辆车的平均行驶里程/英里	20
轻型卡车行驶情况（仅限 LID 方案）	每年运维人员的工时	每个 LID 方案数据均由 CDM 提供
	每年的工作时间	2000
	每辆卡车的工作人数（车载人数）/人	4
	道路上每天增加的卡车数量	员工人数除以车载人数
	每辆车的平均行驶里程/英里	15

步骤 2：确定受影响的 VMT。

因车辆增多导致的交通延误或减速仅发生在小部分高峰期出行的车上，为了确定受影响的总 VMT 值，假设每辆重型建设车辆每行驶 1 英里将有额外 30 英里行程（或 30 辆车）受到影响。因此，如果在给定的 CSO 控制方案中建设维护车辆行驶 1000 万英里，则假定 3 亿乘客或商用车辆以较慢速度行驶，在没有具体道路数据的情况下，该假设旨在提供一个成本基础。

步骤 3：对交通速度的影响估算。

假设施工车辆行驶与当前交通模式保持一致，约 42% 的车辆在公路上行驶，58% 在主干道上行驶（Schrank and Lomax，2007）。TTI 在报告中指出，高峰期时费城地区公路的平均行驶速度大约为 45.6 英里/h，主干道上约为 27.5 英里/h。估算时取公路和主干道上受影响车辆的行驶速度分别下降 8% 和 10%（42 英里/h 和 24.8 英里/h）。与前文相同，在缺乏具体道路数据的情况下，该假设为评估潜在影响提供估算基础。

步骤 4：估算行驶时间，确定每年延迟情况。

第 4 步是估算按照降低后的速度和原始速度（基准）走完受影响的行驶里程所耗费的时间，分别以小时为基础估算每种方案下主干道和高速公路受影响车辆的行驶时间，通过比较降低速度后所用行驶时间和原始速度下行驶时间，确定年度车辆延误总时长。为了确定总延误人数，研究分为重型车和客车两部分。根据 TTI 提供的数据，假设重型车行驶里程占总行程的 5%，这些车辆通常只有一名乘客（卡车司机）；假设客车包括驾驶员在内平均每辆车有 1.25 名乘客（Schrank and Lomax，2007）。

基于上述步骤可获得不同 CSO 控制方案中施工和维护导致的行驶延长时间，该估值为

40 年项目期间的总延长时间。为了估算项目全生命周期内每年造成的延误时长，根据 CDM 提供的施工计划表对总延长时间进行分配，各流域延长时间见表 3-58。

表 3-58　PWD 各 CSO 控制方案实施时道路上新增的施工和维修车辆

造成的总延误　　　　　　　　　　　　　　　　（单位：人–时）

项目	Tacony	Cobbs	Schuylkill	Delaware
LID 方案				
25% LID	41 801	13 349	44 895	93 701
50% LID	74 840	23 901	80 380	167 762
75% LID	128 378	40 998	137 881	287 772
100% LID	174 087	55 596	186 973	390 233
传输和污水处理厂扩建方案（不包括 LID 组件）				
Level 1	10 541	5 678	4 947	42 162
Level 2	12 048	6 251	10 763	43 357
Level 3	17 781	6 412	15 989	71 479
Level 4	26 184			73 667
隧道方案				
15′隧道	40 098	61 176	88 027	131 922
20′隧道	62 873	85 803	116 932	158 123
25′隧道	92 388	125 811	154 421	220 393
30′隧道	129 672	166 009	200 775	300 141
35′隧道	173 954	213 537	256 275	351 764
传输和分散处理方案				
25 Ofs	695	485	2 147	2 846
10 Ofs	2 826	2 299	6 643	8 062
4 Ofs	11 806	6 364	16 666	20 949
1 Ofs	33 892	10 880	37 413	44 299

注：Level 1 ~ Level 4 对应于每个流域内的不同容量选项（如对于 Tacony-Frankford 流域，Level 1 ~ Level 4 分别为 215MGD、298MGD、490MGD 和 820MGD）；Delaware 河流域的隧道方案分别为 15′、18′、21′、23′、28′和 31′隧道。

3）估算结果

A. 浪费燃料的价值

利用 TTI 开发的方法估算因低速行驶浪费的燃料价值，首先根据 1981 年 Raus 报告中提出的修正版油耗线性回归方程估算燃油的平均经济价值，具体方程如下：

燃油的平均经济价值（average fuel economy）= 8.8 + 0.25 × 平均行驶速度（average speed）

该公式适用于主干道和高速公路。得到燃油的平均经济价值后，在此基础上估算各 CSO 控制方案下每年因延误消耗的燃料价值：

年燃料消耗量(annual fuel consumed)= 交通拥堵造成的延误时长（车时）×平均行驶速度/燃油平均价值

施工造成的延误所导致额外消耗的燃料价值估算同"节约能源，降低碳足迹"，这种被"浪费"燃料的成本也会作为被浪费燃料价值的一部分进行分析（按总能源成本）。而本节提供了一个因施工造成道路延迟而产生额外的燃料消耗总成本的估算方法，即当 1 加仑燃料为 3 美元时，额外的燃料消耗成本约占行程延误时间总成本估值的 16%。

B. 道路上施工车辆增多导致行驶时间延长的价值

为了确定交通中所花费额外时间的价值，通过美国交通部（The U. S. Department of Transportation）和 TTI 所用的小时工资来评估个人时间价值。客车的小时工资参考休闲和工作相关出行的标准加权计算获得，结果取每小时 16 美元。重型卡车（假定为商业性质的卡车）出行的小时工资和附加福利取值为每小时 84 美元。上述取值基于 2005 年 TTI 的估值结果，此研究在原始估值基础上上调 3% 以反映 2008 年的价值。表 3-59 为费城地区道路上车辆增多造成行驶时间延长的总价值，表中结果为 40 年项目时间表的现值估值，估算方法与延误时间估算方法相似，根据 CDM 提供的项目建设和实施时间表按年划分。

表 3-59　PWD 的 CSO 控制方案中费城地区道路上建设维护车辆的
额外增加所造成车辆延误的总货币价值（2009 年美元现值）　（单位：美元）

项目	Tacony	Cobbs	Schuylkill	Delaware
LID 方案				
25% LID	677 244	216 282	727 374	1 518 111
50% LID	1 210 066	386 441	1 299 636	2 712 484
75% LID	2 077 509	663 464	2 231 286	4 656 943
100% LID	2 818 088	899 972	3 026 684	6 317 026
传输和污水处理厂扩建方案（不包括 LID 组件）				
Level 1	177 872	95 815	83 479	711 433
Level 2	203 292	105 483	181 616	731 600
Level 3	300 043	108 195	269 800	1 206 134
Level 4	441823	/	/	1 243 061
隧道方案				
15′隧道	676 617	1 032 283	1 485 367	2 226 049
20′隧道	1 060 923	1 447 835	1 973 102	2 668 168
25′隧道	1 558 954	2 122 931	2 605 699	3 718 904
30′隧道	2 188 081	2 801 233	3 387 882	5 064 569

续表

项目	Tacony	Cobbs	Schuylkill	Delaware
35′隧道	2 935 292	3 603 223	4 324 377	5 935 660
传输和分散处理方案				
25 Ofs	11 731	8 177	36 234	48 025
10 Ofs	47 680	38 799	112 099	136 036
4 Ofs	199 213	107 387	281 222	353 488
1 Ofs	571 892	183 593	631 312	747 498

注：Level 1～Level 4对应于每个流域内的不同容量选项（如对于Tacony-Frankford流域，Level 1～Level 4分别为215MGD、298MGD、490MGD和820MGD）；Delaware河流域的隧道方案分别为15′、18′、21′、23′、28′和31′隧道。

C. 临时车道/道路封闭造成的延误

为了估算每年因绕行、临时车道和道路封锁造成的车辆延误时间，估算前需要了解每次封锁地点及持续时间、受影响乘客数量和受影响地区的车辆行驶速度。由于缺少不同方案下这些变量的变化情况，因此本研究分析中不包括车道和道路封锁的影响。

因缺少详细资料，根据以下假设对道路施工活动引起的年度延误时间进行粗略估算：

（1）有5%的乘客受到影响；

（2）每位受影响乘客在各车道或道路上因封锁、绕道导致延误的平均时长为5分钟；

（3）每位受影响乘客每年经历延误的平均天数为250天（一年的总工作日数），平均每天经历两次；

（4）车辆将在主干道而非高速路上经历这些延误；

（5）重型卡车约占总交通量的5%，车上通常只有一个人（司机）；

（6）平均每辆客车有1.25人。

基于以上假设，在不同CSO控制方案下因施工封锁道路可能会使费城地区卡车司机和其他乘客每年增加12 200小时（约15 100工时）的延误时间，假设这是40年项目期间每年平均影响时长，则总延误时间约49万小时。

上述假设旨在提供一个衡量潜在影响的基础。在实际情况中，受影响乘客的百分比、每辆车延误时间和频率不仅是分析的关键变量，而且在不同方案下这些变量的变化也是不确定的。表3-60给出因车道封锁或绕行造成的总延误时长估算所用的输入参数和假设。

表3-60　估算因车道封锁或绕行造成的总延误时长的输入参数和假设

项目	投入/初步估算
主干道上每日行驶里程（行驶1000s）/英里	48 235
高速公路行驶里程/英里	8 240
每天主干道上的车辆总数/辆	5 850

项目	投入/初步估算
受影响乘客占比/%	5
受影响乘客总数/人	290
每日延误时长/h	49
发生延误的天数/d	250
每年车辆延误总小时数/h	12 200
重型卡车每年车辆延误总小时数/h	610
客车每年车辆延误总小时数/h	14 480
每年延误总工时数/h	15 100

该估值将随每年的施工活动发生变化，在没有这些信息的情况下很难估算出这一效益的现值。此外，由于缺少更详细的信息，无法估算与这类延误相关的怠速和低速行驶所浪费的燃料成本。

D. 其他不可量化的影响

a. 社区和企业准入问题

在某些情况下，建设维护活动可能难以进入居民区和当地企业。进入居民区可能会迫使居民不得不选择其他路线往返住宅进而增加出行时间。若进入当地企业，企业员工和客户也可能面临选择替代路线造成出行时间的增加或选择访问其他企业的问题，导致受影响企业面临短期内客户访问量下降的问题。

b. 临时施工的影响

施工和维护造成的其他公共影响包括减缓或修复隧道沉降、振动或设备损坏造成的与施工相关的破坏，其他影响可能包括噪声、粉尘、振动和与施工活动相关的安全问题。项目区域内的居民和企业以及那些位于绕行区域的街道将面临上述影响，由于这些影响的社会成本不太可能代表大部分项目的总成本，在没有具体数据的情况下，它们将被定性描述。

4）遗漏、偏差和不确定性分析

为了估算不同 CSO 控制方案造成的交通影响，基于费城地区平均行驶速度、年 VMT 等特定数据，以及每辆车的人数、工资范围等能够代表行业标准的估值作出若干假设。尽管这些假设存在一定程度的不确定性，但它们是基于多年来一直被用于评估城市地区流动性和交通模式的方法获得的，具有一定的可行性。该指标估算过程中与施工相关成本分析的其他不确定性通常源于缺乏 CSO 控制方案相关具体数据（位置、预期道路关闭等）。表 3-61 总结了这些假设和不确定性及其对总效益的潜在影响。

表 3-61 遗漏、偏差和不确定性

假设/方法	净效益潜在影响[a]	评论/解释
分析中不包括施工期间临时车道和道路封锁的影响	++	根据时间和位置，临时车道和道路封锁可能会显著增加包括交通浪费的时间和燃料等与施工中断相关的总成本。此外，如果企业位于封锁的道路上将对其产生重大影响，但该影响不会覆盖全市范围（如居民可在不同地点购物）
假设高速路和主干道上建设车辆行驶距离遵循目前的交通模式	U	目前尚不清楚这一假设如何影响当前估值。如果施工车辆在主干道上行驶时间更长，影响会更大，因为研究假设对主干道上车辆的影响更大（如研究中高速公路和主干道上受影响车辆的速度将分别降低约 8% 和 10%）
分析包括对受其他施工车辆影响的 VMT 假设	U	为了确定受影响的总 VMT 值，研究假设重型车辆行驶的每英里及额外的 30 英里（或 30 辆车）受到影响。在没有具体道路数据的情况下，该假设旨在提供一个成本量级的基准

a 以下符号表示遗漏，偏差和不确定因素对估算值的可能影响：++将显著增加净效益；U 净效益变化方向不确定。

10. 不同方案效益评估结果汇总

1）基于 LID 的 CSO 控制方案的效益评估结果

图 3-2 给出了基于 LID 的 CSO 控制方案在 40 年间产生的净效益（此处定义为效益减去外部成本）。由图可知，在费城全市范围内，25% LID 方案产生的净效益折算到现值为19.35 亿美元（2009 年美元现值），100% LID 方案产生的净效益折算到现值将超过 44.66亿美元。

LID 方案下各大流域产生的净效益之和构成总净效益，如图 3-2 所示。Tacony-Frankford 流域的净效益占每个方案总净效益的 20%~22%，Cobbs 河流域占总净效益的8%~11%，Schuylkill 流域和 Delaware 流域分别占总净效益的 25%~27% 和 42%~44%。

图 3-3 显示了 50% LID 方案带来的各种效益价值在费城全市总效益中的占比。可以看出，降低热应激死亡率、提升房产价值和增加娱乐机会占据总效益的大部分，这三种效益价值分别占总净效益的 37%、20% 和 18%。与改善水质/水生栖息地相关的效益也占总净效益的很大一部分（12%），而节省能源、减少 CO_2、NO_x 和 SO_2 排放造成的损害等带来的效益均占 2% 以下。提供绿领工作所避免的社会成本支出及树木改善空气质量在总净效益中占比均在 5% 左右。图 3-3 所示的效益类别占比与 LID 方案是一致的。

2）CSO 控制方案的效益及外部成本

为了更好地比较不同 CSO 控制方案产生的效益和外部成本，图 3-4 对 LID 方案和"隧道"方案在费城全市范围产生的效益进行比较。该结果用来说明绿色基础设施和传统灰色

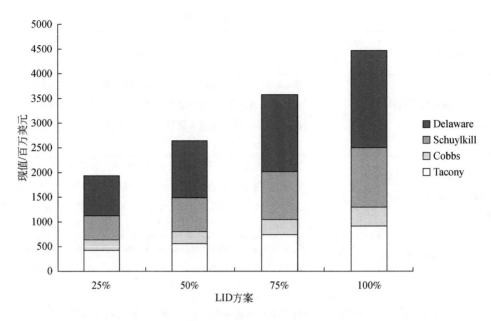

图 3-2　费城全市范围内各个 LID 方案产生的净效益

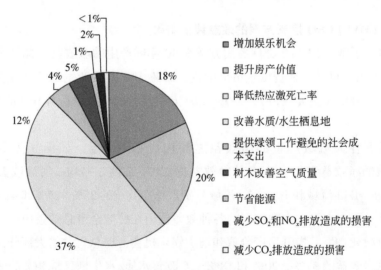

图 3-3　50% LID 方案下各类型效益价值在费城全市总效益中的
占比（累计到 2049 年）

基础设施之间净效益的差异，并不意味着最终 PWD 必须在这两个方案中选择。

如图 3-4 所示，15′隧道方案在费城全市范围内产生的净额外成本为 6660 万美元，而在 35′隧道方案的净额外成本超过了 1.4 亿美元。相比之下，LID 方案产生的净效益折算到

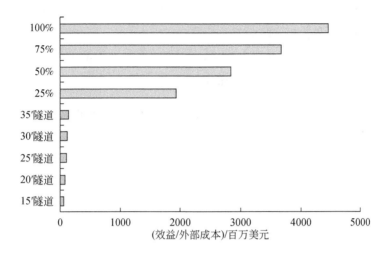

图 3-4 LID 方案和隧道方案在 40 年期间产生的效益/外部成本（折算到 2009 年美元现值）

现值为 19.35 亿~44.66 亿美元。

表 3-62 显示了费城全市范围内，50% LID 方案和 30′隧道方案在 40 年间产生的全部净效益的估算值（效益减去外部成本），从而对各个方案产生的不同效益价值差异进行详细比较。其中，隧道方案的外部成本及 LID 方案的净效益比例因流域而异。

表 3-62 关键 CSO 控制方案在费城全市范围内产生的
效益：累积到 2049 年（2009 年美元现值）

效益类型	50% LID 方案	30′隧道方案[a]
娱乐功能及效益	524.5	
改善社区环境，提升房产价值（50%）	574.7	
减少高温死亡人数	1057.6	
改善水质和水生栖息地	336.4	189.0
湿地服务	1.6	
由于绿领工作而减少的社会成本	124.9	
改善空气质量	131.0	
节约能源，降低碳足迹	33.7	-2.5
减少（增加）SO_2 和 NO_x 排放带来的危害	46.3	-45.2
减少（增加）CO_2 排放带来的危害	21.2	-5.9
建设/维护作业导致交通中断而产生的费用	-5.6	-13.4
总计	2846.4	122.0

a 该方案在 Delaware 河流域的隧道直径为 28 英尺。

如前文所述，与上述货币价值相关的物理量指标是讨论总效益的重要组成部分。对于

LID 方案，物理量指标包括由于热效应降低而减少的死亡人数、娱乐活动新增日数、与植被面积增加相关的能源节省和碳吸收等。

表 3-63 列出了与 50% LID 方案和 30′隧道方案在费城全市范围内的单位效益，以下指标可以直接与表 3-62 中提供的货币化价值挂钩。

表 3-63　费城全市范围内 CSO 控制方案的单位效益（累积到 2049 年）

效益类型	50% LID 方案	30′隧道方案[a]
增加河岸区娱乐活动/用户天数	247 524 281	
增加非河岸区娱乐活动/用户天数	101 738 547	
减少高温死亡人数	196	
每户家庭为改善水质和水生生物栖息地愿意支付的金额[b]/美元	9.70 ~ 15.54	5.63 ~ 8.59
增加或恢复的湿地/英亩	193	
绿领工作年数	15 266	
由于树木增加使 $PM_{2.5}$ 浓度的变化/($\mu g/m^3$)	0.015 69	
由于树木增加使臭氧浓度的变化/ppb	0.042 48	5.63 ~ 8.59
由于树木降温作用而节省的电能/（$kW \cdot h$）	369 739 725	
由于树木将降温作用而节省的天然气/kBtu	599 199 846	
化石燃料的使用/gal	493 387	1 132 409
SO_2 排放量/Mt	−1530	1 452
NO_x 排放量/Mt	−38	6 356 083
CO_2 排放量/Mt	−1 091 433	347 970
由于建设和维修造成的交通延迟/h	346 883	796 597

a 该方案在 Delaware 河流域的隧道直径为 28 英尺；b 费城都会区每户家庭的 WTP 值，包括 Bucks、Chester、Delaware、Montgomery 和费城。

3）各流域效益分析结果

下文给出几个流域在 CSO 控制方案中的效益，表 3-64 为各流域的每项效益、外部成本的价值（折算到 2009 年美元），表 3-65 给出了相关的单位效益价值。最后，为了比较，图 3-5 ~ 图 3-8 提供了每个流域隧道方案与 LID 方案下净效益、外部成本的直接对比。

4）敏感性分析

敏感性分析涉及系统地改变关键输入参数或变量的值，以分析其如何影响分析结果。敏感性分析通常通过将特定输入参数等量改变为大于或小于当前值（如+/−50%）来完成，结果变化则表明项目相关结果对个别因素变化的敏感程度。敏感性分析的最终目的是了解哪些假设对特定政策或项目方案的选择是重要的，以及这些假设必须是什么才能改变

表 3-64 累计至 2049 年 CSO 关键控制方案在各流域产生的效益（折合 2009 年美元现值，百万美元）（单位：10^6 美元）

效益类型	Tacony-Frankford 流域		Cobbs 流域		Schuylkill 流域		Delaware 流域[a]	
	50% LID 方案	30'隧道方案	50% LID 方案	30'隧道方案	50% LID 方案	30'隧道方案	50% LID 方案	30'隧道方案
娱乐功能及效益	161.2		100.2		90.1		173.0	
改善社区环境，提升房产价值（50%）	85.0		24.8		193.7		271.2	
减少高温死亡人数	249.9		89.9		297.1		420.9	
改善水质和水生栖息地	23.7	13.3	30.6	17.2	86.2	48.5	195.8	110.0
湿地服务	0.3		0.3		0.3		0.7	
由于绿领工作而减少的社会成本	27.0		8.6		28.9		60.4	
改善空气质量	28.3		9.0		30.4		63.4	
节约能源，降低碳足迹	7.3	-0.4	2.3	-0.5	7.8	-0.6	16.3	-0.9
减少（增加）SO_2 和 NO_x 排放带来的危害	10.0	-8.8	3.2	-6.5	10.7	-14.2	22.4	-15.7
减少（增加）CO_2 排放带来的危害	4.6	-1.1	1.5	-1.0	4.9	-1.7	10.3	-2.1
建设/维护作业导致交通中断而产生的费用	-1.2	-2.2	-0.4	-2.8	-1.3	-3.4	-2.7	-5.1
总计	596.0	0.8	270.0	6.5	748.9	28.5	1231.6	86.2

a 该方案在 Delaware 河流域的隧道直径为 28 英尺。

表 3-65　累计至 2049 年 CSO 关键控制方案在各流域的单位效益（折合为 2009 年美元）

效益类型	Tacony-Frankford 流域		Cobbs 流域		Schuylkill 流域		Delaware 流域	
	50% LID 方案	30'隧道方案	50% LID 方案	30'隧道方案	50% LID 方案	30'隧道方案	50% LID 方案	30'隧道方案[a]
增加河岸区娱乐活动/用户天数	80 527 887		50 478 407		40 371 870		76 146 118	
增加非河岸区娱乐活动/用户天数	22 714 215		8 629 946		22 991 914		47 402 472	
减少高温死亡人数	46		17		55		78	
每户家庭改善水质和水生生物栖息地意愿支付的金额[b]/美元	9.70~15.54	5.63~8.59	9.70~15.54	5.63~8.59	9.70~15.54	5.63~8.59	9.70~15.54	5.63~8.59
增加或恢复的湿地/英亩	35		39.93		30		88	
绿领工作年数	3 303		1 050		3 535		7 379	
由于树木降温作用而节省的电能/(kW·h)	79 771 661		25 475 530		85 676 380		178 816 154	
由于树木降温作用而节省的天然气/kBtu	129 277 877		41 285 620		138 847 060		289 789 289	
化石燃料的使用/gal	106 449	184 336	33 995	235 991	114 328	285 414	238 615	426 667
SO₂排放量/Mt	-330	283	-105	283	-355	456	-740	505
NOₓ排放量/Mt	-8	1 082 609	-3	1 256 965	-9	1 653 470	-18	2 363 038
CO₂排放量/Mt	-235 478	63 986	-75 201	59 809	-252 908	98 814	-527 847	125 361
由于建设和维修造成的交通延迟/h	74 840	129 672	23 901	166 009	80 380	200 775	167 762	300 141

a 该方案在 Delaware 流域的隧道直径为 28 英尺；b 大费城都会区每户家庭的 WTP 值，包括 Bucks、Chester、Delaware、Montgomery 和 Philadelphia。

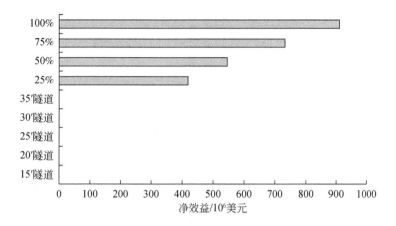

图 3-5 CSO 关键控制方案在 Tacony-Frankford 流域产生的净效益

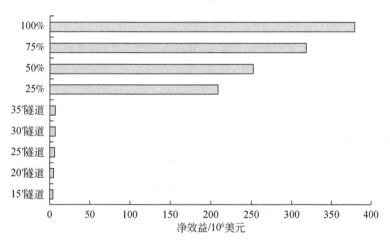

图 3-6 CSO 关键控制方案在 Cobbs 流域产生的净效益

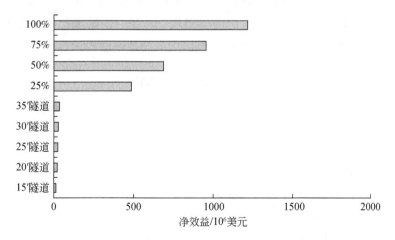

图 3-7 CSO 关键控制方案在 Schuylkill 流域产生的净效益

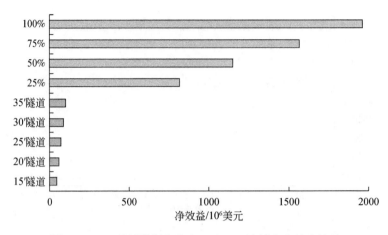

图 3-8　CSO 关键控制方案在 Delaware 流域产生的净效益

对方案的决策。作为敏感性分析的一部分，研究探讨了一些关键假设对整体结果的影响，包括以下四方面。

A. 贴现率

通常需要对贴现率进行敏感性分析以确定成本和效益的现值。因此，该报告评估了不同贴现率方案下 CSO 控制方案的效益和外部成本：第一种考虑成本确定贴现率，考虑到 4% 的成本（即一般通胀率）将名义贴现率提高至 6.5%（当前分析中为 4.875%），以反映 2.5% 的实际贴现率；第二种考虑不同 LID 方案间代际公平确定贴现率，将名义贴现率降低至 4%，以达到将实际贴现率降低至 0% 的目的，即将贴现率设置为与价格调整相同。表 3-66 给出了 50% LID 方案和 30′隧道方案的敏感性分析结果。

如表 3-66 所示，在 50% LID 方案下，当贴现率增加到 6.5% 时，净效益在费城全市范围内减少 27%（即未来效益以更高的比例"贴现"）。在 4% 贴现率的情况下，从基线分析（贴现率等于 4.875%）来看，费城全市范围内的效益增加约 21%。

表 3-66　敏感性分析：贴现率

贴现率	净效益（2009 年美元现值）/10⁶ 美元			相对现状值的变化量/%	
	4.875%	6.55%	4.0%	6.5%	4.0%
50% LID 方案					
Tacony-Frankford	596.00	416.20	737.00	−30	24
Cobbs	270.00	185.60	335.70	−31	24
Schuylkill	748.90	551.90	903.80	−26	21
Cobbs	1231.60	895.10	1495.40	−27	21
费城全市范围	2846.40	2048.70	3471.90	−27	21

续表

贴现率	净效益（2009 年美元现值）/10⁶ 美元			相对现状值的变化量/%	
	4.875%	6.55%	4.0%	6.5%	4.0%
30′隧道方案					
Tacony-Frankford	0.80	0.30	1.30	−66	59
Cobbs	6.50	3.70	8.70	−42	34
Schuylkill	28.50	18.90	36.00	−34	26
Cobbs	86.20	57.20	108.60	−34	26
费城全市范围	122.00	80.10	154.60	−34	27

在 30′隧道方案下，贴现率对分析结果的影响更大，且流域之间的差异更大。例如，在 Tacony-Frankford 流域，将贴现率提高到 6.5% 会导致净效益减少 66%，约为 55 万美元，导致净效益大幅下降的原因是该流域在 30′隧道方案下的净效益相对较低。在贴现率为 6.5% 和 4% 的情况下，全市净效益分别下降 34% 和增加 27%。

B. 社会的碳支出成本

目前关于碳的真正社会成本在研究中有相当多的争论，前文分析中参考 IPCC 报告的成本取每吨 12 美元。为了评估碳社会成本增加将如何影响不同 CSO 控制方案的分析结果，此处将碳社会成本的较高值 48 美元与 IPCC 的平均值 12 美元进行比较以进行敏感性分析。每吨 48 美元约为 IPCC 报告中最高值的一半（每吨 85~98 美元）。表 3-67 显示了 50% LID 方案和 30′隧道方案的分析结果。

如表 3-67 所示，从变化量角度看，改变碳社会成本不会显著影响 50% LID 方案的净效益。这是因为与碳储存和减少碳排放相关的效益在总净效益中只占很小的一部分（如在 50% LID 方案中占比<1%）。从效益价值变化角度看，50% LID 方案下净效益的变化超过 6300 万美元。

表 3-67　敏感性分析：社会为碳支出的成本

社会为碳支出的成本	净效益（2009 年美元现值）/10⁶ 美元		相对现状值的变化量/%
	12 美元/Mt	48 美元/Mt	
50% LID 方案			
Tacony-Frankford	596.00	609.70	2.30
Cobbs	270.00	274.30	1.62
Schuylkill	748.90	763.60	1.97
Cobbs	1231.60	1262.30	2.50
费城全市范围	2846.40	2910.00	2.23

社会为碳支出的成本	净效益（2009年美元现值）/10⁶美元		相对现状值的变化量/%
	12美元/Mt	48美元/Mt	
30′隧道方案			
Tacony-Frankford	0.80	−2.50	−400.25
Cobbs	6.50	3.50	−45.54
Schuylkill	28.50	23.40	−18.06
Cobbs	86.20	79.90	−7.35
费城全市范围	122.00	104.30	−14.53

相比50% LID方案，在30′隧道方案下碳社会成本的增加对总体结果有更大的影响。费城全市范围内，碳社会成本从12美元/Mt增加到48美元/Mt，净效益下降约15%，折合美元约为1800万美元。

C. 电价

如果引入联邦气候政策，电力和其他基于化石燃料的能源价格预计将上涨。由于价格波动等其他因素，未来能源价格也可能上涨。假设电价保守值为0.10美元/(kW·h)，这将会影响基于LID的CSO控制方案中与节电相关的效益（CSO控制方案内任何与用电相关的电力成本不包括在研究中，因为它们包括在工程成本估算中）。

为评估电价取值对效益评估结果的影响，此处将电价取值提高一倍，即0.2美元/(kW·h)进行敏感性分析。分析表明，电价对LID方案净效益的影响很小。在所有情况下，净效益都增加了近1%，这是由于较高电价带来了额外节电量。

D. 水质改善的WTP

如3.3.2节所述，本章还评估了每户家庭WTP的波动对现状水质，以及未来水质和水生态环境改善的影响（用WQI_{10}表示）。结果表明在合理的变化范围内，每户家庭WTP的变化不会显著影响上述指标的变化，但遵循一定的变化规律。相对于所选择的评价标准，WTP对实际水质的改善更敏感。

3.4 小　结

PWD通过TBL法评估了不同CSO控制方案的效益-价值，发现与基于传统灰色基础设施的方案相比，基于LID的CSO控制方案在其影响区域内具有更高的社会和环境效益。表3-68和表3-69给出了两种不同CSO控制方案：50%的LID措施或绿色基础设施（即费城中50%的不透水地面通过绿色基础设施处理）和30′隧道（服务于整个流域的直径为

30′的输水隧道）两种方案在 40 年运行周期（2010～2049 年）内的总效益-价值（包括额外价值）。其中，表 3-68 为两种方案的效益评估结果，表 3-69 为这些效益按现值估算的货币价值。

表 3-68　2010～2049 年关键 CSO 控制措施在费城全市产生的累积效益[a]

效益类型	50% LID 措施	30′隧道[b]
增加河岸区娱乐活动/用户天数	247 524 281	/
增加非河岸区娱乐活动/用户天数	101 738 547	/
减少高温死亡人数/人	196	/
每户家庭为水质和水生生物栖息地改善愿意支付的金额/美元[c]	9.70～15.54	5.63～8.59
新建或恢复湿地面积/英亩	193	/
提供绿领工作（工作年限）	15 266	/
树木对空气中大气颗粒物（$PM_{2.5}$）的减少量/（$\mu g/m^3$）	0.015 69	/
树木对臭氧季节变化的影响/ppb	0.042 48	/
由树木降温带来的电能节约/（$kW \cdot h$）	369 739 725	/
由树木降温带来的天然气节约/kBtu	599 199 846	/
燃料消耗（由于建设和后期维护产生的燃料消耗/gal	493 387	1 132 409
SO_2 排放量/Mt	−1 530	1 452
NO_x 排放量/Mt	−38	6 356 083
CO_2 排放量/Mt	−1 091 433	347 970
由于建设和维护造成的交通延迟/h	346 883	796 597

a 50% LID 措施和 30′隧道只是用来代表两种不同的绿色和灰色基础设施；b 在 Delaware 河流域是 28′隧道；c 费城都会区的 WTP，包括 Bucks、Chester、Delaware、Montgomery 和费城。

表 3-69　2010～2049 年关键 CSO 控制方案在费城全市产生的
累积效益的货币价值（以 2009 年美元现值计）　（单位：10^6 美元）

效益类型	50% LID 措施	30′隧道[a]
娱乐功能及效益	524.5	/
改善社区环境，提升房产价值（50%）	574.7	/
降低热应激死亡率	1057.6	/
改善水质和水生栖息地	336.4	189.0
湿地服务功能	1.6	/
因提供绿领工作而减少的社会成本	124.9	/

续表

效益类型	50% LID 措施	30′隧道[a]
改善空气质量	131.0	/
节约能源，降低碳足迹	33.7	−2.5
减少（增加）SO_2 和 NO_x 排放带来的危害	46.3	−45.2
减少（增加）CO_2 排放带来的危害	21.2	−5.9
设施建设维护作业导致交通中断而产生的费用	−5.6	−13.4
总计	2846.4	122.0

a Delaware 河流域是 28′隧道。

第4章 我国典型区域雨水资源化利用效益评估

随着雨水资源化利用理念的兴起，在政府的大力支持与推广下，天津市作为海绵城市建设试点，部分雨水利用工程已投入使用，如滨海新区中新生态城综合海绵城市"渗、滞、蓄、净、用、排"的六大要素，对生态城中部片区进行海绵城市方案设计（邹芳睿等，2017）。2015年天津大学北洋园校区一期工程建成并投入使用，校区设计基于雨水资源化利用理念，是一个以湖泊、人工湿地为核心的绿道校园。本章以天津大学北洋园校区为研究区，基于水文、地质等相关资料计算在典型气候条件下，校区内雨水利用工程的成本及综合效益价值。

4.1 区 域 概 况

天津地处华北平原北部，东临渤海，北依燕山，位于 116°43′ ~ 118°04′E，38°34′ ~ 40°15′N 之间，属暖温带半湿润大陆季风型气候。该地年平均降水量为 522.2 ~ 663.4mm，全年降水 70% 左右集中于夏季，受台风影响，夏季多大雨或暴雨，降雨历时短且降水量大。天津地质构造复杂，地势以平原和洼地为主，地貌总轮廓为西北高东南低。有山地、丘陵和平原三种地形，其中平原约占 93%，除北部与燕山南侧接壤之处多为山地外，其余均属冲积平原。

天津大学北洋园校区位于天津市津南区，地处海河中游南岸，介于中心城区和滨海新区之间，用地范围东至园区纬二路，南至津港快速路，西至蓟汕联络线，北至园区纬六路，总占地面积 248.6 万 m²。北洋园校区一期工程于 2015 年建成启用，校区内已建成总建筑面积 155.07 万 m²，道路面积 12.47 万 m²，植被面积约 87.26 万 m²，河流、湖泊等水域面积 4.4 万 m²。该区域河网密集，土质为海积土与河流冲积土，土壤盐碱度高，pH 约为 8。根据天津市规划局提供资料，津南地区地下水位一般为 0.8 ~ 1.5m（2008 年大沽高程），校区建设基地内部平均地下水位为 1.4m（2008 年大沽高程）。校区建设的总体目标是将其打造成具有国际尖端科技的示范性绿色生态校园，充分利用校区内"两湖、两环、一湿地"的水系优势，多视角、多渠道、多措施营建优美宜人的校园育人环境（沈悦，2014；康宏志，2017；曹琦，2018；王焱等，2019）。

北洋园校区雨水系统规划改变了单一收集、排放雨水的传统思路，倡导生态集雨、源头消减、控制内涝、净化利用的新理念，以安全排洪为首，资源利用为继，建立多层级分区的雨水系统。其中，北洋园水系是保证安全排洪的关键。水系规划为双环与双湖，双环是由人工湿地、中心湖和内环河组成的环岛水系，以及护校河、卫津河组成的外环水系，具体见图4-2；双湖是东西两大生态水体，即中心湖和溢流湖；外环水系、环岛水系和溢流湖三者间互联互通；卫津河作为天津市二级河道，具有防洪排涝的功能。当发生暴雨事件时，一旦环岛水系水位超过溢流水位，可通过溢流管道进入溢流湖，最终排入雨水泵站，通过雨水泵站排入外环水系的卫津河。同时，外环水系的卫津河与护校河间也通过泵站相连通，必要时护校河中的水也可通过卫津河排走，避免洪涝灾害的发生。

雨水资源利用是在北洋园水系的基础上，根据北洋园校区整体布局理念合理划分排水分区，各分区因地制宜采用不同雨水收集利用及排放方式，达到校区整体雨水安全排放和科学有效利用的双赢。北洋园校区雨水利用分区为三环式结构（图4-1）。

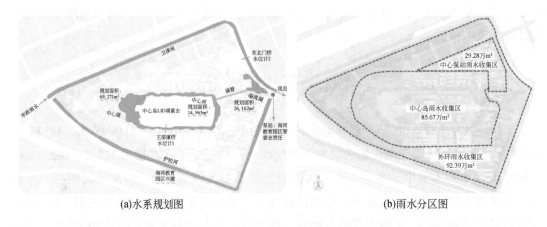

（a)水系规划图　　　　　　　　　　（b)雨水分区图

图4-1　天津大学北洋园校区水系规划及雨水分区示意图（康宏志，2017）

（1）外环自然排雨区：占地约44hm²，设计以"排水安全"为重点，雨水自然渗透或通过坡面漫流的方式直接排入环校水系中，避免内涝的发生。坡面上的绿化植被可充分改善雨水水质，削减汇入外环水系的降雨径流所携带的污染物含量。

（2）中环综合集雨区：占地约138hm²，此区域将传统管道集雨同水资源利用新观念相结合，雨水主要经雨水管道收集后进入园区雨水泵站，经校内泵站提升后补充景观水体，或储存净化后用于建筑杂用水、绿地道路浇灌等。同时，区域还使用部分雨水利用技术增加下渗。校区中环综合集雨区通过管道汇流的方式，将雨水汇集到管道最低点，经泵站抽入内环景观水系补充景观水。当内环水系水位超过警戒水位时，与内环水系相连通的溢流湖园区调蓄泵站将启动抽水，将多余的水量排入卫津河。

（3）中心岛生态集雨区：占地约25hm²，该区域使用海绵城市建设的思想，采用源头控制理念，设置下凹式绿地、植草沟、渗透铺装等设施以达到源头削减、自然净化、蓄、渗结合的目的，实现降水的原位收集、自然净化、就近利用及回补地下水功能，构建审美与功能相融合的生态雨洪管控和利用系统（康宏志，2017；沈悦，2014；曹磊等，2016；李欣等，2012）。

北洋园校区已建成的雨水利用工程包括植被缓冲带、植草沟、雨水花园、下沉式绿地、雨水湿地和透水铺装6种雨水设施。其中，植被缓冲带是校区河道护岸的主要形式，透水铺装主要用于停车场和环校跑道，各设施分布见图4-2。由于缺少各设施建设面积资料，利用ArcGIS软件计算其实际建设面积，具体见表4-1。除表内所列雨水设施外，在太雷广场内还建有62m植草沟。

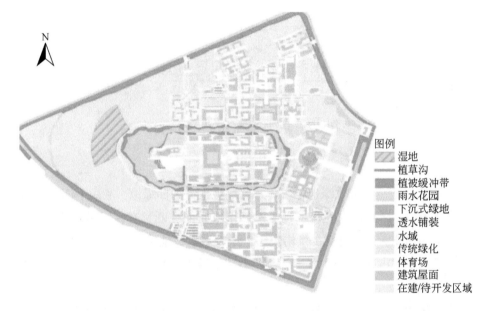

图 4-2 北洋园校区雨水设施分布图

表 4-1 北洋园校区雨水设施建设面积

雨水设施	雨水花园	下沉式绿地	雨水湿地	植被缓冲带	透水铺装
面积/万 m²	4.10	4.84	0.07	29.90	6.20

（1）雨水花园。雨水花园是指在地势较低区域种有各种灌木、花草及树木等植物的工程设施，主要通过天然土壤或更换人工土和植物的过滤作用净化雨水减小径流污染，同时消纳小面积汇流的初期雨水，将雨水暂时蓄留其中之后慢慢入渗土壤来减少径流量。这是一种行之有效的雨水自然净化与处置技术，是运用生物滞留的原理模仿自然界雨水渗滤功能的旱地生态系统。雨水花园具有渗、滞和净的多种功能，可以有效去除径流中的污染

物，降低径流流速，削减径流量，补充地下水，调节空气湿度和温度，减轻热岛效应，改善周围的环境条件。除此以外，雨水花园营造的小生态环境可以为一些鸟类及蝴蝶、蜻蜓等昆虫提供食物及栖息地，具有很好的景观和生态效果。

北洋园校区的雨水花园主要位于学生活动中心附近以及部分教学楼之间，花园蓄水层深度500mm，种植土厚度均值大于250mm，植被组合类型为乔灌草型，乔木有樱花、桃花等，灌木为冬青、女贞等（图4-3）。

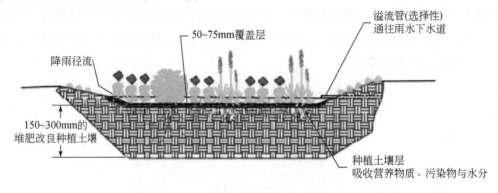

图4-3　北洋园校区雨水花园示意图

图片来源：MDE

（2）下沉式绿地。下沉式绿地将城市道路绿地设计为凹绿地，利用下凹空间的存储功能和土壤渗流能力，降低雨水径流，延缓洪峰形成时间。既具有传统城市道路交通组织、排水和道路景观功能，还具有减少洪涝灾害、减少城市绿地维护用水量、保障交通安全等功能。不仅适用于城市建筑、道路、广场等小型不透水区域，也适用于立交桥旁的空地、郊区等大型集水区。

北洋园校区的下沉式绿地（图4-4）主要分布于中心岛附近，为狭义的下沉式绿地，

图4-4　北洋园校区下沉式绿地

总面积4.84万 m²，蓄水层深度150mm，绿地中设有溢流口，高程高于绿地高程而低于路面高程，并与排水管相连。路沿比路面高10～20cm，两侧间隔一定距离设有雨水流入孔，让雨水进入绿地。当路面径流较大，绿化带储蓄能力不足时，雨水可通过溢流口进入地下排水系统。

（3）雨水湿地。雨水湿地利用物理、水生植物及微生物等作用净化雨水，是一种高效的径流污染控制设施，主要分为雨水表流湿地和雨水潜流湿地，一般设计成防渗型以便维持雨水湿地植物所需要的水量，雨水湿地常与湿塘合建并设计一定的调蓄容积。雨水湿地的应用能够有效削减径流污染物，并具有一定的径流总量和峰值流量控制效果。

雨水湿地设置在北洋园校区内环河西侧，经由湿地泵收集中环管道集雨区产生的雨水径流，水体在湿地中经过湿地植被截流去污，得到净化后补充内环景观湖水体。湿地内植物覆盖面积大于50%，芦苇是主要种植植物，用来吸收污水中的重金属、营养盐等污染物。湿地也是北洋园校区蓄滞防洪的重要组成部分，其降雨高峰期蓄水量可达33 589m³。

（4）植被缓冲带。植被缓冲带（图4-5）是沿河道或水体分布的常年植被带，是能够拦截、过滤、吸收地表径流污染物的草地、被草地覆盖的水道或是农田等植被区域系统。可以显著改善水质、减缓径流速度，并允许泥沙和其他污染物沉淀，从而最大限度地减少土地侵蚀。

图4-5　北洋园校区植被缓冲带（王焱等，2019）

北洋园校区内环水系、外环水系河道护岸均采用植被缓冲带，植被组合选用乔灌草组合，乔木以樱花、桃花、海棠、枣树为主，灌木种有女贞、冬青、连翘等，草坪、灌木、乔木的林分面积比约为 7：2：1。

（5）透水铺装。透水铺装指结构中包含小的空隙，可以让水通过透水基质进入土壤的一种地面覆盖系统，具有多种形式，如模块化的草地、砾石网格、多孔混凝土、透水沥青等。在大多数应用中，透水路面只处理它所覆盖的表面的雨水，在场地条件允许的情况下，也可作为保留系统设计，雨水通过基层多孔介质渗透到周围的底土。透水铺装能够改变传统土地开发所带来的地面入渗减少，径流量及径流污染物含量增加的现状。不仅能够促进渗透，减少径流量，还能显著改善直接渗入地下水或通过地下排水沟排放的水的质量。

校区内透水铺装（图4-6）主要铺设于内、外环跑道和停车场，总面积 6.2 万 m²，跑道为透水混凝土铺装，停车场为透水砖铺装与植草格相结合的形式。

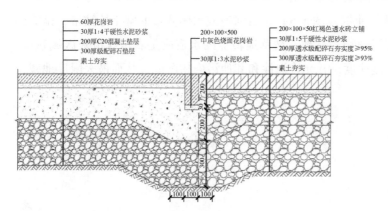

图 4-6　透水铺装（单位：mm）（康宏志，2017）

（6）植草沟。植草沟是一种种植植被的生态排水沟渠，可以将流入其中的径流雨水传送排放至下一个雨水处理设施中，通过沉淀、滞留、吸附、植被吸收和微生物代谢等方式削减雨水径流中污染物的浓度。在冬季有降雪的区域，植草沟还可以负责储存冬季道路养护期间清除的积雪。

校区内植草沟（图4-7）在去除雨水及其径流中污染物的同时兼具排盐沟的作用，雨水的渗透使得基底土壤盐碱含量降低，被雨水冲刷的盐碱水进入植草沟，经沟内耐盐碱植物过滤削减污染物后进入受纳水体。为了节约土地并加大过水能力，中心岛植草沟采用矩形断面，植草沟宽 1.0m、高 0.8m、坡度 0.8‰。在完成输送功能的同时达到雨水的收集与净化处理，以及场地的排盐处理要求。

图 4-7 北洋园校区植草沟（康宏志，2017）

4.2 雨水资源化利用效益评估方法构建

4.2.1 评估方法概述

基于天津市水文、地质等资料，以及《海绵城市建设技术指南》中各雨水利用技术所用设施的典型构造及设计参数，根据第 2 章所提经济、生态和社会效益计算方法，参考4.1 节介绍的研究区雨水工程中不同雨水设施的建造面积及设施资料，计算天津大学北洋园校区雨水资源化利用效益。具体计算框架见图4-8。

4.2.2 不同指标评估方法及结果

1. 数据来源及分析

依据 2.2 节中雨水利用技术经济、生态、社会和综合效益的计算方法，收集整理效益计算所需的数据资料，现将北洋园校区雨水利用工程效益评估所用数据资料汇总如下。

1）基础水量计算数据

天津地处中国华北地区，东临渤海，位于海河流域下游，属暖温带半湿润季风型气候，年平均降水量为 522.2～663.4mm，全年降水 70% 左右集中于夏季，受台风影响，夏季多大雨或暴雨，降雨历时短且降水量大，大雨及以上年平均降雨日数为 6.4 天，年平均蒸发量 1714.3mm，日平均蒸发量 4.7mm，夏季平均蒸发量 626.1mm，夏季日平均蒸发量

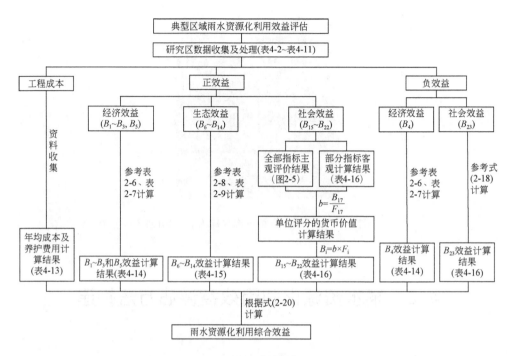

图 4-8 计算框架

6.8mm（郭军和杨艳娟，2011；于占江和杨鹏，2018）。

天津土壤多为砂质中壤土，渗透系数为 0.363m/d，草坪与灌木等绿化土壤以弱透水和中等透水为主，渗透系数为 $8.8\times10^{-6} \sim 1.3\times10^{-3}$ cm/s，即 $0.0076 \sim 1.12$ m/d。根据《海绵城市建设技术指南》对不同雨水利用技术下渗功能强弱的统计，对于补充地下水较强的雨水利用技术，土壤渗透系数取 0.363m/d，对入渗技术，土壤渗透系数取 1.12m/d（孙姣，2014；李银等，2018；中华人民共和国住房和城乡建设部，2014）。研究区不同雨水设施的基础水量计算所需的参数取值及来源分别见表 4-2 ~ 表 4-7。

表 4-2 1m² 雨水花园年基础水量计算参数取值及来源

计算公式	计算参数	参数取值	参数来源
$W_1 = \tau \times \varphi_z \times \gamma$ $\times P \times A_c/1000$	初期雨水弃流系数 τ	0.85	左建兵等，2009
	综合径流系数 φ_z	0.563	康宏志，2017
	径流控制率 γ	0.8	《海绵城市建设技术指南》
	年平均降雨量 P	574.9mm	《天津市海绵城市建设技术导则》
	汇水面积 A_c	10m²	附表 4

计算公式	计算参数	参数取值	参数来源
$W_3 = \alpha \times K \times J \times A_s \times T$ $T = t \times n_e$	综合安全系数 α	0.65	《建筑与小区雨水控制及利用工程技术规范》（GB50400—2016）
	土壤渗透系数 K	0.363m/d	孙姣，2014
	水力坡度 J	1	/
	有效渗透面积 A_s	1m²	/
	单场降雨有效渗透时间 t	1 天	《天津市海绵城市建设技术导则》
	大雨及以上年平均降雨日数 n_e	6.4d/a	于占江等，2018
$W_4 = P_g \times A_g \times 10^{-3}$ $A_g = \lambda \times A$	绿地覆盖率 λ	0.8	/
	设施面积 A	1m²	/
	单位面积植被年生态需水量 P_g	542mm	附表3

表4-3　1m²狭义的下沉式绿地年基础水量计算参数取值及来源

计算公式	计算参数	参数取值	参数来源
$W_1 = A_w \times h \times n_e$	滞水时水域面积 A_w	1	/
	蓄水层深度 h	150mm	/
	大雨及以上年平均降雨日数 n_e	6.4d/a	于占江等，2018
$W_3 = \alpha \times K \times J \times A_s \times T$ $T = t \times n_e$	综合安全系数 α	0.65	《建筑与小区雨水控制及利用工程技术规范》（GB50400—2016）
	土壤渗透系数 K	0.363m/d	孙姣，2014
	水力坡度 J	1	/
	有效渗透面积 A_s	1.15m²	《天津市海绵城市建设技术导则》
	单场降雨有效渗透时间 t	1 天	《天津市海绵城市建设技术导则》
	大雨及以上年平均降雨的日数 n_e	6.4d/a	于占江等，2018
$W_4 = P_g \times A_g \times 10^{-3}$ $A_g = \lambda \times A$	绿地覆盖率 λ	1	/
	设施面积 A	1m²	/
	单位面积植被年生态需水量 P_g	600mm	附表3

表4-4　1m²雨水湿地年基础水量计算参数取值及来源

计算公式	计算参数	参数取值	参数来源
$W_1 = \tau \times \varphi_z \times \gamma \times P \times A_c / 1000$	初期雨水弃流系数 τ	0.85	左建兵等，2009
	综合径流系数 φ_z	0.88	《海绵城市建设技术指南》
	径流控制率 γ	0.8	《海绵城市建设技术指南》
	年平均降雨量 P	574.9mm	《天津市海绵城市建设技术导则》
	汇水面积 A_c	50m²	附表4

计算公式	计算参数	参数取值	参数来源
$W_4 = （R{\times}A_\mathrm{w}+P_\mathrm{g}{\times}A_\mathrm{g}）{\times}10^{-3}-W_1$ $A_\mathrm{g}={\lambda}{\times}A$	年平均蒸发量 R	1714.3mm	于占江等，2018
	水域面积 A_w	1m²	/
	单位面积植被年生态需水量 P_g	600mm	附表3
	绿地覆盖率 λ	0.5	/
	设施面积 A	1m²	/

表4-5　1m²植被缓冲带年基础水量计算参数取值及来源

计算公式	计算参数	参数取值	参数来源
$W_1 = （1-\varphi_\mathrm{i}）{\times}P{\times}A{\times}10^{-3}$	下垫面雨量径流系数 φ_i	0.15	附表1
	年平均降雨量 P	574.9mm	《天津市海绵城市建设技术导则》
	设施面积 A	1m²	/
$W_4 = P_\mathrm{g}{\times}A_\mathrm{g}{\times}10^{-3}$ $A_\mathrm{g}={\lambda}{\times}A$	绿地覆盖率 λ	1	/
	单位面积植被年生态需水量 P_g	542 mm	附表3
	设施面积 A	1m²	/

表4-6　1m²透水铺装年基础水量计算参数取值及来源

计算公式	计算参数	参数取值	参数来源
$W_1 = （1-\varphi_\mathrm{i}）{\times}P{\times}A{\times}10^{-3}$	下垫面雨量径流系数 φ_i	0.5	王焱，2019
	年平均降雨量 P	574.9 mm	《天津市海绵城市建设技术导则》
	设施面积 A	1 m²	/
$W_3 = \alpha{\times}K{\times}J{\times}A_\mathrm{s}{\times}T$ $T=t{\times}n_\mathrm{e}$	综合安全系数 α	0.65	《建筑与小区雨水控制及利用工程技术规范》（GB50400—2016）
	土壤渗透系数 K	0.363m/d	孙姣，2014
	水力坡度 J	1	/
	有效渗透面积 A_s	1 m²	/
	单场降雨有效渗透时间 t	1 天	《天津市海绵城市建设技术导则》
	大雨及以上年平均降雨日数 n_e	6.4 d/a	于占江等，2018

表4-7　1m植草沟年基础水量计算参数取值及来源

计算公式	计算参数	参数取值	参数来源
$W_1 = A_\mathrm{w}{\times}h{\times}n_\mathrm{e}$	滞水时水域面积 A_w	1	王焱，2019
	蓄水层深度 h	500 mm	郝钰，2014
	大雨及以上年平均降雨日数 n_e	6.4 d/a	于占江等，2018

续表

计算公式	计算参数	参数取值	参数来源
$W_3 = \alpha \times K \times J \times A_s \times T$ $T = t \times n_e$	综合安全系数 α	0.65	《建筑与小区雨水控制及利用工程技术规范》 （GB50400-2016）
	土壤渗透系数 K	0.363m/d	孙姣，2014
	水力坡度 J	1	/
	有效渗透面积 A_s	1.5 m²	《天津市海绵城市建设技术导则》
	单场降雨有效渗透时间 t	1 天	《天津市海绵城市建设技术导则》
$W_4 = P_g \times A_g \times 10^{-3}$ $A_g = \lambda \times A$	大雨及以上年平均降雨日数 n_e	6.4 d/a	于占江等，2018
	绿地覆盖率 λ	1	/
	设施面积 A	1 m²	/
	单位面积植被年生态需水量 P_g	600mm	附表3

参考 2.2.1 节中给出的基础水量计算方法，对雨水花园等 6 种雨水设施在研究区年平均滞水、下渗等基础水量进行计算，结果如表 4-8 所示。

表 4-8　北洋园校区雨水设施年基础水量计算结果　（单位：m³）

项目	W_1	W_2	W_3	W_4	W_5
雨水花园	2.20	0.00	1.51	0.43	2.20
狭义的下沉式绿地	0.96	0.00	1.74	0.60	1.74
雨水湿地	17.20	17.20	0.00	15.19	17.20
植被缓冲带	0.49	0.00	0.00	0.54	0.49
透水铺装	0.29	0.00	1.51	0.00	0.29
植草沟	3.20	0.00	2.27	0.60	2.27

2）其他数据

参考 2.2.1 节中 2）～10）所给出的参数计算公式，计算研究区雨水设施效益评估所需的其他参数，下面依次进行介绍。

（1）年植物固碳量 M_g（C）。年植物固碳量 M_g（C）由式（2-3）计算，其中，各类型植被年平均生产力的计算基于植被类型组合中各植被面积所占比例，参考表 2-3 计算其年平均综合生产力。在研究区的 6 种雨水设施中，雨水花园、植被缓冲带均为复合型植被，其年平均生产力根据植被类型组合中各植被面积所占比例计算。由于缺少植被设计资料，植物配置参考郭新想等（2011）的研究取值（表 4-9），各雨水设施年平均综合生产力及年植物固碳量计算结果见表 4-10。

表 4-9 不同植被组合类型植物配置比例 (单位:%)

植被组合类型	乔木	灌木	草坪
乔灌草型	70	50	100
灌草型	30	80	100
草坪型	30	40	100
草地	0	0	100

资料来源:郭新想等,2011。

表 4-10 不同雨水设施年植物固碳量

雨水设施	植被组合类型	植被年平均净生产力/(kg/m² · a)	年植物固碳量/(kg/a)
雨水花园	乔灌草型	0.68	0.307
狭义的下沉式绿地	草地	0.21	0.095
雨水湿地	草地	0.21	0.095
植被缓冲带	乔灌草型	0.68	0.307
透水铺装	/	/	/
植草沟	草地	0.21	0.095

(2) 年土壤固碳量 M_s (C)。年土壤固碳量 M_s (C) 由式 (2-4) 计算,根据武文婷等 (2016)、秦伟等 (2008) 的研究结果,落叶阔叶林土壤年固碳率为 0.504t/(hm² · a),天津绿化树木多为落叶乔木,此处土壤年固碳量 F_s 取 0.0504kg/(m² · a)。

(3) 植被年释氧量 M (O_2)。植被年释氧量 M (O_2) 参考式 (2-5) 计算,植被年平均净生产力 $B_年$ 取值同年植物固碳量中 $B_年$ 取值。

(4) 年吸收 SO_2 质量 M_g (SO_2)。植被吸收 SO_2 质量 M_g (SO_2) 参考式(2-6)计算,单位面积植被吸收二氧化硫量的取值在《草坪实用技术手册》和《城市绿化与环境保护》书中获得,天津植物生长周期不足 9 个月,羊胡子草年吸收 SO_2 量为 1.215kg/(hm² · a),柳杉林年吸收 SO_2 量为 720kg/(hm² · a),紫花苜蓿年吸收 SO_2 量为 231.66kg/(hm² · a)。考虑到紫花苜蓿多见于半干旱气候地区,各设施单位面积林分吸收 SO_2 量均参考紫花苜蓿取值,取 231.66kg/(hm² · a),即 0.023kg/(m² · a)。

(5) 年吸收氟化物质量 M_g (F)。植被每年吸收氟化物质量参考式 (2-7) 计算,天津地区绿化树木通常为落叶乔木,计算时单位面积林木吸收氟化物质量参考表 2-4 取值,各雨水设施中乔木、灌木分别以刺槐和女贞为代表植物进行计算,计算结果见表 4-11。

(6) 年滞尘量 M_g (dust)。植被年滞尘量由式 (2-8) 计算,因缺少研究区年平均降尘量的研究,参考北京年平均降尘量 0.222kg/m² 取值,减尘率参考表 2-5 取值。计算得到乔灌草复合型绿地年滞尘量为 0.084kg/m²,灌草复合型绿地年滞尘量为 0.069kg/m²,草坪年滞尘量为 0.016kg/m²，裸地年滞尘量为 0.006kg/hm²（唐杨等，2011；郭靖等，2006）。

（7）植被降温作用减少的用电量 E_{se}。参考式（2-9）计算，绿地进行光合作用有效日数参考李晨等（2017）研究取值，天津地区 T_1 取130天，当地夏季需要开空调日数参考北京地区夏季天数，T_2 取100天。据梁伟杰等（2016）研究，绿色屋顶降低室内温度约5℃，夏季草坪地表温度比裸地低5℃，乔灌木结合的林荫道比广场低 1.3～2.76℃。考虑到雨水设施对地表的降温作用会间接降低室内温度，由于缺少对室内温度降低作用的研究，参考龙珊等（2016）研究结果对 ΔT 进行估值，对绿色屋顶以外其他雨水设施降低室内温度幅度取1℃。

（8）水面蒸发降低大气温度导致的节电量 E_{we}。参考式（2-10）计算，当地夏季水面的日平均蒸发量参考郭军等（2011）、于占江等（2018）研究取 $r=4.7$mm，空调能效比 ∂ 取3.0，降温效果折减系数 η 取0.1。

（9）雨水设施导致大气湿度增加量 W_m。参考式（2-11）计算，其中，降雨入渗回补系数 β 根据张志才（2006）对降雨入渗回补系数的研究，取 $\beta=0.2$。

研究区雨水设施除基础水量外其他参数计算结果见表4-11。

表4-11 单位尺寸雨水设施其他参数计算结果汇总

项目	雨水花园	狭义的下沉式绿地	雨水湿地	植被缓冲带	透水铺装	植草沟
年植物固碳量 M_g(C)/(kg/m²)	0.307	0.095	0.095	0.307	0.000	0.095
年土壤固碳量 M_s(C)/(kg/m²)	0.050	0.050	0.050	0.050	0.050	0.050
年吸收 SO_2 质量 $M_g(SO_2)$/(kg/m²)	0.023	0.023	0.023	0.023	0.023	0.023
年吸收氟化物去除量 M_g(F)/(kg/m²)	3×10^{-4}	3×10^{-4}	3×10^{-4}	3×10^{-4}	0.000	3×10^{-4}
年滞尘量 M_g(dust)/(kg/m²)	0.055	0.015	0.078	0.084	0.006	0.015
植被年释氧量 $M(O_2)$/(kg/m²)	0.469	0.250	0.125	0.808	0.000	0.250
植被降温作用减少的用电量 E_{se}/(kW·h)	4.200	5.830	2.620	5.250	0.000	5.830
水面蒸发降低大气温度导致的节电量 E_{we}/(kW·h)	0.000	0.000	15.390	0.000	0.000	0.000
雨水设施导致大气湿度增加量 W_m/m³	1.630	1.980	16.590	0.530	1.210	2.400

此外，在生态效益指标 B_9、B_{13} 和 B_{14} 的计算中，雨水径流污染物浓度根据《天津市海绵城市建设技术导则》中天津地区雨水径流水质参考取值，取道路径流 TN 浓度为 4.0g/m³，COD_{cr} 浓度为 174g/m³，SS 浓度为 369g/m³，屋面径流 TN 浓度为 3.9g/m³，COD_{cr} 浓度为 56g/m³，SS 浓度为 201g/m³，草坪径流 TN 浓度为 2.5g/m³，COD_{cr} 浓度为 70g/m³，SS 浓度为 128g/m³。对于地面雨水设施，综合考虑道路、草坪及屋面径流的污染物浓度，根据

各下垫面面积所占比例进行加权计算综合污染物浓度，本书取屋面：草坪：道路的面积比为3：4：3进行计算，因此加权后汇水面径流污染物TN、COD$_{cr}$、SS浓度分别取3.49g/m³、97g/m³、222.2g/m³。据刘大喜等（2015）、田宇和刘志强（2012）对天津径流污染物浓度的监测结果，地面径流中NH$_4^+$-N浓度取22g/m³，TP浓度取0.7g/m³，屋面径流中NH$_4^+$-N浓度取1.37g/m³，TP浓度取0.91g/m³。不同雨水设施对径流污染物的去除率参考附表7的污染物去除率范围取其均值。

2. 不同雨水设施效益计算

雨水利用工程效益评估是在工程中单项雨水设施计算结果的基础上进行的，利用2.2节中提出的雨水利用技术经济、生态、社会和综合效益评估方法，结合雨水利用工程规划建设资料和工程所在区域水文地质资料，计算工程中各雨水设施的效益价值，对其进行求和获得该雨水利用工程的经济、生态、社会和综合效益。具体步骤如下：

1）评估指标的确定

根据雨水利用工程的雨污排放方式，确定该工程的效益评估指标。天津大学北洋园校区采用雨污分流制排水系统，因此在雨水利用工程的效益评估中，不计算净化水质所带来的效益B_9和减少雨污合流制溢流污染B_{14}，具体计算指标见表4-12。

表4-12 雨水利用工程效益计算指标及划分

分类	成本	经济效益	生态效益	社会效益
计算指标	年成本及养护费用C	减少城市排水设施运行B_1 缓解水资源紧缺B_2 缓解污水处理费用B_3 减少生态用水带来的经济效益B_4 减少调水费用B_5	回补地下水B_6 固碳释氧B_7 减缓热岛效应B_8 净化空气B_{10} 增加大气湿度B_{11} 防洪排涝B_{12} 消除黑臭水体B_{13}	为当地居民增加工作岗位B_{15} 促进周边房产升值B_{16} 带动当地绿色经济发展B_{17} 健康效益B_{18} 降低周边噪声B_{19} 推动水文化发展B_{20} 提高居民居住舒适度B_{21} 提高城市美化度B_{22} 避免蚊虫过多带来影响B_{23}

2）不同雨水设施单位尺寸效益计算

（1）成本计算。各雨水设施的年成本及养护费用，根据工程造价，参考式（2-12）计算。北洋园校区缺少各雨水设施的造价资料，参考附表6进行取值，结果见表4-13。

表 4-13　北洋园校区雨水设施成本养护费用及使用寿命取值

雨水设施	成本/(元)	养护费用/(元/a)	预期使用寿命/a	年平均成本及养护费用/(元/a)
雨水花园	485	14.6	50	24.3
狭义的下沉式绿地	50	1.5	40	2.8
雨水湿地	700	21.0	40	38.5
植被缓冲带	200	6.0	40	11.0
透水铺装	200	7.1	20	17.1
植草沟	200	3.4	50	7.4

（2）雨水设施经济效益计算。在 4.2.3 节中参数计算结果的基础上（表 4-8），参考表 2-6、表 2-7，计算得到各指标货币价值。最后由式（2-13）计算该设施的经济效益。经计算，北洋园校区雨水设施经济效益见表 4-14。

表 4-14　北洋园校区雨水设施经济效益计算结果汇总

项目	B_1	B_2	B_3	B_4	B_5	B_a
雨水花园/[元/(m²·a)]	0.37	4.44	3.08	−2.39	0.00	5.50
狭义的下沉式绿地/[元/(m²·a)]	0.16	5.12	1.34	−3.33	0.00	3.29
雨水湿地/[元/(m²·a)]	2.89	252.84	24.08	−84.30	38.36	233.86
植被缓冲带/[元/(m²·a)]	0.08	0.00	0.69	−3.00	0.00	−2.23
透水铺装/[元/(m·a)]	0.05	4.44	0.41	0.00	0.00	4.89
植草沟/[元/(m·a)]	0.54	6.67	4.48	−3.33	0.00	8.36

（3）雨水设施生态效益计算。在 4.2.3 节中参数计算结果（表 4-8、表 4-11）的基础上，参考表 2-8 和表 2-9 计算得到各指标货币价值。最后由式(2-14)计算该设施的生态效益。

北洋园校区雨水设施的生态效益计算参数来自校区规划设计图及相关论文，雨水及径流水质资料源自雨水水质监测实验以及《天津市海绵城市建设技术导则》，径流系数等资料源自水系水量监测评估结果和中华人民共和国住房和城乡建设部的《海绵城市建设技术指南》，具体参数取值见 4.2.3 节中的基础资料收集计算结果，各雨水设施生态效益计算结果见表 4-15。

表 4-15　北洋园校区雨水设施生态效益计算结果汇总

项目	B_6	B_7	B_8	B_{10}	B_{11}	B_{12}	B_{13}	B_e
雨水花园/[元/(m²·a)]	1.57	0.74	2.06	0.06	99.92	24.20	56.02	184.58

续表

项目	B_6	B_7	B_8	B_{10}	B_{11}	B_{12}	B_{13}	B_e
狭义的下沉式绿地/[元/（m^2·a）]	1.81	0.42	2.86	0.06	121.11	10.56	34.36	171.18
雨水湿地/[元/（m^2·a）]	0.00	0.24	76.68	0.03	1016.58	189.20	78.20	1360.94
植被缓冲带/[元/（m^2·a）]	0.00	1.24	2.57	0.09	32.41	5.39	49.19	90.89
透水铺装/[元/（m·a）]	1.57	0.06	0.00	0.00	73.99	3.19	47.40	126.21
植草沟/[元/（m·a）]	2.36	0.42	2.86	0.06	147.01	35.20	47.03	234.94

（4）雨水设施社会效益计算。参考 2.3 节所给社会效益计算方法，以及该节中提供的专家问卷调查结果（图 2-5），依据研究区对该工程投资现状计算各指标的社会效益价值。由式（2-15）计算带动当地绿色经济发展 B_{17}，由式（2-16）、式（2-17）计算其余正社会效益指标货币价值，式（2-18）计算负社会效益货币价值，最终由式（2-19）计算该技术的社会效益，详细结果见表 4-16。

表 4-16　北洋园校区雨水设施社会效益计算结果汇总

项目	B_{15}	B_{16}	B_{17}	B_{18}	B_{19}	B_{20}	B_{21}	B_{22}	B_{23}	B_s
雨水花园/[元/（m^2·a）]	1.22	1.63	1.43	1.43	1.22	1.63	1.63	1.63	0.00	11.82
狭义的下沉式绿地/[元/（m^2·a）]	0.02	0.14	0.16	0.05	0.14	0.14	0.16	0.18	0.00	0.99
雨水湿地/[元/（m^2·a）]	0.85	2.26	2.26	1.70	1.98	1.98	2.26	2.26	-0.02	15.53
植被缓冲带/[元/（m^2·a）]	0.40	0.65	0.65	0.49	0.24	0.40	0.49	0.40	0.00	3.72
透水铺装/[元/（m·a）]	0.38	0.38	1.00	0.75	0.63	0.50	1.00	1.00	0.00	5.64
植草沟/[元/（m·a）]	0.07	0.36	0.44	0.44	0.36	0.44	0.44	0.58	0.00	3.13

（5）雨水设施综合效益计算。在雨水设施成本、经济、生态和社会效益计算结果的基础上，根据式（2-20），计算各雨水设施的综合效益。经计算，北洋园校区雨水花园、狭义的下沉式绿地、雨水湿地、植被缓冲带、透水铺装和植草沟在单位尺寸下的综合效益依次为 177.6 元/a、172.7 元/a、1571.8 元/a、81.4 元/a、119.7 元/a 和 239.0 元/a。

4.3　雨水资源化利用效益评估

天津大学北洋园校区建有雨水花园、下沉式绿地等 6 种雨水设施，在上述 6 种雨水设施单位成本、经济、生态和社会效益价值计算结果的基础上，根据校区内各设施建造面积，计算雨水利用工程的经济、生态和社会效益货币价值，具体结果见图 4-9。由图可见，雨水利用工程增加大气湿度效益价值最高，为 2495.7 万元/a，在正向效益中占比 49%，其次为消除黑臭水体效益，为 2166.4 万元/a，占比 35%。在所有经济、生态和社会效益评价指标中，减少生态用水的经济效益价值最低，为-121.5 万元/a。

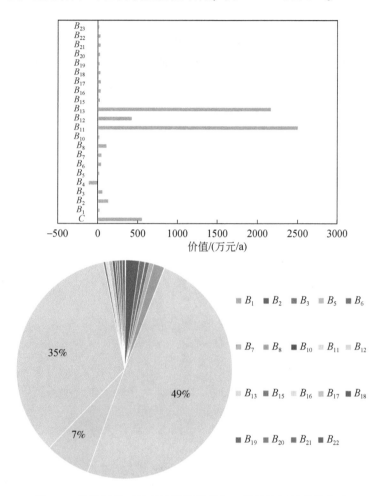

图 4-9 北洋园校区效益计算结果及各正效益指标的总体占比

将各指标效益计算结果汇总发现，该校区雨水利用工程的年成本及养护费用约 550.1 万元/a，所带来的经济效益价值为 18.1 万元/a，生态效益价值约 5178.9 万元/a，社会效益价值约 200.5 万元/a，扣除成本及养护费用，该校区雨水利用工程综合效益价值约 4847.5 万元/a。

4.4 小　　结

本章以天津大学北洋园校区内雨水资源化利用工程为研究案例，计算该校园雨水利用工程的成本和综合效益货币价值。北洋园校区雨水利用工程效益计算结果显示，该校区年经济效益价值约 18.1 万元，年生态效益价值约 5178.9 万元，年社会效益价值约 200.5 万元。考虑到雨水设施的建造成本及养护费用，年净效益价值为 4847.5 万元。可以看出，雨水资源化利用不仅能够带来直接经济价值，更能带来显著的增加环境舒适性等间接经济价值。因工程资料不足，计算过程中所用数据大部分源于北京、天津相关研究资料，计算结果误差相对较大。

第5章 京津冀雨水资源化利用模式及潜力研究

长期以来，我国在城市规划中对雨水资源的综合利用一直缺乏足够的重视，随着水资源紧缺问题日益严重以及人民生活水平的改善，公众对水环境质量有了更高的要求，雨水资源管理成为我国新型城市建设的重点之一。在城市雨洪资源管理中，提高径流控制效果和雨水利用效益离不开适宜的雨水利用模式。然而除了个别重要城区和新建区，国内大多数地区缺少针对当地雨水利用适宜模式的研究工作，导致径流控制效果和资源利用效益均不理想。因此，建立科学合理的雨水利用模式，评估各区域雨水利用潜力，成为与城市发展同等重要的需求。本章在第2章所提出的雨水利用效益计算方法的基础上，开展了雨水利用适宜模式构建与雨水利用潜力评估研究，并以京津冀各城市中心城区为例，对其进行了雨水利用适宜模式构建与雨水资源潜力评估。

5.1 区 域 概 况

京津冀（图5-1）位于华北地区（113°27′~119°50′E，36°05′~42°40′N），包括北京市、天津市，以及河北省的石家庄、唐山、邯郸、保定、承德、沧州、廊坊、衡水、邢台、秦皇岛、张家口11个地级市。《京津冀协同发展规划纲要》中，京津冀整体定位是"以首都为核心的世界级城市群、区域整体协同发展改革引领区、全国创新驱动经济增长新引擎、生态修复环境改善示范区"（京津冀协同发展小组，2015；赵勇和翟家齐，2017）。

5.1.1 城市用地规划

参考京津冀城市规划资料中不同城市功能规划现状，京津冀城市总体规划分为市域城镇体系规划和中心城区规划两个层次，中心城区是城市发展的核心地区，与中心城区以外的各城镇具有不同的人口规模等级和职能分工。京津冀区域面积21.8万km²，其中：北京市总面积为16 140km²，中心城区面积为1378km²，2020年全市建设用地总规模控制在3720km²以内，2035年控制在3670km²左右；天津市总面积为11 947km²，中心城区面积为

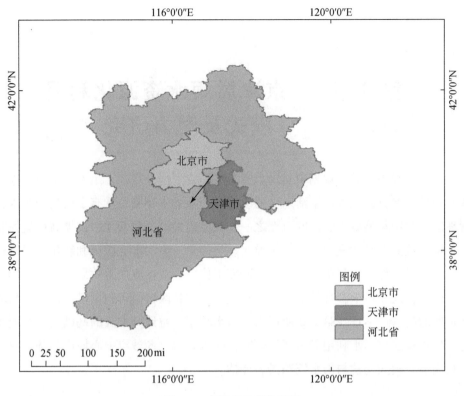

图 5-1　京津冀地理位置图

mi 为英里，余同

580km^2，2020 年全市城镇建设用地规模控制在 1450km^2；河北省总面积为 18.88 万 km^2，中心城区面积为 3262km^2，"十二五"期间，全省供应建设用地 185.5 万亩，"十三五"期间新增建设用地规模控制在 250 万亩以内。图 5-2 是京津冀中心城区分布示意图。

5.1.2　环保支出现状

在京津冀一体化的大背景下，北京、天津、石家庄在经济发展、居民收入、财政收支、公共服务供给等方面仍有巨大差距，主要表现为河北省较于北京、天津两个直辖市，其发展相对滞后。2016 年京津冀三地人均 GDP 比值为 2.68：2.69：1，城镇居民人均可支配收入比值为 2.03：1.31：1，农村居民人均纯收入比值为 1.87：1.68：1，人均财政收入比值为 6.13：4.57：1，人均财政支出比值为 3.64：2.92：1，经济发展水平和财政收支的差距进一步导致了京津冀地区医疗、教育等公共服务的差距（何旭，2018）。

何旭（2018）对 2007～2016 年京津冀用于节能环保支出比例变化的研究结果显示（图 5-3），在节能环保支出方面，北京和河北的环保支出比例较为接近，在 4%～6%，天

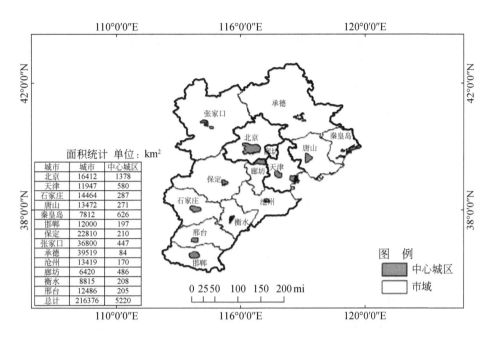

图5-2 京津冀中心城区分布示意图

津用于环保的支出比例较低（不足2%）。2007~2016年，京津冀各省（直辖市）总体上用于节能环保类的支出比例均呈现逐年增长趋势，其中以北京最为显著，河北2011年前用于节能环保支出的比例较高，经历了先升后降的浮动。2016年，除北京外，天津、河北用于节能环保支出的比例均有小幅度降低。

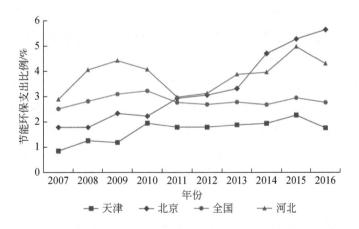

图5-3 京津冀节能环保支出比例变化趋势图（何旭，2018）

未含港澳台数据

5.2 京津冀雨水资源现状

5.2.1 雨水水量分布

京津冀地处华北平原，属暖温带半湿润季风性气候。1961~2012 年，该地区年均降水量为 338.4~688.9mm，全区多年平均降水量为 507mm（刘金平，2014）。其中，北京市的气候属典型的暖温带半湿润大陆性季风气候，多年平均降水量为 600mm，80% 的降水集中在夏季和秋季；天津市的气候属暖温带半湿润季风性气候，年平均降水量为 522.2~663.4mm，全年降水 70% 左右集中于夏季，受台风影响，夏季多大雨或暴雨，降雨历时短且降水量大；河北属温带大陆性季风气候，年均降水量 484.5mm，降水量分布为东南多西北少（于占江等，2019）。

1960~2015 年，京津冀全区及冀北高原区、燕山丘陵区、太行山区、山前平原区及冀东平原区 5 个分区的年平均降水量均处于减少趋势，且各区变化差异较为明显。京津冀全区年均降水量气候倾向率为 –9.6mm/10a，下降趋势不显著，也没有突变发生。在 20 世纪 80 年代之前（1972 年和 1975 年除外），全区年均降水量呈上升趋势，之后至 2015 年总体表现为下降趋势，但在 90 年代初期和中期有短暂上升趋势。同时，分析京津冀全区四季降水量的变化可以看出，1961 年以来，全区各季节降水的变化表现为春、秋两季为增加趋势，且秋季增加幅度大于春季增加幅度；夏季为减小趋势，冬季降水变化趋势不明显。全区不同地理分区变化趋势特征与全区变化趋势特征具有一致性，均为春秋两季增加，夏季减小，冬季变化不明显的变化特征，但是各个区域变化趋势幅度各不相同。其中，春季增加幅度最明显的是冀北高原区，为 4.5mm/10a；秋季增加幅度最明显的是京津地区，为 7.5mm/10a；夏季减少幅度最大的是冀东平原区，为 3.0mm/10a（于占江等，2019）。

由于京津冀区域南北纬差别较大，降水时空变化差异较大，现依据行政分区和气候区域，将所研究的京津冀分为六个区域，分别为冀北高原区、冀东平原区、京津地区、太行山区、山前平原区、燕山丘陵区（东区、西区）。图 5-4 为各降水气候分区的分布示意图以及各分区所涵盖的城市中心城区（刘金平，2014）。

刘金平（2014）利用 1961~2012 年京津冀地区 86 个气象站逐日降水资料，对各个降水气候分区的年均降水量进行了统计分析，表 5-1 中为各个降水气候分区 30 年平均降水量，平均降水量为 338.4~688.9mm，全区域多年平均降水量为 507mm。从表 5-1 中可以看出，近年来京津冀区域年均降水量在空间由东南向西北方向逐渐递减，冀东平原区的年均降水量最多，年均降水量达 600mm，冀北高原区年均降水最少，仅在 400mm 左右。燕

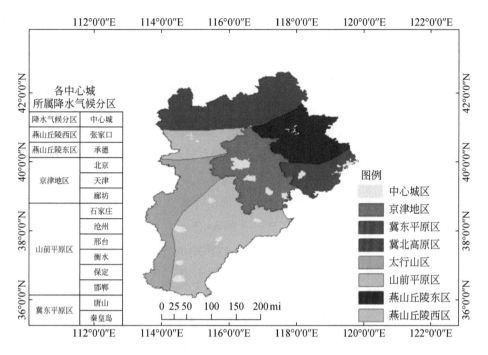

图 5-4 京津冀各降水气候分区示意图及各分区所涵盖的城市中心城区

山丘陵区、山前平原区和太行山区的年均降水量相当，均在 500mm 左右，相差不足 30mm。

表 5-1 京津冀不同降水气候分区年均降水量分布 （单位：mm）

分区	燕山丘陵区	山前平原区	冀东平原区	京津地区	冀北高原区	太行山区
年均降水量	492.6	498.2	594.2	546.6	401.8	520.2

资料来源：刘金平，2014。

同时，刘金平（2014）对京津冀及各区年降水量的变化进行了分析。自1961年以来，京津冀年降水量变化呈减少趋势，各区减少的幅度各不相同，按从大到小的幅度依次为：冀东平原区 22.7mm/10a，山前平原区 12.5mm/10a，京津地区 12.4mm/10a，太行山区 10.2mm/10a，燕山丘陵区 8.5mm/10a，冀北高原区 1.2mm/10a。从变化的幅度可以看出，冀东平原区减少幅度最大，京津地区、太行山区、山前平原区减小幅度相当，在 10mm/10a 以上，而燕山丘陵区和冀北高原区减小幅度不足 10mm/10a，其中冀北高原区虽然也呈减少趋势，但趋势并不明显。各季节降水量的变化表现为春、秋两季为增加趋势，且秋季增加幅度大于春季增加幅度，夏季为减小趋势，冬季降水变化趋势不明显。

5.2.2　雨水与径流水质分布

侯培强等（2012）在2010年7~10月，测定了北京市城区各种下垫面条件下8场降雨所产生降雨径流的水质情况。结果表明，天然雨水、单位内部道路径流和屋面径流综合水质满足国家地表水Ⅱ类水质标准，但环路干道径流的综合水质却超出国家地表水Ⅴ类水质标准。环路干道径流中第一类污染物为P、SS和有机污染物，其主要来源为车辆轮胎和路面材质的磨损，第二类污染物为N和溶解态重金属，其主要来源为车辆尾气和大气干湿沉降。北京市城区天然雨水与各下垫面降雨径流的主要污染物为氮，其中TN和NH_4^+-N平均浓度分别为5.49~11.75mg/L和2.90~5.67mg/L。

李倩倩等（2011）对天津市2009~2010年天然雨水和不同下垫面地表径流进行了采样分析。天然雨水偏酸性，电导率较低，90%雨水的色度、COD、BOD_5、TOC、总磷、重金属、挥发酚满足景观水质或生活杂用水质要求，但雨水中也存在一定程度的污染，主要污染物为SS、NH_4^+-N、TN、阴离子表面活性剂、粪大肠菌群。地表雨水径流污染严重，主要污染物为SS、COD、BOD_5、TOC、NH_4^+-N、TN、重金属Cr和Cd、挥发酚、阴离子表面活性剂和粪大肠菌群，污染物超标率为17.9%~97.2%。表5-2为相关研究中北京、天津的天然雨水及降雨径流水质情况汇总表。

表5-2　北京、天津天然雨水及降雨径流水质情况（pH除外）　（单位：mg/L）

水质指标	北京市		天津市		地表水 Ⅴ类标准
	天然雨水	降雨径流	天然雨水	降雨径流	
pH	5.5	6.8~7.6	5.9~7.5	6.3~8.1	6~9
SS	0.78	37.70~467.68	15.00~120	5.30~5715	106
DO	8.26	4.70~7.33	/	0.10~10.40	2
BOD_5	3.12	4.20~14.26	/	0.04~314.35	10
COD	33.91	67.52~308.26	/	3~934	40
TN	5.49	5.88~11.75	2.95~24.27	1.52~45.36	2
NH_4^+-N	3.54	2.90~5.67	0.07~13.84	0.02~44.27	2
TP	0.039	0.084~1.034	/	/	0.4
TOC	1.58	4.24~21.50	/	1.93~404	20
Zn	0.099	0.027~0.144	/	0.004~1.460	2
Pb	0.016	0.003~0.006	/	0.001~0.215	0.1
Cu	0.010	0.011~0.027	/	0.001~0.041	1

资料来源：侯培强等，2012；李倩倩等，2011。

　　孙明媚（2019）对天津市不同降雨强度下不同下垫面的雨水水质情况监测发现，在小降雨情况下，商业区主要受到人为因素的干扰，氮、磷类污染物浓度较高。居民区停放大量车辆，同时存在周边居民养宠物等情况，宠物在小区附近可能留下粪便痕迹，氨氮浓度较高，如图 5-5 所示。在强降雨情况下，道路氨氮浓度下降最快，校园区氨氮浓度最高为

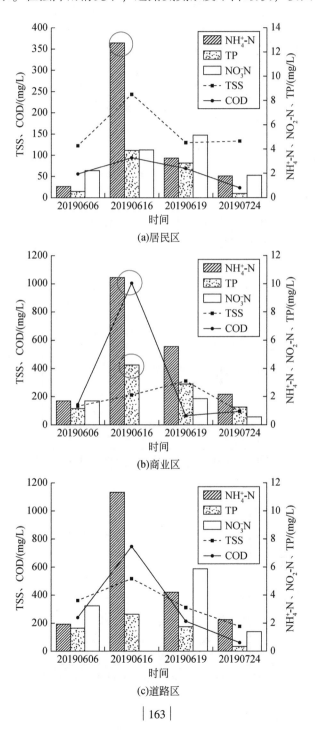

(a)居民区

(b)商业区

(c)道路区

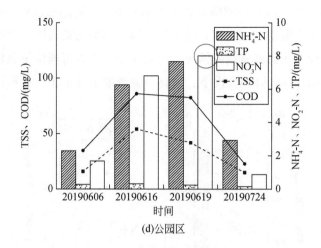

(d)公园区

图 5-5 天津市小降雨情况径流污染特点（孙明媚，2019）

5.28mg/L，是公园区域 1.76 倍；商业区 COD 浓度超标严重，浓度最高达到 592mg/L，商业区 TSS 浓度最高，后期维持在 400mg/L，超出其他区域近 30%，具体见图 5-6。

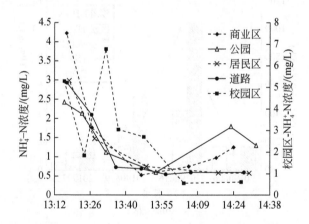

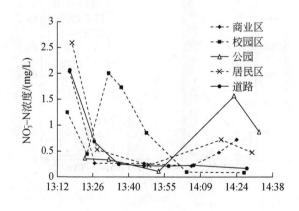

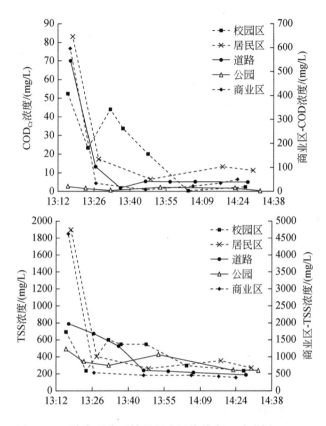

图5-6　天津市强降雨情况径流污染特点（孙明媚，2019）

5.3　京津冀雨水资源化利用适宜模式构建

5.3.1　雨水利用适宜模式构建方法

1. 适宜模式构建步骤

城市的区域差异性特点直接影响到雨水利用模式的构建，根据区域的自然、社会、经济和环境的特征，将规划区划分不同开发方向和发展潜力的子区域，此步骤是规划区构建雨水利用模式的基础。在雨水利用区域划分的基础上进行雨水利用适宜模式构建，核心方法是单目标规划模型规划求解法，通过分析规划区的下垫面情况、经济条件、用地类型、雨水利用需求等方面的资料和各雨水利用技术的性能特点，可设定出计算模型中的5个限制条件，分别为雨水利用适宜技术种类筛选、雨水利用成本投入限制条件、雨水设施占地面积限制条件、雨水设施规划密度限制条件、雨水设施功能占比限制条件，并以综合效益评价结果最大为目标函数进行模型的规划求解，以此可为规划区计算出最适宜的雨水利用技术组合及面积配比。具体流程见图5-7。

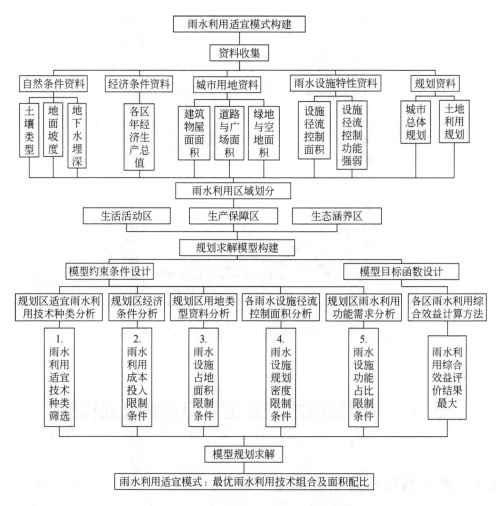

图 5-7　雨水利用适宜模式构建流程框架

2. 适宜模式构建

1) 雨水利用分区

城市的区域差异性特点直接影响着雨水利用模式的构建，城市雨水利用分区是根据区域的自然、社会、经济和环境的特征，将规划区划分不同开发方向和发展潜力的子区域，是为规划区构建雨水利用模式的基础。一方面有助于实现经济、资源的空间均衡，有针对性、有目标地在各区内开展雨水设施规划；另一方面也有助于雨水利用工程的实践与城市土地开发格局相协调，保证雨水利用工程的切实可行。通过收集城市总体规划资料、土地利用规划资料，按照不同区域的发展效益诉求，可对规划区进行雨水利用区域划分，并对不同分区进行效益诉求分析，具体见图 5-8。

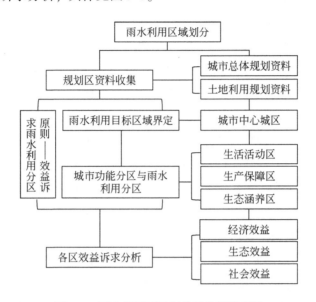

图 5-8　雨水利用区域划分的步骤流程图

（1）资料收集。雨水利用区域划分的数据来源与依据是各省（直辖市）的城市总体发展规划资料与土地利用规划资料，规划中对各城市的中心城区边界界定以及土地利用类型布局做了详细介绍，一般在自然资源与规划局或人民政府网站上进行公示。若规划资料缺少各土地利用类型面积的详细数据，可借助 ArcGIS 软件对规划图进行矢量化与面积计算，结合规划中提到的相关指标，补充与完善规划区各土地利用类型数据的统计工作。

（2）雨水利用分区原则确定。本方法依据各土地功能区的发展效益诉求进行雨水利用分区。土地的性质决定着土地的功能，各功能区对不同发展效益的重视程度不同，因此在进行雨水利用分区时，应使预期的雨水利用效益迎合各功能区的发展诉求。对人口活动频繁的地区实行以人居舒适为主题的雨水利用规划，对产业集聚明显的地区实现以经济环保为主题雨水利用规划，对环境问题突出、生态功能重要的地区实行以自然生态为主题的雨水利用规划。

（3）雨水利用目标区域确定。本方法将中心城区定为雨水开发利用的重点目标区域。一方面，中心城区是以城镇主城区为主体，包括邻近各功能组团以及需要加强土地用途管制的空间区域，具有经济综合实力强、发展水平高、基础设施完善、生产要素集聚、规模经济效益明显等特点（张永庆等，2005），因此可为雨水利用工程的开展提供更大的资金与技术支撑。另一方面，中心城区高强度的人类活动显著改变了原有自然水文循环特性，使得城市不透水下垫面比例增加，进而导致一系列水资源、水环境和水安全问题（Kuang et al.，2018；苏伟忠等，2019），因此对雨水开发利用的需求较大。基于以上分析，故将雨水利用模式构建的目标区域定在中心城区。

（4）城市功能分区。通过综合考虑不同地区的自然条件、产业特点与人口活动特点，按照土地功能类型将城市分为生活活动区（生活区）、生产保障区（工业区）和生态涵养区（生态区）。生活活动区主要包括人类活动较频繁的居住、商业区，主要承担人类居住生活和公共服务等功能；生产保障区主要包括集约土地搞生产的工业技术产业园和公共设施，主要承担产业经济发展和城市设施保障等功能；生态涵养区主要包括林地、耕地、水域和绿地系统，以及种植园、森林公园等，主要承担自然生态保护等功能。在某一功能区内一般以某一功能为主，而同时可兼有不会造成干扰的其他功能。

（5）雨水利用区域划分。依据《市县国土空间规划分区和用途分类指南》，各城市发展规划资料将土地分为了若干功能区，除去海洋，一共包含20个一级分类，详细见附表7。获得土地利用规划和城市发展规划资料后，将不同的土地利用类型归纳整合为生活活动区、生产保障区与生态涵养区三类（自然资源部，2019）。三类城市功能分区的下垫面特点与发展诉求各不相同，对雨水利用模式的期望效益也各有侧重，因此在雨水利用区域划分时也依此三大城市功能分区进行，各分区相应包含的详细土地类别见图5-9，依据此图对规划区进行雨水利用区域划分。在此基础上，整理各雨水利用分区的矢量图并进行面积统计。

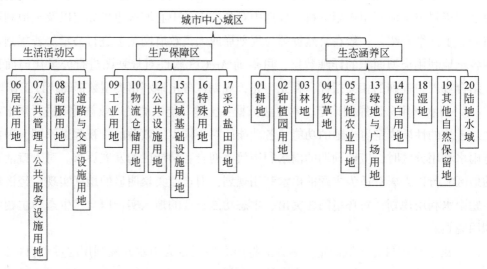

图 5-9　雨水利用区域划分及所含土地类别

编号数字与《市县国土空间规划分区和用途分类指南》的土地类型代号相对应

（6）雨水利用效益诉求分析。进行雨水利用效益诉求分析，是雨水利用分区的最终目的，可为后期开展雨水利用模式构建指引方向。

生活活动区聚集居住、办公、商业等综合配套服务设施，以公共服务和生活居住职能为主，是人口聚集密度和活跃度最大的区域，因此此区域人们对物质文化的需求较高。另外，随着生态城市观念的深入，城市街道和建筑景观不断优化，人类聚居环境在满足舒适的同时，越来越追求和谐、健康和可持续发展。因此，此区域在进行雨水利用适宜模式构建时应着重考虑对社会效益和生态效益的追求。

生产保障区主要聚集工厂、企业的产业园和给排水、通信等公共设施的用地，集约强度高，是适应市场竞争和产业升级的现代化产业分工协作生产区，支撑人类社会的能源供给，招商引资后成为拉动区域经济增长的重要引擎。因此，此区域在进行雨水利用适宜模式构建时应着重考虑对经济效益的追求。

生态涵养区主要包含山、水、林、田和城市绿地系统，以提升生态涵养功能为核心，强化生态修复与水源保护，是城市重要的生态屏障和资源保证地。另外，该区域立足生态资源，通过大力发展生态农业、生态旅游业等生态友好型产业并以此带动经济的发展也是生态涵养区的重要职责。因此，此区域在进行雨水利用适宜模式构建时应着重考虑对生态效益和经济效益的追求。

2）模型目标函数设计

相关研究表明，雨水利用工程总体上经济可行、效益可观，但是，现实中规划者很难提出有力的经济论据来促进城市对雨水利用工程的投资，其广泛推行仍存在一定的困难。从使用者角度，雨水价格的吸引力远低于地下水、自来水、再生水等，从技术投资者角度，部分生态效益高的雨水利用技术甚至会出现负的净现值，以上雨水利用的成本效益问题在雨水利用模式构建中应该引起充分注意。

目前将成本–效益因素引入雨水利用模式的研究基本在国外，如 Meerow 和 Newelli（2017）在保证减少洪水的目标基础上，建立了综合考虑社会、经济和环境效益的雨水利用技术空间规划模型，提供了一种包容性、可复制的方法来规划未来的雨水利用技术；Duan 等（2016）在城市雨水系统设计中实现了基于 LID 的蓄水池多目标优化设计，并借助该方法大大降低了城市雨水系统的总投资成本与城市面临的洪水风险。在国内，由于缺少合理、系统的雨水利用技术效益评价指标体系，综合考虑雨水利用技术成本–效益的雨水利用模式研究较少。戚海军（2010）建立了 LID 措施效能识别方法、效能评价体系和方案优化体系，并以深圳市光明新区为案例研究区，为示范区设计出雨水利用成本–效益最优化方案，但其建立的综合效能体系非常不完善，仅考虑了截污减排效能、经济效能和利用效能。因此，为了推动社会及利益相关者对雨水利用的接受与认可，充分发挥雨水资源的效益潜能，应在雨水利用适宜模式构建过程中进一步加强对雨水利用投资与效益的把控。

第 2 章对雨水利用效益评价方法进行了详细介绍，为雨水利用模式构建的效益把控奠定了基础。因此，本章在雨水利用区域划分和第 2 章雨水利用效益评估的基础上，参考李萌萌（2019）对天津市常见雨水利用技术单位尺寸的效益评估结果，将雨水利用综合效益评价结果最大设为目标函数。综合效益评价结果为经济效益、生态效益和社会效益加权值之和，是效益的综合体现，不同功能区经济、生态和社会效益的权重配比不同，权重配比可参考对各区的效益诉求分析，以及其他功能区综合效益评价相关的研究结果。将雨水利用综合效益评价结果最大作为雨水利用求解模型的目标函数，一方面可避免规划时仅片面地追求雨水利用的某一方面效益，另一方面也可通过各效益的权重配比来调整规划时对各效益的侧重程度。

第 2 章针对国内海绵城市雨水利用技术提出了一套全面系统的成本效益计算方法。为了更好地保护水体，不少地区逐渐考虑将雨污合流制排水管网进行雨污分流制改造，根据 2.2 节所介绍的针对雨污分流的雨水利用效益评估方法，计算了 18 种海绵城市建设技术一年内单位面积（$1m^2$）产生的成本与效益，计算结果见表 5-3。计算过程中个别雨水利用技术用到了单位尺寸（$1m^3$、$1m^2$、$1m$、1 个）与单位占地面积（$1m^2$）的换算，其换算关系参考表 5-4。其中，雨水利用技术的成本（包含管养费用）、效益是在各自全生命周期内的年均效益，成本选取参考《海绵城市建设技术导则》中 2014 年所统计的北京地区雨水利用技术单位造价。

表 5-3 单位面积（$1m^2$）雨水利用技术年成本效益

序号	雨水设施	年平均成本及养护费用 $\overline{C}$/(元/a)	经济效益 $\overline{F}$/(元/a)	生态效益（分流） $\overline{E}$/(元/a)	社会效益 $\overline{S}$/(元/a)
1	绿色屋顶	16.5	−18.9	80.5	6.9
2	蓝色屋顶	16.2	−15.3	6.6	9.8
3	透水铺装	17.1	−15.2	73.9	5.6
4	雨水湿地	38.5	288.1	487.4	15.5
5	湿塘	34.2	128.4	366.5	12.8
6	蓄水池	20.4	38.7	67.4	5.5
7	雨水罐	34.4	5.4	40.0	6.9
8	渗井	98.7	335.0	2498.6	23.2
9	渗透塘	70.0	−44.5	195.2	27.5
10	下沉式绿地	2.8	−1.8	132.3	1.0
11	雨水花园	24.3	−10.7	307.8	11.8
12	植草沟	1.4	1.8	80.0	0.6
13	调节塘	50.9	−28.4	345.1	19.1

续表

序号	雨水设施	年平均成本及养护费用 $\overline{C}$/(元/a)	经济效益 $\overline{F}$/(元/a)	生态效益（分流）$\overline{E}$/(元/a)	社会效益 $\overline{S}$/(元/a)
14	调节池	37.8	−25.4	190.0	12.2
15	植被缓冲带	11.0	−11.7	116.3	3.7
16	渗渠	9.0	−6.2	1.0	2.3
17	渗管	5.4	−3.8	0.6	1.4
18	传统绿地	1.7	−2.8	70.1	0.6

表5-4　单位尺寸雨水利用技术占地面积换算

雨水利用技术	单位尺寸	占地面积/m²	参考来源
渗渠	1m	1.0	汪慧贞等，2001
渗管	1m	1.0	汪慧贞等，2001
蓄水池	1m³	1.2	https://wenku.baidu.com/view/bcbbd6170b4e767f5acfcefd.html
雨水罐	1m³	1.7	http://www.doctorrain.cn/product/39.html
渗井	1个	0.7	《建筑与小区雨水控制及利用工程技术示范》（GB50400—2016）
植草沟	1m	5.5	刘燕等，2008
调节塘	1m³	0.6	《海绵城市建设技术指南：低影响开发雨水系统构建（试行）》

鉴于雨水利用诉求的差异表现在各区域对经济效益、生态效益、社会效益的重视程度上，即计算综合评价时各效益的加权因子。此模型目标函数参考李萌萌（2019）、高亮（2014）、李思思（2014）的综合评价研究成果，通过等比例换算确定，本书中经济效益、生态效益和社会效益权重在生活区定为 0.260、0.472、0.268，工业区定为 0.666、0.167、0.167，生态区定为 0.441、0.399、0.170。本书的权重设置主要参照了前人的研究成果，实际上，在具体的实践应用中，可依据不同利益相关者对规划区雨水利用的效益诉求差异，借助决策分析法充分分析对经济、生态、社会效益指标权重的设置。

不同雨水利用分区经济效益 $F_{t(N)}$、生态效益 $E_{t(N)}$ 和社会效益 $S_{t(N)}$ 计算见式（5-1）~式（5-3），各区雨水利用综合评价计算见式（5-4）~式（5-6）。

$$F_{t(N)} = \sum_{i=1}^{n} \left[\overline{F}_i \times A_{i(N)} \right] \tag{5-1}$$

$$E_{t(N)} = \sum_{i=1}^{n} \left[\overline{E}_i \times A_{i(N)} \right] \tag{5-2}$$

$$S_{t(N)} = \sum_{i=1}^{n} \left[\overline{S}_i \times A_{i(N)} \right] \tag{5-3}$$

$$Z_{t\text{生活区}} = (\overline{F}_{t\text{生活区}} \times 0.260 + \overline{E}_{t\text{生活区}} \times 0.472 + \overline{S}_{t\text{生活区}} \times 0.268)/z \qquad (5\text{-}4)$$

$$Z_{t\text{工业区}} = (\overline{F}_{t\text{工业区}} \times 0.666 + \overline{E}_{t\text{工业区}} \times 0.167 + \overline{S}_{t\text{工业区}} \times 0.167)/z \qquad (5\text{-}5)$$

$$Z_{t\text{生态区}} = (\overline{F}_{t\text{生态区}} \times 0.441 + \overline{E}_{t\text{生态区}} \times 0.399 + \overline{S}_{t\text{生态区}} \times 0.170)/z \qquad (5\text{-}6)$$

式中，$\overline{F}_i$ 为第 i 个雨水利用技术的单位尺寸经济效益，元/m²；$\overline{E}_i$ 为第 i 个雨水利用技术的单位尺寸生态效益，元/m²；$\overline{S}_i$ 为第 i 个雨水利用技术的单位尺寸社会效益，元/m²；$\overline{F}_i$、$\overline{E}_i$、$\overline{S}_i$ 的取值参考表 5-3；$A_{i(N)}$ 为某一雨水分区内该设施的建设面积，m²；$Z_{t(N)}$ 为各区的雨水利用综合效益评价结果；z 为计算结果无量纲化辅助参数，值为 1。

规划求解时，在满足以上 5 条限制条件约束的前提下，不断优化调整雨水利用技术组合与面积，使得各雨水利用分区雨水利用产生的年综合效益评价值 $Z_{t(N)}$ 分别达到最大。

3）模型约束条件设计

A. 雨水利用技术种类筛选方法

通过搜集规划区自然条件资料，判断研究区所处的雨水利用适宜性分区，并对该区域进行雨水利用适宜性评价，在此基础上进行雨水利用适宜技术种类筛选。

结合国内外相关研究，发现对于雨水开发利用的适宜性，区域的地质、地形、土壤等下垫面特性和地下水分布等水资源条件是最为关键的影响因素（Guo et al.，2019），直接影响土地对雨水的吸收能力，决定着雨水功能发挥的可行性。因此，综合参照《海绵城市建设技术指南》中对常用雨水基础设施的构造、功能、特殊要求等方面的资料，以及前人对雨水利用适宜性分析的相关研究，结合个人的认识，在场地适宜性方面对常用雨水设施进行总结，建立了如表 5-5 所示的雨水利用技术适用场地特征指标的比选基准（中华人民共和国住房和城乡建设部，2014；焦胜等，2017；戚海军，2010；徐海顺，2014；郭佳香，2017）。其中土壤类型、地面坡度、地下水埋深、空间需求是影响雨水利用技术种类选择的重要因素。

a. 土壤类型

不同土壤类型的渗水能力存在显著差异，其渗透性能影响降水进入地下储水空间的速率，决定了降雨过程中地表雨洪水的入渗能力。根据渗透能力强弱，不同的土壤类型对雨水的入渗效果与储蓄效果不同，因此，土壤类型对其适宜开发的雨水设施类型也提出了一定的要求。本方法按照土壤水文分组对土壤类型进行划分，土壤类型分为 A、B、C、D 四类：A 类黏粒含量小于 28% 且砂粒含量大于 52%；B 类，黏粒含量小于 28% 且砂粒含量小于等于 52%；C 类指黏粒含量介于 28% ~ 35% 之间且砂粒含量大于 52%；D 类是黏粒含量大于 35%，或黏粒含量介于 28% ~ 35% 之间且砂粒含量小于等于 52%（USDA-Soil Conservation Service，1985）。

b. 地面坡度

坡度是影响降水产流、汇流大小的重要地貌因素，地形坡度大会使地表坡流迅速流走，地表径流增加，平缓与局部低注的地势，有利于滞积表流，增加雨水入渗量。不同雨水设施适宜的地面坡度有所不同，若不能针对当地地形选用适宜的雨水设施，一方面将增加建设成本与难度，另一方面也将制约其雨水利用能力的发挥。本方法将地面坡度分为 $0°\sim3°$、$3°\sim7°$、$7°\sim15°$、$15°\sim90°$四级。

c. 地下水埋深

地下水埋深影响着地下储存雨水的空间与地下含水层的调节能力，是进行雨水利用模式构建过程中必不可少的考虑因素。地下水位埋深大，则可接纳更多的雨水进入含水层中。部分省（市）由于地下水超采造成了地面沉降，需着重考虑利用雨水设施进行入渗回补。地下水埋深过浅的地区，土层的蓄水总量小，雨水渗透将抬高水位，可能造成土壤盐渍化，需着重考虑将雨洪地表径流净化后排入地表水体。本方法将地下水埋深以1m为界限分为埋深>1m和埋深≤1m两个等级。

d. 空间需求条件

规划区可为雨水设施提供的场地空间大小，可与中心城区的划分联系起来，中心城区的建筑物较密集，用地紧张，难以为雨水利用技术提供较大的场地空间，因此中心城区只适宜建设空间需求小的雨水设施。

表5-5 雨水利用技术适用场地特征指标的比选基准

雨水利用技术	土壤类型（水文土壤组类）	地面坡度	地下水埋深	空间需求
渗渠	A、B	—	>1m	小
渗管	A、B	—	>1m	小
蓄水池	—	无严格要求	—	小
雨水湿地	C、D	<7°	—	大
湿塘	A、B、C、D	<7°	—	大
雨水罐	A、B、C、D	无严格要求	—	小
渗井	A、B	—	>1m	小
植草沟	A、B、C、D	<3°	—	小
雨水花园	A、B	<7°	>1m	小
下沉式绿地	A、B	<7°	>1m	小
调节塘	A、B、C、D	<7°	>1m	大
传统绿地	A、B、C、D	—	—	—
植被缓冲带	—	<7°	—	小
调节池	—	无严格要求	—	—
渗透塘	A、B	<7°	>1m	大
透水铺装	A、B	<7°	>1m	—
绿色屋顶	A、B	<7°	—	—

雨水利用技术	土壤类型（水文土壤组类）	地面坡度	地下水埋深	空间需求
生物滞留设施	A、B	—	>1m	小
蓝色屋顶	A、B、C、D	—	—	—

收集研究区的土壤类型、地面坡度、地下水埋深等下垫面自然条件资料与城区划分资料，在 ArcGIS 软件中分别制作图层，并按图 5-10 进行重分类，结合表 5-5 所示的雨水利用技术适用场地特征指标的比选基准，利用叠加分析的功能，识别出各区域适宜建设的雨水利用技术类型。

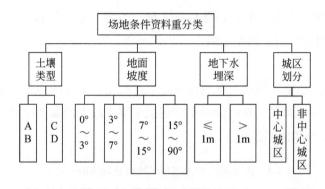

图 5-10　规划区场地条件资料重分类

B. 雨水利用成本投入限制条件确定方法

实际的雨水利用技术建设往往受制于地区的经济能力，不少雨水利用技术常常花费较高的建设运营成本，同时不同地区的经济条件存在一定的差异，因此在做雨水利用规划时，应考虑各地的经济承受能力，在一定的成本投入预算下进行雨水开发利用，计划以占地方生产总值（GDP）的百分比来计量并限制雨水利用工程的投入成本。河北省 2018 年水利管理行业的固定资产投资占比为 0.76%。但该投资并不完全用于雨水开发利用建设，实际用于雨水利用工程的投资比例低于 0.76%，因此，考虑国内各省（自治区、直辖市）可用于投资雨水利用工程的经济基础，将单位面积中心城区雨水开发利用的最大投资定为各自区域单位面积生产价值的 0.5%。此处投资比例的设定存在一定的主观性，实际上该比例的设定，可根据规划区的资金结构与建设规划做适当调整。

雨水利用技术的年成本及养护费用计算公式如下：

$$C_t = \sum_{i=1}^{n} (\bar{c_i} \times A_i)(i = 1, 2, 3, \cdots, n, n = 21) \tag{5-7}$$

式中：C_t 为所有雨水利用技术的年成本及养护费用，元；$\bar{c_i}$ 为单位面积（$1m^2$）第 i 项技术的年成本与养护费用，元/m²，其数值参考表 5-3；A_i 为第 i 项技术的设施建设面积，m²。

故中心城区的雨水利用成本限制条件为：年成本及养护费用 C_t 不高于 0.5% GDP，即 $C_t \leqslant GDP \times 0.5\%$。

C. 雨水利用技术占地面积限制条件确定方法

各用地类型上可用于修建雨水设施的总面积是有限的，可按用地类型总面积的百分比进行折减，该土地上所选用的雨水设施总面积不得高于此用地类型的折减面积。

通过分析不同雨水设施适宜的建设用地类型，将建设用地归纳为四种，分别为建筑物屋面、道路与广场、绿地与空地、其他用地。根据不同雨水设施适宜的场地条件，图 5-11 对各用地类型上适宜的雨水设施进行了筛选与归纳，建筑物屋面、道路与广场可供选择的雨水设施类型较少，且较为固定，绿地和空地可供选择的雨水设施种类较多。

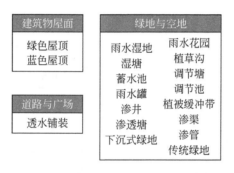

图 5-11　不同用地类型适宜雨水利用技术种类

在规划各用地类型上雨水利用设施占地面积时，一方面由于结构、造型等一些特殊的功能需求，部分用地类型并不适宜或不支持开发改造为雨水利用技术；另一方面，2015 年国务院办公厅《关于推进海绵城市建设的指导意见》提出将 70% 降雨就地消纳和利用的目标，雨水利用技术所控制的降雨面积范围，均不低于各雨水设施的占地面积（国务院办公厅，2015）。因此，在雨水利用工程的开展过程中，不需要在全部用地类型上开展雨水设施建设，基于以上因素的考虑，本方法对统计的各用地类型占地面积进行了一定的百分比折减，面积折减比例为 70%，各用地类型上可用雨水利用面积上限为统计的各用地类型面积与折减百分比的乘积。

图 5-11 对应的各用地类型上雨水利用技术占地面积 $A_{屋面/道路/绿地}$ 之和不得超过相应用地类型可供开展雨水利用的折减面积 $70\% \times A'_{屋面/道路/绿地}$，即 $A_{屋面/道路/绿地} \leqslant A'_{屋面/道路/绿地} \times 70\%$。其中：$A_{屋面/道路/绿地}$ 为屋面、道路或绿地上建设的各雨水利用技术面积总和，m²；$A'_{屋面/道路/绿地}$ 为雨水利用适宜区内屋面、道路或绿地的用地类型面积，m²。

D. 雨水设施规划密度限制条件确定方法

由于海绵城市的建设理念提倡雨水就地消纳、分散式处理，且在一定的区域上某种雨水设施的数目或面积不可无限的多，否则将造成此种雨水利用技术因无法充分发挥作用而闲置。基于此，考虑依据各雨水利用技术的径流控制面积，为相应雨水设施的规划密度设置上限，实际建设的雨水设施占地密度不得高于该上限。雨水利用技术的径流控制面积，是指降水产汇流过程所产生的径流能汇流至该雨水利用技术设施的汇水面积总和，取值参考表5-6。

表5-6 单位面积（1m²）各雨水利用技术径流控制面积　　　　（单位：m²）

雨水利用技术	1hm²汇流面积上所需技术设施面积的均值	1m²技术设施的径流控制面积	参考来源
绿色屋顶	9 714	1	Nordman 等，2018
蓝色屋顶	10 000	1	/
透水铺装	9 167	1	多伦多环保局
雨水湿地	600	17	李萌萌，2019
湿塘	600	17	李萌萌，2019
蓄水池	271	37	中华人民共和国住房和城乡建设部，2014
雨水罐	345	20	中华人民共和国住房和城乡建设部，2014
渗井	12	833	李萌萌，2019
渗透塘	600	17	李萌萌，2019
下沉式绿地	2 000	5	王良民等，2008
雨水花园	600	17	李萌萌，2019
植草沟	218	46	刘燕等，2008
调节塘	1 333	8	多伦多环保局
调节池	600	17	李萌萌，2019
植被缓冲带	172	58	王良民等，2008
渗渠	500	20	汪慧贞等，2001
渗管	500	20	汪慧贞等，2001
传统绿地	10 000	1	/

各种雨水利用技术的建设密度上限 ρ'_i 计算、雨水利用技术占地密度 ρ_i 计算、所有雨水利用技术的总径流控制面积 A_{ct} 计算，见式（5-8）~式（5-10）：

$$\rho'_i = \frac{1}{a_{ci}} \times 100\% \tag{5-8}$$

$$\rho_i = \frac{A_i}{A'_t} \times 100\% \tag{5-9}$$

$$A_{ct} = \sum_{i=1}^{n} (a_{ci} \times A_i) \tag{5-10}$$

式中，a_{ci} 为第 i 种雨水利用技术径流控制面积，m^2，取值可参考表 5-6；A_i 为第 i 种雨水利用技术的总建设面积，m^2；A'_t 为规划区总面积，m^2。

故雨水利用技术规划密度限制条件为：各项雨水利用技术实际的占地密度 ρ_i 不得高于各雨水利用技术设置的占地密度上限 ρ'_i；此外，所有雨水利用技术的总径流控制面积 A_{ct} 不得超过规划区总面积 A'_t，即 $\rho_i \leqslant \rho'_i$，且 $A_{ct} \leqslant A'_t$。

E. 雨水利用功能占比限制条件确定方法

对于具有不同径流控制功能的雨水设施，其径流控制面积占总用地面积的比例代表着雨水功能占比，为此占比设置下限，以保障各雨水利用分区内各雨水功能占比的平衡与合理。

雨水设施的径流控制功能可分为蓄、渗、调、净、传五类，为便于区分，用字母 O 表示不同雨水利用分区的实际需求不同，表 5-7 对需求的重要性程度进行了分析。其中，生活活动区人口生活用水需求较大，因此应适当增加对雨水的集蓄利用，以缓解生活用水压力，另外此区域建筑物较为密集，雨季来临时易发生积水洪涝，因此也应重点关注对雨水径流的削峰调节；生产保障区由于工业的快速发展加剧了环境的恶化，雨水降落地面形成污染程度很高的地表径流，因此该区域应适当增加净化雨水类的雨水设施；生态涵养区的绿地和空地具有涵养地下水源、修复地下水漏斗的良好环境，应适当增加雨水对地下水的下渗回补。

表 5-7   各分区雨水功能需求重要性分析

相应的雨水功能需求重要性	蓄	渗	调	净	传
生活活动区	●	○	●	○	○
生产保障区	○	○	○	●	○
生态涵养区	○	●	○	○	○

●. 强；○. 一般。

具备相应功能的雨水设施总径流控制面积占比可反映该项雨水功能强弱，因此本方法以各种期望雨水功能对应的雨水设施径流控制面积所占百分比下限，来体现各区对不同雨水利用功能的需求程度。综合考虑各功能雨水设施径流控制面积的占比分配，根据多功能互补和因地制宜的原则，将雨水功能需求"一般"等级的雨水径流控制面积占比下限设为 5%，雨水功能需求"重要"等级的雨水径流控制面积占比下限设为 30%，此比例一方面保证了其他雨水功能的雨水设施径流控制面积的发挥余地，另一方面也体现了各雨水功能相较其他雨水功能的需求重要程度差异。另外，此比例下限的设置并不代表计算结果中各类雨水功能的雨水设施径流控制面积的实际占比，仅为保证在极端情况下，各功能区相应的雨水利用功能仍能满足底线需求保障，而不至于发生过度的雨水利用功能需求不均衡或个别的雨水利用功能缺失现象。

此处，各类雨水功能占比的计算见式（5-11）～式（5-13）：

$$Q_{(O)} = \frac{A_{ct(O)}}{A_t'} \tag{5-11}$$

$$A_{ct(O)} = \sum_{i-1}^{n} A_{ci(O)} + \frac{\sum_{j=1}^{n} A_{cj(O)}}{2} \tag{5-12}$$

$$A_{ci/j(O)} = A_{i/j(O)} \times a_{ci/j(O)} \tag{5-13}$$

式中，O 为雨水功能类别的代号，包括蓄、渗、调、净、传五种；$Q_{(O)}$ 为 O 类雨水功能占比，%；$A_{ct(O)}$ 为具有 O 类雨水功能的雨水利用技术径流控制面积之和，m²；A_t' 为规划区总占地面积，m²；$i/j(O)$ 为 O 类雨水功能强/一般的雨水利用技术序号；$A_{ci/j(O)}$ 为 O 类雨水功能对应的第 i/j 项雨水利用技术径流控制面积，m²；$A_{i/j(O)}$ 为 O 类雨水功能对应的第 i/j 项雨水利用技术占地面积，m²；$a_{ci/j(O)}$ 为 O 类雨水功能对应的第 i/j 项雨水利用技术单位面积的径流控制面，m²，取值参考表 5-6。

故雨水利用功能占比限制条件为相应分区内，各类雨水功能实际占比 $Q_{(O)}$ 不得低于各类雨水功能占比下限 $Q_{(O)}'$，即 $Q_{(O)} \geq Q_{(O)}'$。

3. 模型规划求解

决策变量即所要求解的雨水利用模式中各雨水利用技术的面积，其值为非负，以上步骤设置了 5 条雨水利用限制条件，其中雨水利用适宜技术种类筛选为首要限制条件，其他 4 条限制条件为并列关系。此外，以规划区的雨水利用综合效益评价结果最大为目标函数，输入上述限制条件，基于 Excel 构建规划求解模型，借此可自动求得最优解，即区域内各雨水利用技术类型的面积取值。此雨水利用技术类型组合以及面积配比方案即为各区域的雨水利用适宜模式。

5.3.2 京津冀雨水利用适宜模式

1. 京津冀中心城区雨水利用区域划分

从各规划局网站获取的京津冀各城市功能规划资料，资料汇总见表5-8。依据城市规划文件，将各省（直辖市）划分为中心城区与非中心城区；再将中心城区划分为生活活动区、生产保障区和生态涵养区，并对各分区的面积进行统计，见表5-9。图5-12展示的是京津冀中心城区分布示意图，图5-13展示的是北京、廊坊、保定等13个城市中心城区的雨水利用分区示意图。

表 5-8　京津冀城市规划文件汇总

城市	规划文件名称	网站	来源
北京市	《北京市城市总体规划（2016 年—2035 年）》	http：//ghzrzyw.beijing.gov.cn/	北京市规划和自然资源委员会
	《北京市土地利用总体规划（2006 年—2020 年）》	http：//ghzrzyw.beijing.gov.cn/	北京市规划和自然资源委员会
天津市	《天津市土地利用总体规划（2006 年—2020 年）》	http：//ghhzzry.tj.gov.cn/sy_143/	天津市规划和自然资源局
	《天津市城市总体规划（2005 年—2020 年）》	http：//ghhzzry.tj.gov.cn/sy_143/	天津市规划和自然资源局
河北省	《河北省土地利用总体规划（2006 年—2020 年）》	http：//www.mnr.gov.cn/	中华人民共和国自然资源部
石家庄市	《石家庄市城市总体规划（2011 年—2020 年）》	http：//zzrghj.sjz.gov.cn/	石家庄市自然资源和规划局
	《石家庄市土地利用总体规划（2006 年—2020 年）》	http：//zzrghj.sjz.gov.cn/	石家庄市自然资源和规划局
唐山市	《唐山市城市总体规划（2011 年—2020 年）》	http：//www.tangshan.gov.cn/	唐山市自然资源和规划局
	《唐山市土地利用总体规划（2006 年—2020 年）》	http：//zzygh.tangshan.gov.cn/	唐山市自然资源和规划局
邯郸市	《邯郸市城市总体规划（修编）（2011 年—2020 年）》	http：//www.hd.gov.cn/	邯郸市人民政府
	《邯郸市土地利用总体规划（2006 年—2020 年）》	http：//zrgh.hd.gov.cn/	邯郸市自然资源和规划局
承德市	《承德市城市总体规划（2016 年—2030 年）》	http：//zzrgh.chengde.gov.cn/	承德市自然资源和规划局
	《承德市中心城区土地利用规划》（2017 年调整后）	http：//www.chengde.gov.cn/	承德市人民政府
	《承德市土地利用总体规划（2009 年—2020 年）》	http：//www.chengde.gov.cn/	承德市人民政府
沧州市	《沧州市城市总体规划（2016 年—2030 年）》	http：//www.cangzhou.gov.cn/	沧州市人民政府
	《沧州市中心城区土地利用规划》（2019 年调整）	http：//zz.cangzhou.gov.cn/	沧州市自然资源和规划局
	《沧州市土地利用总体规划（2006 年—2020 年）》	http：//zz.cangzhou.gov.cn/	沧州市自然资源和规划局
保定市	《保定市城市总体规划（2011 年—2020 年）》	http：//zrgh.baoding.gov.cn/	保定市自然资源和规划局
	《保定市土地利用总体规划（2006 年—2020 年）》	http：//www.mnr.gov.cn/	中华人民共和国自然资源部
邢台市	《邢台市城市总体规划（2016 年—2030 年）》	http：//www.xingtai.gov.cn/	邢台市人民政府
	《邢台市土地利用总体规划（2015 年—2030 年）》	http：//www.xtsghj.gov.cn/	邢台市自然资源和规划局
衡水市	《衡水市城市总体规划（2015 年—2030 年）》	http：//www.hengshui.gov.cn/	衡水市人民政府
廊坊市	《廊坊市城市总体规划（2016 年—2030 年）》	http：//www.lf.gov.cn/	廊坊市人民政府
	《廊坊市土地利用总体规划（2006 年—2020 年）》	http：//zrzghj.lf.gov.cn/	廊坊市自然资源和规划局
张家口市	《张家口市城市总体规划（2016 年—2030 年）》（草案）	http：//www.zjk.gov.cn/	张家口市人民政府
	《张家口市土地利用总体规划（2006 年—2020 年）》	http：//zrzgh.zjk.gov.cn/	张家口市自然资源和规划局

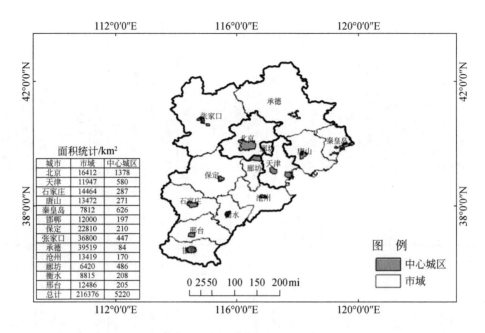

图 5-12 京津冀中心城区分布示意图

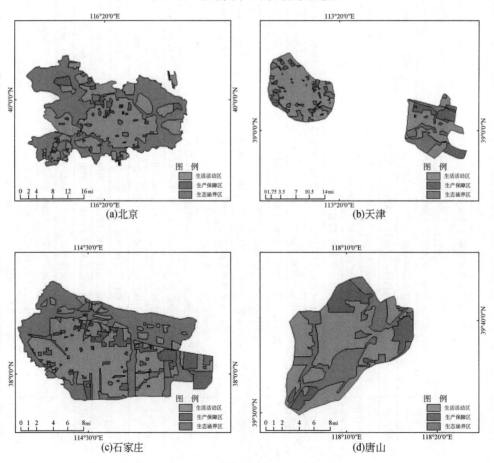

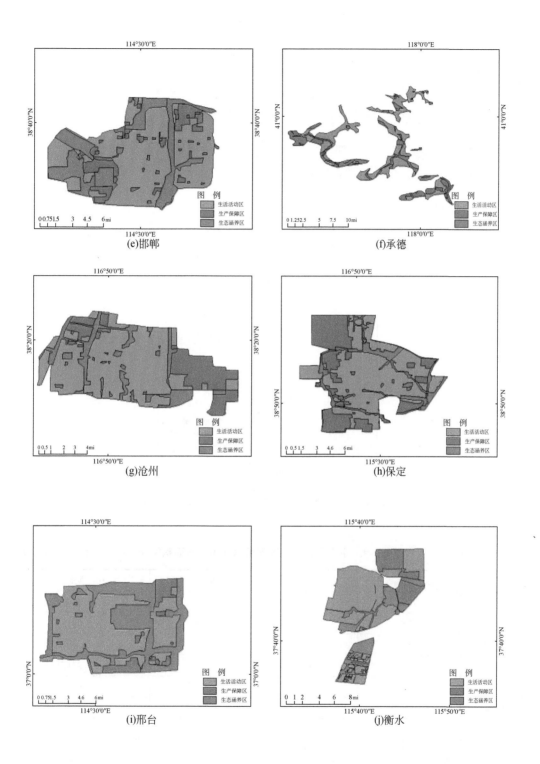

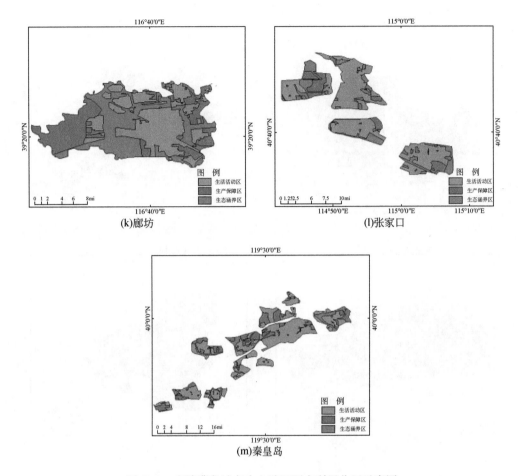

图 5-13 京津冀各城市中心城区雨水利用分区示意图

表 5-9 京津冀各中心城区雨水利用分区面积统计　　　　　（单位：km²）

城市	生活活动区面积	生产保障区面积	生态涵养区面积	中心城区面积
北京	709	112	557	1378
天津	383	71	127	581
石家庄	135	32	120	287
唐山	147	43	80	271
秦皇岛	415	117	94	626
邯郸	86	25	86	197
保定	118	60	32	210
张家口	291	59	100	451
承德	52	14	18	84
沧州	105	36	33	174

城市	生活活动区面积	生产保障区面积	生态涵养区面积	中心城区面积
廊坊	180	133	173	486
衡水	129	36	44	208
邢台	112	16	78	207
总计	2831	756	1572	5159

经过对京津冀各中心城区雨水利用分区的矢量图整理与面积统计，得出以下统计数据：京津冀全域面积为21.8万km²，进行雨水利用模式构建的目标区域中心城区面积总计为5159km²。其中，生活活动区面积总计为2831km²，生产保障区面积总计为756km²，生态涵养区面积总计为1572km²。

2. 京津冀中心城区资料收集

1）用地规划资料

根据《城市规划编制办法》第二十条，城市总体规划包括市域城镇体系规划和中心城区规划两个层次（中华人民共和国住房和城乡建设部，2005）。中心城区是城市发展的核心地区，与中心城区以外的各城镇具有不同的人口规模等级和职能分工。

城市规划用地类型资料数据的获取来源有两种：一种是针对提供控制性详细规划的地块，所具备的规划数据较为详细具体，因此可直接从规划文件中查询或在规划图集中获取，从而得到各用地类型的面积；另一种是针对仅有宏观规划的大区域，难以直接查询到规划的用地类型数据，因此可参考各城市的土地利用规划、道路交通设施设计规范、绿地系统规划等文件，借助其规范的建筑密度、道路密度、绿地率等指标，大体确定不同用地类型的面积。本书采用第二种方法，可按图5-14中所示的比例对建筑物屋面、道路与广场、绿地和空地等建设用地的占地面积进行计算，参考来源可见表5-10。

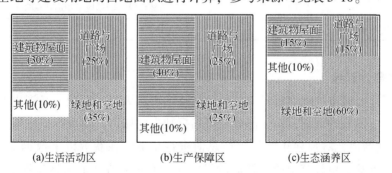

图 5-14　各雨水利用分区不同土地利用类型占地面积占比示意图

表 5-10　京津冀中心城区不同雨水利用分区内各建设用地类型面积分配

分区	用地类型面积占比	参考来源	参考依据	参考取值/%
生活活动区	建筑屋面面积占比	《城市居住区规划设计标准》（GB50180—2018）	依据所在的气候分区，居住街坊的多层Ⅰ类建设用地的最大建设密度为30%	30
	道路与广场面积占比	《城市用地分类与规划建设用地标准》（GB50137—2011）	城市道路与交通设施用地宜为10%~25%	25
生活活动区	绿地和空地面积占比	《城市居住区规划设计标准》（GB50180—2018）	依据所在的气候分区，居住街坊的多层Ⅰ类建设用地的最小绿地率为30%	35
		《城市绿化规划建设指标的规定》（建城〔1993〕784号）	新建居住区绿地占居住区总用地比例不低于30%	
	其他用地面积占比	/	/	10
生产保障区	建筑屋面面积占比	《工业项目建设用地控制指标》（国土资发〔2008〕24号）	中心城区中的工业区等级不得超过二级，建筑密度范围为30%~45%	40
	道路与广场面积占比	《城市用地分类与规划建设用地标准》（GB50137—2011）	城市道路与交通设施用地宜为10%%~25%	25
	绿地和空地面积占比	《工业项目建设用地控制指标》（国土资发〔2008〕24号）	工业厂区用地的绿地率不得低于20%	25
	其他用地面积占比	/	/	10
生态涵养区	建筑屋面面积占比	/	/	15
	道路与广场面积占比	《城市用地分类与规划建设用地标准》（GB50137—2011）	城市道路与交通设施用地宜为10%~25%	15
	绿地和空地面积占比	《国家园林城市标准》	"园林小区""园林单位""园林建设"的绿地率要到达60%	60
	其他用地面积占比	/	/	10

2）经济条件资料

表 5-8 所述各城市的规划资料中，包含对整个市域人口、面积、经济生产总值，以及中心城区人口、面积的规划，对于部分经济指标缺失的城市，亦可根据往年经济统计年鉴中的 GDP 及其增速，对规划年的年生产总值进行预测。在获取以上数据资料的基础上，按照人口比例换算，可计算出中心城区的经济生产总值；在中心城区按照面积比例换算，可分别计算出各雨水利用分区的年经济生产总值。依据表 5-8，对京津冀各城市经济情况资料的收集与计算，以 2020 年为基准年，计算得到了各雨水利用分区年 GDP 情况，

见表 5-11。

表 5-11　各雨水利用分区面积与区域年总 GDP 情况统计

城市	各分区面积/km²			各分区年 GDP/亿元		
	生活活动区	生产保障区	生态涵养区	生活活动区	生产保障区	生态涵养区
北京	709	112	557	9 500	1 440	6 780
天津	383	71	127	4 540	840	1 500
石家庄	135	32	120	1 600	380	1 420
唐山	147	43	80	1 320	380	720
秦皇岛	415	117	94	380	100	80
邯郸	86	25	86	600	180	600
保定	118	60	32	340	180	100
张家口	291	59	100	380	80	140
承德	52	14	18	240	60	80
沧州	105	36	33	380	140	120
廊坊	180	133	173	320	240	300
衡水	129	36	44	260	80	80
邢台	112	16	78	240	40	180
总计	2 831	756	1 572	18 940	3 520	13 840

3）自然条件资料

（1）土壤类型。根据 SCS 水文土壤组，将土壤类型分为如下 4 类：A 类是黏粒含量小于 28% 且砂粒含量大于 52%，包括砂土、壤砂土、砂壤土的全部或一部分；B 类是黏粒含量小于 28% 且砂粒含量小于等于 52%，包括壤土、粉壤土；C 类是黏粒含量为 28%~35% 且砂粒含量大于 52%，包括砂黏壤土；D 类是黏粒含量大于 35%，或黏粒含量为 28%~35% 且砂粒含量小于等于 52%（USDA-Soil Conservation Service，1985）。其中砂粒、粉粒、黏粒含量数据从中国科学院资源环境科学数据平台（http://www.resdc.cn/Default.aspx）获取，中国土壤质地空间分布数据是根据 1∶100 万土壤类型图和第二次土壤普查获取到的土壤剖面数据编制而成的。图 5-15 为京津冀地区的水文土壤组分布图。

（2）地面坡度。CGIAR-CSI 官方网站（http://srtm.csi.cgiar.org/）上提供了全球 80% 以上地区的 SRTM 90m 数字高程数据，使用原始高程数据并结合 DEM 技术能够生成坡度数据。结合《海绵城市建设技术指南》与雨水利用模式构建的相关研究，依据不同雨水设施适宜坡度，将地形坡度由小到大依次分为平坡0°~3°、缓坡3°~7°、斜坡7°~15°、陡坡15°~90°四级。图 5-16 为京津冀的地面坡度分级图。

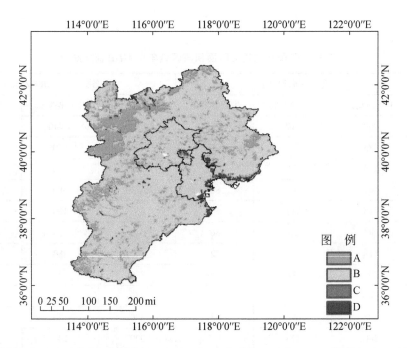

图 5-15　京津冀水文土壤组分布图

资料来源：http：//www. resdc. cn/Default. aspx

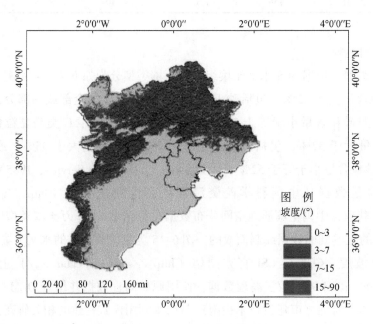

图 5-16　京津冀地面坡度分级图

资料来源：http：//srtm. csi. cgiar. org

（3）地下水埋深。随着地下水监测网络的逐步建成，地下水埋深数据日渐完善。各市的水资源通报中对近年的地下水埋深情况进行统计，结合雨水利用模式前期资料分析的需求，可从通报中收集规划区的年平均浅层地下水埋深数据，并将地下水埋深以 1m 为界限分为两个等级。水利部海河委员会 2010 年统计并通报了海河流域山前平原地下水情况，针对京津冀平原地区年平均浅层地下水埋深数据，图 5-17 为京津冀平原地区的地下水埋深分布图（水利部海河水利委员会，2011）。

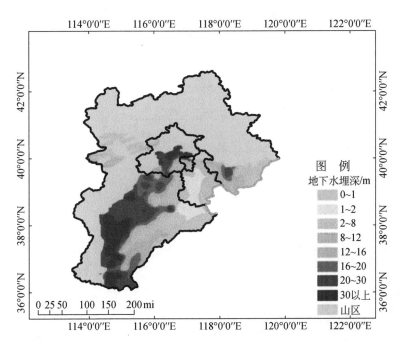

图 5-17 京津冀平原地区地下水埋深分布图

资料来源：http://www.hwcc.gov.cn/hwcc/wwgj

3. 雨水利用适宜模式构建结果

经过规划求解，各雨水利用分区均可满足所有限制条件，并求得最优解，图 5-18 为京津冀各中心城区中生活活动区、生产保障区、生态涵养区的雨水利用模式求解结果，其中城市的排序依据为各城市的经济实力大小，即按照单位面积中心城区的计划成本投入上限值由高到低进行排序的。

（1）生活活动区选用的是绿色屋顶、透水铺装、蓄水池、下沉式绿地、植草沟、传统绿地、渗井；生产保障区选用的是透水铺装、蓄水池、下沉式绿地、植草沟、传统绿地、渗管、雨水罐、雨水花园；生态涵养区选用的是绿色屋顶、透水铺装、蓄水池、下沉式绿地、植草沟、传统绿地、渗管、雨水罐。

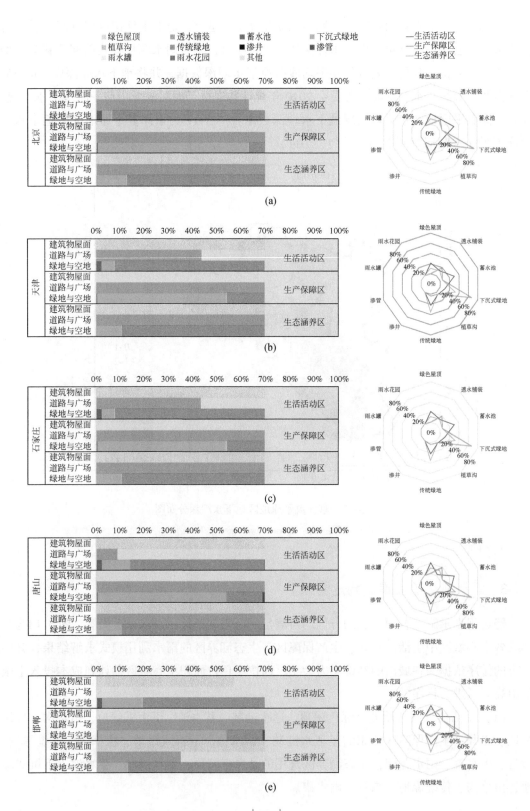

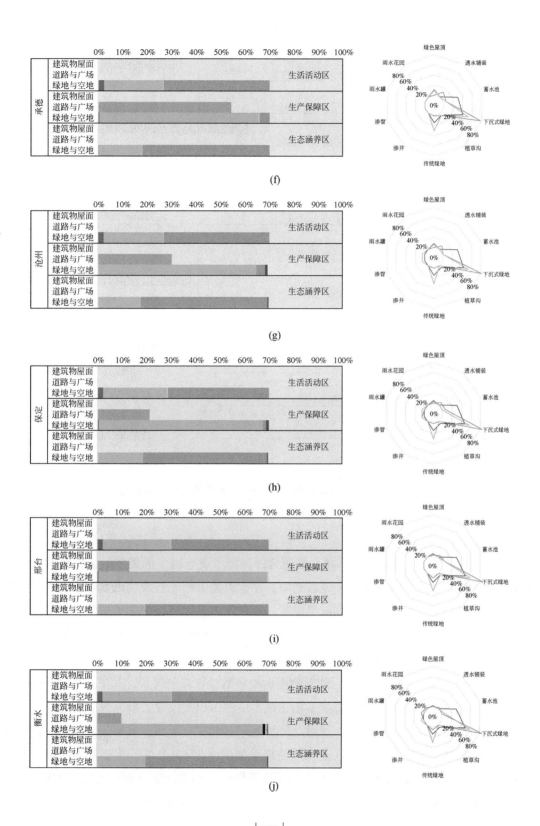

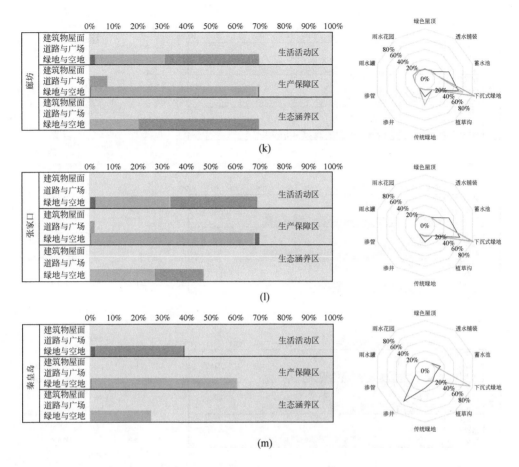

图 5-18　京津冀各城市中心城区雨水利用分区雨水设施占相应用地类型面积比例及雨水设施径流控制面积占各分区总规划面积比例

（2）雨水湿地、湿塘、调节塘、渗透塘四种雨水设施因空间需求过大，不适宜在城市中心城区使用，故在规划求解中未被选中；在建筑物屋面上开展的雨水利用技术中，蓝色屋顶其综合效益评价值均远不如绿色屋顶，故在规划求解过程未被选中；调节池、植被缓冲带、渗渠此三种雨水设施因自身的成本效益值与径流功能特性难以与其他雨水设施组合达到规划求解要求，故也未被选中。

（3）生活活动区、生态涵养区建筑物屋面上多数设置绿色屋顶，其中北京、天津、石家庄、唐山四个城市的绿色屋顶覆盖率均达到了屋顶面积的设置上限70%，绿色屋顶的覆盖率与城市的经济条件呈正相关；道路与广场上只有北京、天津、石家庄、唐山、邯郸五个城市设置透水铺装，生活活动区透水铺装覆盖率最大为63.31%，生态涵养区透水铺装覆盖率最大为70%，其覆盖率均与城市的经济条件呈正相关；绿地和空地上主要铺设下沉式绿地和传统绿地，此外生活活动区也配合铺设了一定比例的蓄水池、植草沟，生态涵养

190

区配合铺设了一定比例的蓄水池、植草沟、渗井、渗管、雨水罐，在此用地类型上，除经济水平较低的秦皇岛外，其他城市总雨水设施覆盖率均达到了占地面积设置的上限 70%；下沉式绿地在生活活动区的覆盖率为 4.31%~30.96%，在生态涵养区的覆盖率为 10.83%~26.63%，下沉式绿地覆盖率与城市的经济条件呈负相关，推测是由于经济条件强的城市，为了达到更高的综合效益目标，故将雨水开发利用的成本投资较多地放到了建筑物屋面和道路与广场上，从而使得用于在绿地和空地上铺设的下沉式绿地覆盖率有所降低。

（4）生产保障区：所有的建筑物屋面均不进行雨水开发利用；在道路与广场区域除秦皇岛外其余城市均设置透水铺装，覆盖率为 2.12%~70%，其中天津、北京、石家庄和唐山四个城市的透水铺装覆盖率达到了占地面积设置的上限 70%，透水铺装的覆盖率与城市的经济条件呈正相关；绿地与空地区域主要铺设下沉式绿地和传统绿地，此外也配合铺设了一定比例的植草沟、渗管、雨水罐、雨水花园，在此用地类型上，除经济水平较低的秦皇岛外，其他城市总雨水设施覆盖占比均达到了占地面积设置的上限 70%；在被选中的雨水设施类型中，下沉式绿地在绿地和空地上的覆盖占比最大，保持在 53.65%~69%。

图 5-19 为京津冀各城市中心城区雨水利用分区雨水设施径流控制面积占各分区总规划面积比例。

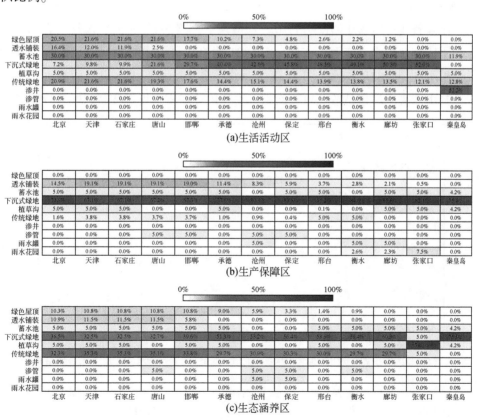

图 5-19 京津冀各城市中心城区雨水利用分区雨水设施径流控制面积占各分区总规划面积

（1）除秦皇岛外，其余京津冀城市中心城区的雨水设施总径流控制面积均达到了规划区面积的100%，可能是由于秦皇岛用于雨水开发利用的经济投入水平较低，难以铺设足够的雨水设施以控制全部区域的雨水径流；在生活活动区，主要由蓄水池和下沉式绿地承担较大的径流控制面积占比，分别为30%和7.2%~52.9%；在生产保障区，主要由下沉式绿地承担较大的径流控制面积占比，为67.1%~86.2%；在生态涵养区，主要由下沉式绿地和传统绿地承担较大的径流控制面积占比，分别为32.5%~75.5%和29.7%~35.3%。

（2）经核验，在生活活动区，"蓄水池+雨水罐"可控制足够的径流面积，以保证生活区对雨水蓄水和径流调节的特别需求；在生产保障区，"植草沟+雨水花园+下沉式绿地+传统绿地"可控制足够的径流面积，以保证工业区对径流净化的特别需求；在生态涵养区，"下沉式绿地+透水铺装+植草沟"可控制足够的径流面积，以保证生态区对雨水下渗的特别需求；此外，在求解得到的雨水利用适宜模式中，各雨水设施均在各自设置的密度铺设限制范围内。

4. 雨水利用适宜模式构建结果分析

1）成本效益分析

在京津冀各城市所构建的雨水利用适宜模式下，图5-20为京津冀各中心城区单位面积雨水利用成本及雨水设施面积占比，图5-21为京津冀各中心城区单位面积雨水利用年均效益及雨水利用效益成本比，图5-22为京津冀各中心城区雨水设施面积占比与成本效益情况，其中图表中城市是按照单位面积雨水利用计划成本投入从高到低进行排序的。

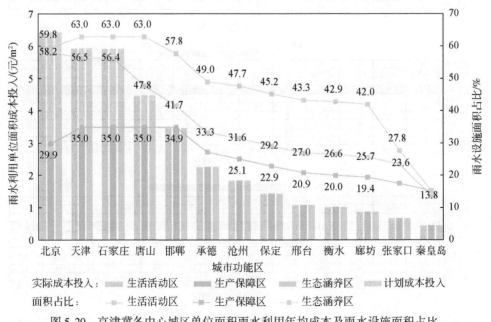

图 5-20　京津冀各中心城区单位面积雨水利用年均成本及雨水设施面积占比

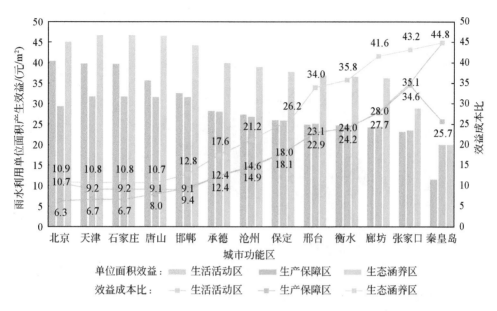

图 5-21 京津冀各中心城区单位面积雨水利用年均效益及雨水利用效益成本比

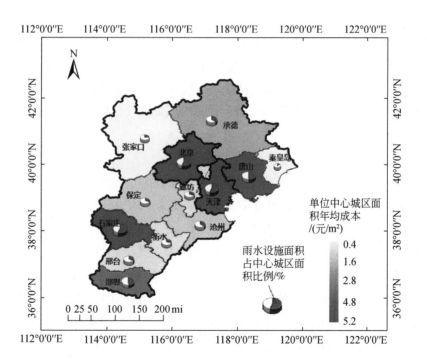

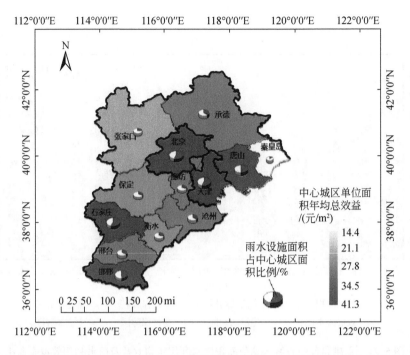

图 5-22 京津冀各城市中心城区雨水设施铺设比例及单位中心城区面积雨水利用成本效益

总效益 T_t 为经济、生态、社会效益的加和，是对雨水利用所带来效益货币值的总体估算，计算公式如式（5-14）；雨水设施占地百分比 η 为雨水设施的占地面积占中心城区总面积的比例，计算公式如式（5-15）；效益成本比 δ 为年均总效益与年均成本的比值，可反映出雨水利用单位成本投入的效益产值，计算公式如式（5-16）：

$$T_t = F_t + E_t + S_t \tag{5-14}$$

$$\eta = A_t / A'_t \times 100\% \tag{5-15}$$

$$\delta = F_t/C_t、E_t/C_t、S_t/C_t、T_t/C_t \tag{5-16}$$

式中，T_t 为雨水设施总共可产生的年总效益，元；A_t 为雨水设施总占地面积，m^2；A'_t 为规划区总占地面，m^2；η 为雨水设施占地百分比，%；δ 为效益成本比。

（1）京津冀地区总计在 5159km² 的中心城区面积上铺设了 41% 的雨水设施，年投资为 157.8 亿元，预计每年可产生效益总计 1694.1 亿元，平均效益成本比为 10.7，其中，经济效益由于统计中扣除了成本，故其值为负，生态效益贡献最大。从京津冀各城市综合来看，城市在单位中心城区面积上雨水开发利用的年平均成本投资为 3.1 元/m²，年平均经济效益、年平均生态效益、年平均社会效益、年平均总效益分别为 −2.9 元/m²、34.6 元/m²、1.1 元/m²、32.8 元/m²。

查阅相关资料，中国的海绵城市计划投资为 1 亿 ~ 1.5 亿元/km²。本章构建的雨水利用适宜模式年均成本投资为 0.0306 亿元/km²，预期寿命平均大概在 25 年，则此雨水利用适宜模式在全生命周期内的投资为 0.765 亿元/km²。与预期的海绵城市建设相比，每平方千米可减少 38.8% 的投资。

（2）结合图表分析可得：北京、天津、石家庄、唐山四个城市中心城区的生产保障区和生态涵养区的雨水利用计划成本有所富余，生活活动区对资金的利用率较高，生产保障区对资金的利用率较低，除此之外，其余各区的雨水利用成本均达到了当地 GDP 的 0.5% 上限；在所计算的雨水利用模式下，单位中心城区面积的雨水利用年均成本投入在 0.45 ~ 5.2 元/m²，城市雨水设施覆盖率在 14.3% ~ 56.8%，覆盖率与单位中心城区面积的雨水利用成本呈正相关；单位中心城区面积的雨水利用年均总效益在 14.4 ~ 41.7 元/m²，与单位中心城区面积的雨水利用成本呈正相关。由此可见，经济条件高的城市有更多的资金对更多的用地类型进行雨水开发利用，进而可带来更大的效益。

（3）在所计算的雨水利用模式下，城市雨水利用的效益成本比在 7.8 ~ 36.5，基本上与单位中心城区面积的雨水利用成本呈负相关，考虑是由于经济发达城市主要将多余的资金用来开发建筑物屋顶和道路停车场，但绿色屋顶和透水铺装的效益成本比较低，从而使得计算出的整个城市的雨水利用效益成本比较低。

2）各雨水利用分区对比分析

在所构建的京津冀雨水利用模式下，表 5-12 对三大雨水利用分区的年均雨水利用情况与成本效益情况进行了对比分析，图 5-23 为各雨水利用分区单位中心城区面积的雨水利用效益成本比及单位面积雨水利用成本投入。

表 5-12　京津冀三大雨水利用分区年均雨水利用情况与成本效益

项目	生活活动区	生产保障区	生态涵养区	总计
总面积/km²	2861	756	1542	5159
雨水设施占地面积/km²	820	199	579	1599
总成本/亿元	98.7	13.5	45.7	157.8
经济效益/亿元	-92.0	-10.7	-48.4	-151.1
生态效益/亿元	919.8	205.4	661.5	1786.6
社会效益/亿元	37.2	4.5	16.8	58.6
总效益/亿元	864.9	199.3	629.8	1694.1
雨水设施占地比例/%	39.6	24.5	51.7	41.0
效益成本比	8.8	14.8	13.8	10.7

由表 5-12 中可知，在为京津冀各中心城区构建的雨水利用模式下，关于雨水利用带来的成本与效益总值，生活活动区由于占地面积最大，其值也最高；关于雨水设施的铺设

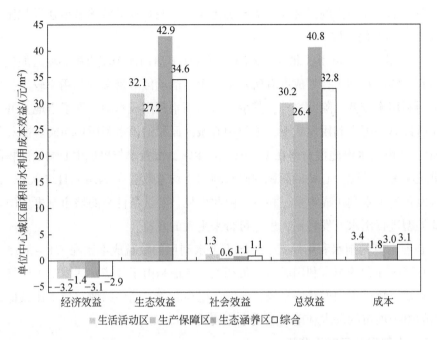

图 5-23　各雨水利用分区单位中心城区面积的雨水利用效益成本比及
单位面积雨水利用成本投入成本效益值

率，生态涵养区最高，为 51.7%，生活涵养区次之，为 39.6%，生产保障区最低，为 24.5%；关于雨水利用效益成本比，生产保障区最大，为 14.8，生态涵养区次之，为 13.8，生活活动区最低，为 8.8。

　　由图 5-23 可知，在为京津冀各中心城区构建的雨水利用模式下：关于单位中心城区面积的雨水利用年均成本，生活活动区最高，为 3.4 元/m²，生态涵养区次之，为 3.1 元/m²，生产保障区最低，为 1.8 元/m²；关于单位中心城区面积的雨水利用年均总效益，生态涵养区最高，为 40.8 元/m²，生活活动区次之，为 30.2 元/m²，生产保障区最低，为 26.4 元/m²；关于单位中心城区面积的雨水利用年均经济效益，生产保障区最高，为 −1.4 元/m²，生态涵养区次之，为 −3.1 元/m²，生活活动区最低，为 −3.2 元/m²；关于单位中心城区面积的雨水利用年均生态效益，生态涵养区最高，为 42.9 元/m²，生活活动区次之，为 32.1 元/m²，生产保障区最低，为 27.2 元/m²；关于单位中心城区面积的雨水利用年均社会效益，生活活动区最高，为 1.3 元/m²，生态涵养区次之，为 1.1 元/m²，生产保障区最低，为 0.6 元/m²。

　　可以看出，三大分区雨水利用三种效益类型中，生态效益占比最大。生活活动区的雨水利用模式，花费的成本较高，经济效益相对较低，社会效益相对较高，该区为达到最大综合效益评价值的目标，采取的是"利用资金，将更多的屋面和道路进行雨水利用技术改造"方案，因此效益成本比相对较低；生产保障区的雨水利用模式，花费的成本相对较低，经济效益相对较高，但社会和生态效益均较低，该区为达到最大综合效益评价值的目标，采取的是"集约资金，建设效益高、径流控制功能全面的雨水设施"方案，因此雨水设施面积铺设率相对较低，且效益成本比较高；生态涵养区的雨水利用模式，生态效益相对较高，成本、经济效益、社会效益适中，该区为达到最大综合效益评价值的目标，采取的是"凭借绿地和空地较多的优势，尽可能在绿地上开展较多的雨水利用"方案，因此雨水设施面积铺设率相对较高。

5.4 京津冀雨水资源化利用潜力评价与分析

5.4.1 雨水资源化利用潜力评价方法

为评估规划区开展雨水利用后的雨水资源潜力，在构建的京津冀雨水利用适宜模式的基础上进行雨水资源潜力评价。根据雨水利用技术的典型构造及功能，将雨水利用技术分为有调蓄容积的渗透类雨水利用技术 A_I（植草沟、下沉式绿地、雨水花园、渗井、渗透塘、渗渠、渗管）、无调蓄容积的渗透类雨水利用技术 A_{II}（植被缓冲带、传统绿地、透水铺装）、调蓄类雨水利用技术 A_{III}（雨水湿地、湿塘、调节塘、调节池、蓄水池、雨水罐）、绿色屋顶 A_{IV}、蓝色屋顶 A_V；将各雨水利用技术汇水区域的基础雨量细分为年雨水灌溉补给量 W_1、年雨水下渗回补量 W_2、年雨水集蓄利用量 W_3、年雨水径流量 W_4、年雨水弃流量 W_5。

其中，年雨水灌溉补给量 W_1 为针对有植被的雨水利用技术在历次降雨过程中可用来替代人工灌溉的雨量，m^3；年雨水下渗回补量 W_2 为针对下渗类雨水利用技术在历次降雨过程中可入渗回补到地下潜水层的雨量，m^3；年雨水集蓄利用量 W_3 为针对蓄水类雨水利用技术在历次降雨过程中可被储存起来以供利用的雨量，m^3；年雨水径流量 W_4 为在各雨水利用技术在汇水区域内因无法下渗、集蓄而产生地表径流的雨量，m^3；年雨水弃流量 W_5 为历次降雨在产生径流的过程中初期雨水弃流的雨量，m^3。本方法将 W_1、W_2、W_3 视为雨水利用潜力，将 W_4 视为潜在的径流入河生态补给潜力。

收集规划区的下垫面情况资料与年均降雨资料，结合典型雨水利用技术的尺寸及构造，依据水量平衡原理进行径流计算，计算出各单项雨水设施单位面积在京津冀地区年均最大的雨水利用潜力，之后以此为基础值，进而对所构建的雨水利用适宜模式进行雨水利用潜力计算。图 5-24 为雨水利用潜力的计算流程图，以京津冀为案例，可计算得京津冀雨水利用适宜模式下的雨水资源潜力。

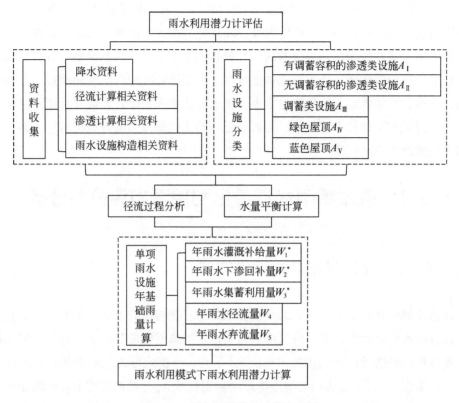

图 5-24　雨水资源潜力计算流程图

5.4.2　雨水资源化利用潜力评价

1. 数据来源与计算依据

1）降雨资料

进行雨水资源潜力计算，前期需对降雨资料进行收集，若规划区范围较广，还需依据气候特征进行降雨分区，分别收集各区内的年均降雨量、极端降雨量与极端降雨天数。表 5-13 是以京津冀地区为例，根据对京津冀地区降雨资料的收集情况，将所研究的京津冀分为七个区域，分别为冀北高原区、冀东平原区、京津地区、太行山区、山前平原区、燕山丘陵西区、燕山丘陵东区。

表 5-13　京津冀不同降水气候分区的降雨资料统计

项目	年均降雨量 P/mm	年均极端降雨量 P'/mm	年均极端降雨天数 n/天	极端降雨量占比 γ/%
燕山丘陵西区	492.6	115	4	23.35
燕山丘陵东区	492.6	175	4	35.53
山前平原区	498.2	182.5	4	36.63
冀东平原区	594.2	220	4	37.02
京津地区	546.6	205	4	37.50
冀北高原区	401.8	/	/	/
太行山区	520.2	/	/	/

注：数据由表 5-8 所列资料整理获得。

2) 径流计算相关资料

A. 各雨水利用区的综合径流系数 ξ_0

综合径流系数的取值直接关系着城市降雨径流的计算流量，是一项综合参数，根据《室外排水设计规范》，综合径流系数按汇水面上各种性质的地面覆盖，通过面积加权平均求得（中华人民共和国住房和城乡建设部，2016）。在城市的中心城区，不同土地功能区的用地类型存在很大的差距，进而综合径流系数在不同功能区中存在显著的差异性，因此将京津冀中心城区的径流系数按照生活活动区、生产保障区、生态涵养区分区进行确定。参考叶镇等对典型城市功能区的综合径流系数评价，将京津冀中心城区生活活动区、生产保障区、生态涵养区的土地综合径流系数 ξ_0 分别定为 0.85、0.70、0.50（叶镇和刘鑫华，1994）。

B. 各雨水设施汇水面积内综合径流系数 ξ_i

参照《室外排水设计规范》（GB50014）和《雨水控制与利用工程设计规范》（DB11/685），各雨水利用技术的径流系数 ξ_i 取值见表 5-14（中华人民共和国住房和城乡建设部，2016；北京市规划委员会，2017）。汇水区内综合径流系数 $\xi_{i'}$ 计算公式见式（5-17）。根据城市下垫面的径流污染情况，需对初期的雨水径流进行弃流，弃流系数 β 参考左建兵等（2009）的研究，取值为 0.85。

$$\xi_{i'} = \frac{\xi_i \times 1\mathrm{m}^2 + \xi_0 \left(a_{ci} - 1\mathrm{m}^2\right)}{a_{ci}} \tag{5-17}$$

式中，a_{ci} 为单位面积的第 i 项雨水设施的径流控制面积，m^2，参考表 5-6 取值；ξ_0 为各功能区原始地面的综合径流系数，生活活动区、生产保障区、生态涵养区分别取值 0.85、0.70、0.50；ξ_i 为第 i 项雨水设施的径流系数，见表 5-14；$\xi_{i'}$ 为第 i 项雨水设施在其径流控制面积内的综合径流系数。

表 5-14　各雨水利用技术径流系数 ξ_i 取值

雨水设施类型	设施径流系数 ξ_i	雨水设施类型	设施径流系数 ξ_i
植草沟	0.15	雨水湿地	0.00
下沉式绿地	0.15	湿塘	0.00
植被缓冲带	0.15	调节塘	0.00
雨水花园	0.15	调节池	0.00
传统绿地	0.15	蓄水池	0.00
透水铺装	0.27	雨水罐	0.00
渗井	0.00	绿色屋顶	0.35
渗透塘	0.00	蓝色屋顶	0.00
渗渠	0.00	传统屋顶	0.85
渗管	0.00	传统路面	0.85

资料来源：中华人民共和国住房和城乡建设部，2016；北京市规划委员会，2017。

C. 渗透计算相关资料

（1）土壤渗透系数 K：土壤的渗透系数是影响雨水入渗过程的关键参数，其取值受到若干因素影响，如土壤的粒径组成、土壤含水率、土壤容重、土壤孔隙度等。参照李银等（2018）的研究成果，将生活活动区、生产保障区、生态涵养区的土壤入渗系数 K 分别取为 0.1728m/d、0.15552m/d、0.30524m/d。依据《海绵城市建设专项规划与设计标准》，渗井底部和周边的土壤渗透系数应大于 5×10^{-6} m/s，若实际工程所在地土壤渗透系数过低，则应根据实际情况进行换土操作，因此，本方法将渗井所处区域的土壤渗透系数 K 定为 0.432m/d（中华人民共和国住房和城乡建设部，2020）。

（2）渗透安全系数 α：基于长期径流汇入对渗透类雨水设施雨水入渗功能削弱的影响，对渗透类雨水设施设置安全系数，参考《建筑与小区雨水控制及利用工程技术示范》，安全系数 α 取值一般为 0.5~0.8，本方法 α 取值为 0.65（中华人民共和国住房和城乡建设部，2016）。

（3）渗透时间 t_s：根据《海绵城市建设技术指南》，对于每次降雨，有调蓄容积的渗透设施排空时间应不大于 24h，渗井的排空时间不应大于 72h，无调蓄容积的雨水设施渗透时间为每次降雨的全降雨历时（中华人民共和国住房和城乡建设部，2014）。参照对降雨资料的搜集情况，各降雨分区极端降雨的天数为 n，则有调蓄容积的渗透类设施渗透时间 t_s 按 n 天计，无调蓄容积的渗透类设施渗透时间按 $0.5n$ 天计，渗井按 $3n$ 天计。

（4）有效渗透面积 A_s：根据《海绵城市建设技术指南》，对于渗透类雨水设施的有效渗透面积，水平渗透面应按投影面积计算，竖直渗透面应按有效水位高度的 1/2 计算（中华人民共和国住房和城乡建设部，2014）。因此，对于单位面积的雨水设施，除渗井外，有效渗透面积 As 均按 1m² 计；对于单位面积的渗井，深度取 5m，则其有效渗透面积 As 为 8.85m²。

D. 雨水设施构造相关资料

（1）雨水设施有效调蓄深度 d：根据《海绵城市建设技术指南》，可确定雨水湿地、湿塘、调节塘、调节池的有效调蓄深度 d 的经验值分别为 0.4m、1.7m、2.4m、2.4m（中华人民共和国住房和城乡建设部，2014）。对于蓄水池、雨水罐，由于此类蓄水设施内的水量可及时供给城市用水，蓄存水的替换周期较短，故本方法视其有效调蓄深度为无限。对于渗井，深度越大使得雨水的入渗能力越强，但深度过大，会增大实际操作的难度，也容易出现塌孔或其他施工问题，参考相关文献与规范，本书选取渗井深度 d 为 5m（中华人民共和国住房和城乡建设部，2014；冯彦芳等，2019；童丽萍和谷鑫蕾，2017）。对于绿色屋顶，根据《海绵城市建设技术指南》，绿色屋顶定的土层深度 d 一般为 0.15m，壤土为最适宜耕种的土壤类型（中华人民共和国住房和城乡建设部，2014）。

（2）植被覆盖面积 a_p 与年生态需水量 w_p：在对有植被覆盖的雨水利用技术进行雨水资源潜力计算时，需要考虑植被的生态需水量，植被的生态需水量包括植被蒸散需水量，植被生长需水量及维持植被生长的最小土壤含水量。京津冀地区属于半湿润地区，依据《人工草地灌溉与排水》和《水资源承载能力与生态需水量理论及应用》书中的研究，对于半湿润地区，单位面积植被的年生态需水量 w_p 可取 600mm/a，对于具体的研究区域，可根据各地区实际情况做适当调整（郑守林，2005；张丽，2005）。部分雨水设施为植被全覆盖型的，如植草沟、下沉式绿地、植被缓冲带、雨水花园、传统绿地、绿色屋顶单位面积，此类雨水设施的植被面积 a_p 取 1m²，部分雨水设施为植被半覆盖型的，如雨水湿地、湿塘，此类雨水设施的植被面积 a_p 取 0.5m²；其余无植被覆盖的雨水设施，如透水铺装、调节塘、调节池、蓄水池、雨水罐、蓝色屋顶，此类雨水设施的植被面积 a_p 为 0m²。

2. 单项雨水设施年基础雨量计算方法

年汇水量 W 为各雨水设施在其径流控制面积 a_c 内可集聚的全部雨量；最大年灌溉补给量 W_{1max} 为雨水设施中植被的年生态需水量；极端降雨时段最大土壤入渗量 W_{smax} 为在极端降雨时段各雨水设施的最大渗透能力（m³），此值由基础土壤的渗透系数 K、雨水利用技术的有效渗透面积 A_s、有效渗透时间 t_s 决定；极端降雨时段最大集蓄雨水量 W_{gmax} 为集蓄类雨水设施其调蓄容积在极端降雨时段最大的集蓄量，其值由年均极大降雨日数 n、各雨水设施的有效调蓄深度 d 决定。各基础水量的计算公式如下：

$$W = P \times a_c \div 1000 \tag{5-18}$$

$$W_{1max} = w_p \times a_p \div 1000 \tag{5-19}$$

$$W_{smax} = \alpha \times K \times J \times A_s \times t_s \tag{5-20}$$

$$W_{gmax} = n \times d \times 1 \mathrm{m}^2 \tag{5-21}$$

式中，W 为规划区内年汇水总量，m^3；W_{lmax} 为最大年灌溉补给量，m^3；W_{smax} 为极端降雨时段最大土壤入渗量，m^3；W_{gmax} 为极端降雨时段最大集蓄雨水量，m^3；a_c 为单位面积雨水设施的汇水面积，m^2，取值参考表 5-6；P 为所在区域的年均降雨量，mm；w_p 为单位面积植被年生态需水量，mm，取值 600mm；a_p 为单位面积雨水设施的植被覆盖面积，m^2；α 为渗透安全系数，取值为 0.65；K 为土壤渗透系数，$\mathrm{m/d}$；J 为水力坡降，参考《海绵城市建设技术指南》，一般可取值为 1；A_s 为单位面积雨水设施有效渗透面积，m^2；t_s 为有效渗透时间，天；n 为极端降雨日数；d 为雨水设施的有效调蓄深度，m。

对于绿色屋顶，经查阅，其适宜耕种的壤土饱和体积含水率为 25.2%，凋萎系数为 11.2%（Goldberg et al.，1976），极端降雨时段最大土壤入渗量 W_{smax} 为在极端降雨时段各雨水设施的最大渗透能力，按式（5-22）计算：

$$W_{smax} = d \times 1 \mathrm{m}^2 \times (25.2\% - 11.2\%) \tag{5-22}$$

式中，W_{smax} 为极端降雨时段最大土壤入渗量，m^3；d 为绿色屋顶的调蓄深度，m，本书取值为 0.15。

根据设施建造目的和构造差异，本章将雨水利用技术分为有调蓄容积的渗透类雨水设施（A_I）、无调蓄容积的渗透类雨水设施（A_{II}）、调蓄类雨水设施（A_{III}）、绿色屋顶（A_{IV}）、蓝色屋顶（A_V）和原始地面（A_0）六类。各类型雨水设施的雨水资源潜力计算参考表 5-15 进行，具体方法介绍如下。

1）有调蓄容积的渗透类雨水设施年基础雨量计算（A_I 类雨水设施）

首先计算单位面积各雨水设施的年均总入渗量 W_s 与年均总径流量 W_r：年均总入渗量 W_s 是年均灌溉补给量 W_1 与年均下渗回补量 W_2 的加和；年均总径流量 W_r 是年均径流量（干净）W_4 与年均弃流量 W_5 的加和。

若在极端降雨时段，雨水设施的最大入渗能力 W_{smax} 大于其汇水面积内汇入该设施内的干净雨量 W_{smax}'，即 $W_{smax} > W_{smax}'$，则按照实际汇集的雨量进行入渗计算，由于该类雨水设施具有一定的调蓄容积，故汇水面积内干净的径流同样会被蓄存起来以供入渗。否则，雨水设施的入渗量则按照设施的最大入渗能力进行入渗计算。雨水设施的年均入渗总量 W_s 及径流控制面积内年均产生的径流总量 W_r 计算公式见式（5-24）~式（5-26）。

基于以上步骤，可计算得各雨水设施的年均入渗总量 W_s 及径流控制面积内年均产生的径流总量 W_r，然后进行年均灌溉补给量 W_1、年均下渗回补量 W_2、年均集蓄利用量 W_3、年均径流量 W_4、年均弃流量 W_5 的计算。若雨水设施的年均生态需水量 W_{lmax} 大于年均入渗总量 W_s，则全部的入渗量均用于植被的灌溉补给，按照式（5-28）对雨水设施的年均 W_1、W_2、W_3、W_4、W_5 进行计算；否则，按照植被的生态需水量进行灌溉补给，雨水设施的年均 W_1、W_2、W_3、W_4、W_5 计算公式如式（5-29）。

2）无调蓄容积的渗透类雨水设施年基础雨量计算（A_{II}类雨水设施）

首先计算单位面积各雨水设施的年均总入渗量 W_s 与年均总径流 W_r 量：年均总入渗量 W_s 是年均灌溉补给量 W_1 与年均下渗回补量 W_2 的加和；年均总径流量 W_r 是年均径流量（干净）W_4 与年均弃流量 W_5 的加和。

若在极端降雨时段，雨水设施的最大入渗能力 W_{smax} 大于其汇水面积内汇入该设施内的干净雨量 $W_{smax}{}'$，即 $W_{smax}>W_{smax}{}'$，则按照实际径流系数法进行径流与入渗计算。由于该类雨水设施无调蓄容积，产生的全部径流即使汇集到雨水设施内且入渗能力足够时，也无法被集蓄下来以供入渗。雨水设施的年均入渗总量 W_s 及径流控制面积内年均产生的径流总量 W_r 按式（5-31）、式（5-32）进行计算。否则，雨水设施的入渗量则按照设施的最大入渗能力进行入渗计算，雨水设施的年均入渗总量 W_s 及径流控制面积内年均产生的径流总量 W_r 计算公式按式（5-33）、式（5-34）进行计算。

基于以上步骤，可计算得各雨水设施的年均入渗总量 W_s 及径流控制面积内产生的年均径流总量 W_r，然后进行年均灌溉补给量 W_1、年均下渗回补量 W_2、年均集蓄利用量 W_3、年均径流量 W_4、年均弃流量 W_5 的计算。若雨水设施的年均生态需水量 W_{1max} 大于年均入渗总量 W_s，则全部的入渗量均用于植被的灌溉补给，按照式（5-35）对雨水设施的年均 W_1、W_2、W_3、W_4、W_5 进行计算；否则，按照植被的生态需水量进行灌溉补给，雨水设施的年均 W_1、W_2、W_3、W_4、W_5 计算公式如式（5-36）。

3）调蓄类雨水设施的年基础雨量计算（A_{III}类雨水设施）

首先计算单位面积各雨水设施的年均总雨水收集量 W_g、年均总径流 W_r 量和年均总雨水入渗量 W_s。其中，年均总雨水收集量 W_g 是年均灌溉补给量 W_1 与年均集蓄利用量 W_3 的加和，年均总径流量 W_r 是年均径流量（干净）W_4 与年均弃流量 W_5 的加和。

若在极端降雨时段，雨水设施的最大总雨水收集能力 W_{gmax} 大于其汇水面积内汇入该设施内的干净雨量 $W_{gmax}{}'$，即 $W_{gmax}>W_{gmax}{}'$，则雨水设施集蓄的雨水总量为全部干净的径流量，按照径流系数法计算的非径流量即为雨水入渗总量。雨水设施的年均总雨水收集量 W_g、径流控制面积内年均产生的径流总量 W_r、年均产生的总入渗量 W_s 按式（5-38）～式（5-40）进行计算。否则，按照设施最大集蓄能力计算雨水集蓄总量，按照径流系数法计算的非径流量为雨水总入渗量，地表径流量为全部弃流与未能集蓄的干净径流量之和。雨水设施的年均总雨水收集量 W_g、径流控制面积内年均产生的径流总量 W_r、年均产生的总入渗量 W_s 的计算公式，见式（5-41）～式（5-43）。

基于以上步骤，可计算得各雨水设施的年均总雨水收集量 W_g、径流控制面积内年均产生的径流总量 W_r、年均产生的总入渗量 W_s，然后进行年均灌溉补给量 W_1、年均下渗回补量 W_2、年均集蓄利用量 W_3、年均径流量 W_4、年均弃流量 W_5 的计算。若雨水设施的年均生态需水量 W_{1max} 大于年均入渗总量 W_s，则全部的入渗量均用于植被的灌溉补给，按照式（5-44）对雨水设施的年均 W_1、W_2、W_3、W_4、W_5 进行计算；否则，按照植被的生态需水量进行灌溉补给，雨水设施的年均 W_1、W_2、W_3、W_4、W_5 计算公式如式（5-45）。

4）绿色屋顶的年基础雨量计算（A_{IV} 类雨水设施）

首先计算单位面积绿色屋顶的年均总雨水入渗量 W_s 和年均总径流 W_r 量。其中，年均总雨水入渗量 W_s 是年均灌溉补给量 W_1 与年均入渗回补量 W_2 的加和，年均总径流量 W_r 是年均径流量（干净）W_4 与年均弃流量 W_5 的加和。若在极端降雨时段，绿色屋顶的最大入渗能力 W_{smax} 大于其在该时段内的汇水总量 $W_{smax}{}'$，即 $W_{smax}>W_{smax}{}'$，则雨水设施的年均入渗总量 W_s 及径流控制面积内年均产生的径流总量 W_r 按式（5-47）、式（5-48）进行计算。否则，雨水设施的年均入渗总量 W_s 及径流控制面积内年均产生的径流总量 W_r 按式（5-49）、式（5-50）进行计算。

基于以上步骤，可计算得绿色屋顶的年均入渗总量 W_s 及径流控制面积内年均产生的径流总量 W_r，然后进行年均灌溉补给量 W_1、年均下渗回补量 W_2、年均集蓄利用量 W_3、年均径流量 W_4、年均弃流量 W_5 的计算。若绿色屋顶的年均生态需水量 W_{1max} 大于年均入渗总量 W_s，则按照式（5-51）对绿色屋顶的年均 W_1、W_2、W_3、W_4、W_5 进行计算；否则，则按照式（5-52）对绿色屋顶的年均 W_1、W_2、W_3、W_4、W_5 进行计算。

5）蓝色屋顶的年基础雨量计算（A_V 类雨水设施）

蓝色屋顶在城市雨水控制利用方面，发挥的主要功能为削减洪峰径流，无雨水利用能力，故其汇水面收集的全部雨水均形成径流。另外，同绿色屋顶，由于屋面受污染程度较小，不产生弃流。因此，蓝色屋顶的年均灌溉补给量 W_1、年均下渗回补量 W_2、年均集蓄利用量 W_3、年均径流量 W_4、年均弃流量 W_5 按式（5-53）进行计算。

6）原始地面的年基础雨量计算（A_0 原始地面）

对于原始地面，其年均灌溉补给量 W_1、年均下渗回补量 W_2、年均集蓄利用量 W_3、年均径流量 W_4、年均弃流量 W_5 按式（5-54）进行计算。

3. 区域雨水资源潜力计算方法

1）雨水利用模式下雨水资源潜力计算方法

5.4.1 节介绍了单位面积各单项雨水设施的年基础雨量计算方法，基于所计算出来的各雨水设施年基础水量数据，结合 5.3 节为规划区各雨水利用分区所构建出的雨水利用模式，进行设施年基础雨量与设施面积的加乘，即可得到各分区的雨水利用情况。$M-N$ 分区的年均总灌溉补给量 $\overline{W_{1(M-N)}}$、年均总下渗回补量 $\overline{W_{2(M-N)}}$、年均总集蓄利用量 $\overline{W_{3(M-N)}}$、年均总径流量 $\overline{W_{4(M-N)}}$、年均总弃流量 $\overline{W_{5(M-N)}}$ 按式（5-55）~式（5-59）进行计算。本方法所定义的雨水资源潜力，包括年雨水灌溉补给量、年雨水下渗回补量和年雨水集蓄利用量，故 $M\text{-}N$ 分区的年均总雨水资源潜力 $\overline{W_{潜力(M-N)}}$ 按式（5-60）计算。

规划区总计的年平灌溉补给量 $\overline{W_1}$、年均下渗回补量 $\overline{W_2}$、年均集蓄利用量 $\overline{W_3}$、年均径流量 $\overline{W_4}$、年均弃流量 $\overline{W_5}$、年均雨水资源潜力 $\overline{W_{潜力}}$ 按式（5-61）～式（5-66）进行计算。

2）规划区原始情景下雨水资源潜力计算方法

以 5.4 节所计算得的各分区原始地面的年基础雨量计算 $W_{1(M-N)}$、$W_{2(M-N)}$、$W_{3(M-N)}$、$W_{4(M-N)}$、$W_{5(M-N)}$ 为基准，$M\text{-}N$ 分区原始情景下的年均总灌溉补给量 $\overline{W_{1(M-N)_0}}$、年均总下渗回补量 $\overline{W_{2(M-N)_0}}$、年均总集蓄利用量 $\overline{W_{3(M-N)_0}}$、年均总径流量 $\overline{W_{4(M-N)_0}}$、年均总弃流量 $\overline{W_{5(M-N)_0}}$、年均雨水资源潜力 $\overline{W_{潜力_0}}$ 按式（5-67）～式（5-72）进行计算。

此节中具体计算公式见表 5-15。

5.4.3 京津冀雨水资源化利用潜力分析

1. 单项雨水设施年基础雨量计算结果

在京津冀的降雨气候条件下，对各单项雨水设施的年基础雨量进行计算，图 5-25 为各项雨水设施在各气候分区单位面积的年均雨水资源潜力情况。

1）各雨水设施之间对比分析

在设施基础雨量分类占比组成方面：植草沟、下沉式绿地、雨水花园这三种具有覆盖植被的渗透类雨水设施的雨水利用组成包含入渗回补量和灌溉补给量；植被缓冲带的雨水利用方式为入渗回补量和灌溉补给量，植被缓冲带为净化类雨水设施，其雨水资源潜力占比较小，其汇流面积内的雨水利用量组成主要包括入渗回补量和灌溉补给量；传统绿地的雨水利用方式仅为灌溉补给量，由于传统绿地不接收外界汇流，其径流控制面积内的雨量相对较少，入渗到土壤层的雨量，全部用于补给植物生长所需的湿润土壤环境；透水铺装、渗井、渗透塘、渗渠、渗管这五种不具有植被覆盖的渗透类雨水设施的雨水利用仅为雨水入渗回补量；雨水湿地、湿塘这两种具有植被的集蓄类雨水设施的雨水利用组成包含集蓄利用量、入渗回补量和少量的灌溉补给量；调节塘、调节池、蓄水池、雨水罐这四种无植被的集蓄与调节类雨水设施的雨水利用组成包含集蓄利用和入渗回补量；绿色屋顶的雨水利用仅为灌溉补给，屋面不接收外界汇水，承接的雨量用于供给屋顶植被的灌溉需求，剩余的则形成径流流到路面，由于绿色屋面污染水平较低，不会产生弃流；蓝色屋顶主要功能为错峰削减径流，故其不存在雨水利用能力；原始地面的雨水利用占比较小，仅有少量的雨水入渗回补。

表 5-15 雨水资源潜力计算公式汇总

分类		含义	公式	参数	公式号
	基础雨量	极端降雨时段汇水面积内该设施汇入的净雨量/m³	$W_{smax}' = P' \cdot (a_c - 1) \cdot \xi_0 \cdot \beta \div 1000 + P' \div 1000$	P'为极端降雨时段的平均总降雨量（mm）；a_c为单位面积雨水设施的汇水面积（m²）；ξ_0为各功能区原始地面综合径流系数；β为弃流系数	(5-23)
有调蓄蓄容积的渗透类雨水设施	入渗能力足够时	各雨水设施的年均总入渗量/m³	$W_s = P \cdot a_c \div 1000 - P \cdot a_c \cdot \xi' \cdot (1 - \beta) \div 1000$	P为所在区域的年均降雨量（mm）；a_c为单位面积雨水设施的汇水面积（m²）；ξ'为雨水设施在径流控制面积内的综合径流系数；β为弃流系数	(5-24)
		各雨水设施的年均总径流/m³	$W_r = P \cdot a_c \cdot \xi' \cdot (1 - \beta) \div 1000$	P为所在区域的年均降雨量（mm）；a_c为单位面积雨水设施的汇水面积（m²）；ξ'为雨水设施在径流控制面积内的综合径流系数；β为弃流系数	(5-25)
	入渗能力不足时	各雨水设施的年均总入渗量/m³	$W_s = W_{smax} + P' \cdot (a_c - 1m^2) \cdot (1 - \xi_0) \div 1000 + (P - P') \cdot a_c \div 1000 - (P - P') \cdot a_c \cdot \xi' \cdot (1 - \beta) \div 1000$	W_{smax}为极端降雨时段雨水设施的最大入渗能力（m³）；P'为极端降雨时段降雨的平均总降雨量（mm）；a_c为各单位功能区面积雨水设施的汇水面积（m²）；ξ_0为各功能区原始地面综合径流系数；P为所在区域的年均降雨量（mm）；β为弃流系数 ξ'，雨水设施在径流控制面积内的综合径流系数	(5-26)
		各雨水设施的年均总径流/m³	$W_r = P' \cdot (a_c - 1) \cdot \xi_0 \div 1000 + P' \div 1000 - W_{smax} + (P - P') \cdot a_c \cdot \xi' \cdot (1 - \beta) \div 1000$	同上	(5-27)

续表

分类		含义	公式	参数	公式号
有调蓄容积的渗透类雨水设施	不满足生态需水量时	各雨水设施的年均基础雨量计算结果/m³	$W_1 = W_s$；$W_2 = 0$；$W_3 = 0$；$W_4 = 0$；$W_5 = W_r$	同上	(5-28)
	满足生态蓄水量时	各雨水设施的年均基础雨量计算结果/m³	$W_1 = W_{1max}$；$W_2 = W_s - W_{1max}$；$W_3 = 0$；$W_4 = [W_r - (P - P') \cdot a_c \cdot \xi' \cdot (1 - \beta)] \cdot \beta \div 1000$；$W_5 = W_r \cdot (1 - \beta)$	同上	(5-29)
	基础雨量	同上	$W_{smax}' = P' \cdot (a_c - 1) \cdot \xi_0 \cdot \beta \div 1000 + P' \div 1000$	同上	(5-30)
	入渗能力足够时	同上	$W_s = P \cdot a_c \cdot (1 - \xi') \div 1000$	同上	(5-31)
		同上	$W_r = P \cdot a_c \cdot \xi' \div 1000$	同上	(5-32)
无调蓄容积的渗透类雨水设施	入渗能力不足时	同上	$W_s = W_{smax} + P' \cdot (a_c - 1) \cdot (1 - \xi_0) \div 1000 + (P - P') \cdot a_c \cdot (1 - \xi') \div 1000$	同上	(5-33)
		同上	$W_r = P' \cdot (a_c - 1) \cdot \xi_0 \div 1000 + P' \div 1000 - W_{smax} + (P - P') \cdot a_c \cdot \xi' \div 1000$	同上	(5-34)
	不满足生态需水量时	同上	$W_1 = W_s$；$W_2 = 0$；$W_3 = 0$；$W_4 = W_r \cdot \beta$；$W_5 = W_r \cdot (1 - \beta)$	同上	(5-35)
	满足生态蓄水量时	同上	$W_1 = W_{1max}$；$W_2 = W_s - W_{1max}$；$W_3 = 0$；$W_4 = W_r \cdot \beta$；$W_5 = W_r \cdot (1 - \beta)$	同上	(5-36)
调蓄类雨水设施	基础雨量	极端降雨时段内雨水设施汇水面积内汇入该设施内的干净雨量/m³	$W_{gmax}' = P' \cdot a_c \cdot \xi' \cdot \beta \div 1000$	同上	(5-37)
	调蓄能力足够时	各雨水设施的年均总雨水收集量/m³	$W_g = P \cdot a_c \cdot \xi' \cdot \beta \div 1000$	同上	(5-38)

续表

分类		含义	公式	参数	公式号
调蓄类雨水设施	调蓄能力足够时	各雨水设施的年均总径流/m³	$W_r = P \cdot a_c \cdot \xi' \cdot (1-\beta) \div 1000$	同上	(5-39)
		各雨水设施的年均总入渗量/m³	$W_s = P \cdot a_c \cdot (1-\xi') \div 1000$	同上	(5-40)
	调蓄能力不足时	各雨水设施的年均总雨水收集量/m³	$W_g = W_{gmax} + (P-P') \cdot a_c \cdot \xi' \cdot \beta \div 1000$	同上	(5-41)
		各雨水设施的年均总径流/m³	$W_r = P \cdot a_c \cdot \xi' \div 1000 - W_{gmax} - (P-P') \cdot a_c \cdot \xi' \cdot \beta \div 1000$	同上	(5-42)
		各雨水设施的年均总入渗量/m³	$W_s = P \cdot a_c \cdot (1-\xi') \div 1000$	同上	(5-43)
	不满足生态需水量时	同上	$W_1 = W_g; W_2 = W_s; W_3 = 0; W_4 = 0; W_5 = W_r$	同上	(5-44)
	满足生态蓄水量时	同上	$W_1 = W_{1max}; W_2 = W_s; W_3 = W_g - W_{1max};$ $W_4 = P \cdot a_c \cdot \xi' \cdot \beta \div 1000 - W_g;$ $W_5 = W_r - P \cdot a_c \cdot \xi' \cdot \beta \div 1000 + W_g$	同上	(5-45)
绿色屋顶	基础雨量	单位面积绿色屋顶段降雨时段的降水总量/m³	$W_{smax}' = P' \cdot a_c \div 1000$	同上	(5-46)
	入渗能力足够时	单位面积绿色屋顶雨水入渗总量/m³	$W_s = P \cdot a_c \div 1000$	同上	(5-47)

续表

	分类	含义	公式	参数	公式号
绿色屋顶	人渗能力足够时	单位面积绿色屋顶雨水径流总量/m³	$W_r = 0$	同上	(5-48)
	人渗能力不足时	单位面积绿色屋顶雨水入渗总量/m³	$W_s = W_{smax} + (P - P') \cdot a_c$	同上	(5-49)
	人渗能力不足时	单位面积绿色屋顶雨水径流总量/m³	$W_r = P \cdot a_c - W_{smax} - (P - P') \cdot a_c$	同上	(5-50)
	不满足生态需水量时	同上	$W_1 = W_s;\ W_2 = 0;\ W_3 = 0;\ W_4 = 0;\ W_5 = 0$	同上	(5-51)
	满足生态蓄水量时	同上	$W_1 = W_{1max};\ W_2 = W_s - W_{1max};\ W_3 = 0;$ $W_4 = W_r;\ W_5 = 0$	同上	(5-52)
	蓝色屋顶	同上	$W_1 = 0;\ W_2 = 0;\ W_3 = 0;\ W_4 = P \cdot a_c;\ W_5 = 0$	同上	(5-53)
	原始地面	同上	$W_1 = 0;\ W_2 = P \cdot (1 - \xi_0);\ W_3 = 0;$ $W_4 = P \cdot \xi_0 \cdot \beta;\ W_5 = P \cdot \xi_0 \cdot (1 - \beta)$	同上	(5-54)
	M–N分区雨水利用分潜力	M–N分区的年均总灌溉补给量/m³	$$\overline{W_{1i(M-N)}} = \sum_{i=0}^{n} \left[W_{1i(M-N)} \times A_{i(M-N)} \right]$$	$W_{1i(M-N)}$为M城市N分区内，单位面积第i种雨水设施的年均灌溉补给量（m³）；$A_{i(M-N)}$为M城市N分区内，第i种雨水设施面积（m²），i=0时，代表径流控制面积以外的原始地面面积	(5-55)

续表

分类	含义	公式	参数	公式号
M-N分区雨水利用分潜力	M-N分区的年均总下渗回补量/m³	$\overline{W_{2(M-N)}} = \sum_{i=0}^{n}\left[W_{2i(M-N)} \times A_{i(M-N)}\right]$	$W_{2i(M-N)}$ 为 M 城市 N 分区内，单位面积第 i 种雨水设施的年均入渗回补量 (m³)	(5-56)
	M-N分区的年均总集蓄利用量/m³	$\overline{W_{3(M-N)}} = \sum_{i=0}^{n}\left[W_{3i(M-N)} \times A_{i(M-N)}\right]$	$W_{3i(M-N)}$ 为 M 城市 N 分区内，单位面积第 i 种雨水设施的年均集蓄利用量 (m³)	(5-57)
	M-N分区的年均总径流量/m³	$\overline{W_{4(M-N)}} = \sum_{i=0}^{n}\left[W_{4i(M-N)} \times A_{i(M-N)}\right]$	$W_{4i(M-N)}$ 为 M 城市 N 分区内，单位面积第 i 种雨水设施的年均径流量 (m³)	(5-58)
	M-N分区的年均总弃流量/m³	$\overline{W_{5(M-N)}} = \sum_{i=0}^{n}\left[W_{5i(M-N)} \times A_{i(M-N)}\right]$	$W_{5i(M-N)}$ 为 M 城市 N 分区内，单位面积第 i 种雨水设施的年均弃流量 (m³)	(5-59)
	M-N分区的年均总雨水资源潜力/m³	$\overline{W_{潜力(M-N)}} = \overline{W_{1(M-N)}} + \overline{W_{2(M-N)}} + \overline{W_{3(M-N)}}$	同上	(5-60)
规划区雨水利用分潜力	规划区总计的年平均灌溉补给量/m³	$\overline{W_1} = \sum_{M=1}^{13}\left(\sum_{N=1}^{3} \overline{W_{1(M-N)}}\right)$	同上	(5-61)
	规划区总计的年平均下渗回补量/m³	$\overline{W_2} = \sum_{M=1}^{13}\left(\sum_{N=1}^{3} \overline{W_{2(M-N)}}\right)$	同上	(5-62)
	规划区总计的年平均集蓄利用量/m³	$\overline{W_3} = \sum_{M=1}^{13}\left(\sum_{N=1}^{3} \overline{W_{3(M-N)}}\right)$	同上	(5-63)

续表

分类	含义	公式	参数	公式号
规划区雨水利用分潜力	规划区总计的年平均径流量/m³	$\overline{W_4} = \sum_{M=1}^{13}\left(\sum_{N=1}^{3}\overline{W_{4(M-N)}}\right)$	同上	(5-64)
	规划区总计的年平均弃流量/m³	$\overline{W_5} = \sum_{M=1}^{13}\left(\sum_{N=1}^{3}\overline{W_{5(M-N)}}\right)$	同上	(5-65)
	规划区总计雨水资源潜力/m³	$\overline{W_{潜力}} = \overline{W_1} + \overline{W_2} + \overline{W_3}$	同上	(5-66)
M-N 分区原始情景下雨水利用情况	M-N 分区原始情景下的年均总灌溉补给量/m³	$\overline{W_{1(M-N)}}_0 = W_{1(M-N)} \times A_{t(M-N)}'$	$A_{t(M-N)}'$ 为 M-N 区的总占地面积（m²）	(5-67)
	M-N 分区原始情景下的年均总灌溉补给量/m³	$\overline{W_{2(M-N)}}_0 = W_{2(M-N)} \times A_{t(M-N)}'$	同上	(5-68)
	M-N 分区原始情景下的年均总集蓄利用量/m³	$\overline{W_{3(M-N)}}_0 = W_{3(M-N)} \times A_{t(M-N)}'$	同上	(5-69)
	M-N 分区原始情景下的年均总径流量/m³	$\overline{W_{4(M-N)}}_0 = W_{4(M-N)} \times A_{t(M-N)}'$	同上	(5-70)
	M-N 分区原始情景下的年均总弃流量/m³	$\overline{W_{5(M-N)}}_0 = W_{5(M-N)} \times A_{t(M-N)}'$	同上	(5-71)
	M-N 分区原始情景下的年均雨水资源潜力/m³	$\overline{W_{潜力(M-N)}}_0 = \overline{W_{1(M-N)}}_0 + \overline{W_{2(M-N)}}_0 + \overline{W_{3(M-N)}}_0$	同上	(5-72)

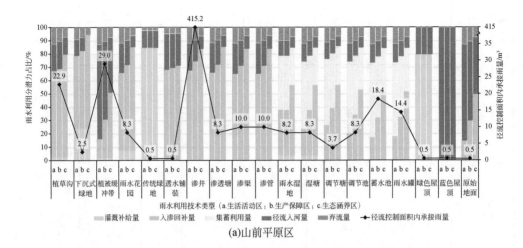

(a)山前平原区

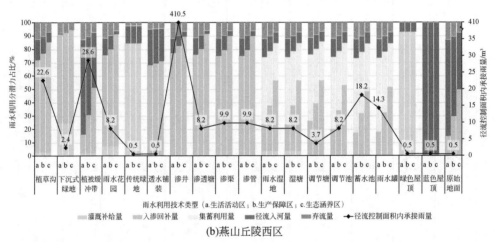

(b)燕山丘陵西区

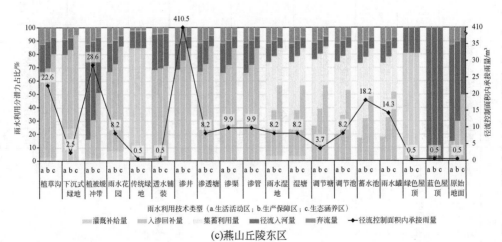

(c)燕山丘陵东区

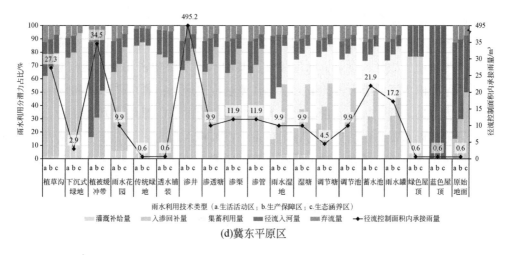

(d)冀东平原区

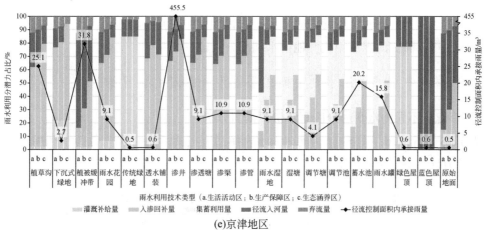

(e)京津地区

图 5-25　各项雨水设施在各气候分区单位面积在京津冀各降水气候分区年均雨水资源潜力

以上雨水设施中，除屋面上的雨水设施外，下沉式绿地的雨水资源潜力占比最大，入渗回补与灌溉补给总占比在76%～94%，植被缓冲带的雨水资源潜力占比最小，入渗回补与灌溉补给总占比在16%～51%。

单位面积雨水设施在径流控制区间内年均承接的雨量方面：渗井、植被缓冲带、植草沟的年均承接雨水量较大，均达到了20m³/m²；传统绿地、透水铺装、绿色屋顶、蓝色屋顶的年均雨水承接量最小，仅为单位面积的降雨量，均在0.7m³/m²以下。

在年均雨水资源径流总量方面，即雨水径流量和雨水弃流量的总和：传统绿地和透水铺装在其径流控制面积上的年均径流总量较小，分别为0.1m³/m²和0.2m³/m²以下。

2) 各气候分区之间对比分析

将灌溉补给量、入渗回补量、集蓄利用量定为雨水资源潜力，将雨水径流量、雨水弃流量定为雨水资源径流总量。

从图 5-25 中看出，多数调蓄容积有限的雨水设施，如植草沟、下沉式绿地、雨水花园、渗井、渗透塘、渗管、渗渠、绿色屋顶，其雨水资源潜力占比受地区气候影响较大，燕山丘陵西区的雨水资源潜力占比最大，总径流量占比最小；冀东平原区和京津地区的雨水资源化潜力占比最低，总径流量占比最大，但其年均雨水资源化潜力值较大。这是由于此类雨水设施的雨水资源化量受年均降雨总量和极端降水影响，年均降雨总量大、极端降雨较少的地区雨水资源化量高，对于极端降雨占比较大的地区，使得调蓄容积不足的雨水设施产生较大比例的径流与弃流，从而导致雨水资源化潜力占比相对较小。

3）各雨水利用分区之间对比分析

总体上，除传统绿地、绿色屋顶、蓝色屋顶外，对于其他各单项雨水设施，生活活动区的雨水资源潜力占比最小，生态涵养区的雨水资源潜力占比最大。这是由于生活活动区的不透水建筑面积密度较大，使得综合径流系数较大，径流控制面积内所承接的雨水较多形成径流，可入渗的雨水量相比其他雨水利用分区较少。

2. 京津冀中心城区雨水利用模式下雨水资源潜力计算结果

1）京津冀不同雨水利用分区雨水资源潜力分析

表 5-16、图 5-26、图 5-27 为构建雨水利用适宜模式后，京津冀各雨水利用分区的雨水利用潜力计算结果统计情况。

表 5-16　京津冀生活、工业区、生态区的雨水资源化分潜力

项目	生活活动区	生产保障区	生态涵养区	总计
总面积/km^2	2861	756	1542	5159
总雨量/10^{6}m^3	1553.9	405.8	822.1	2781.9
灌溉补给量/10^{6}m^3	443.7	74.9	336.5	855.1
入渗回补量/10^{6}m^3	498.6	236.6	363.8	1099.0
集蓄利用量/10^{6}m^3	251.2	8.9	14.1	274.2
径流入河量/10^{6}m^3	242.4	54.2	71.2	367.8
弃流量/10^{6}m^3	117.9	31.3	36.5	185.8
灌溉+入渗+集蓄量/10^{6}m^3	1193.5	320.4	714.4	2228.3
原始地面雨水入渗量/10^{6}m^3	230.9	122.0	412.9	765.9
灌溉量占比/%	28.5	18.5	40.9	30.7
入渗量占比/%	32.1	58.3	44.3	39.5
集蓄量占比/%	16.2	2.2	1.7	9.9
径流量占比/%	15.6	13.3	8.7	13.2
弃流量占比/%	7.6	7.7	4.4	6.7

续表

项目	生活活动区	生产保障区	生态涵养区	总计
灌溉+入渗+集蓄量占比/%	76.8	79.0	86.9	80.1
径流+弃流量占比/%	23.2	21.0	13.1	19.9

注：计量尺度为年。

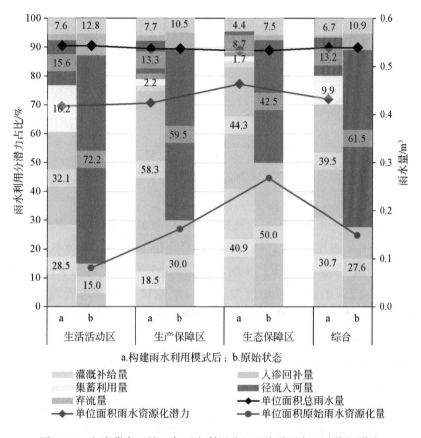

图 5-26 京津冀中心城区各雨水利用分区雨水总量与雨水资源潜力

（1）在提出京津冀中心城区雨水利用适宜模式的基础上，雨水资源潜力占比80.1%，主要包含灌溉补给量（30.7%）、入渗回补量（39.5%）和集蓄利用量（9.9%）。生态涵养区的雨水资源潜力占比最大，达到了86.9%，生活活动区和生产保障区的雨水资源潜力占比较小，分别为76.8%和79.0%；由于生活活动区的占地面积最大，在三个雨水利用分区中，其承接以及可供灌溉补给、入渗回补、集蓄利用的雨水量也最多，是京津冀地区雨水资源潜力总量贡献最大的区域。

（2）构建雨水利用适宜模式后，对各雨水利用分区的雨水资源潜力的提升情况进行分

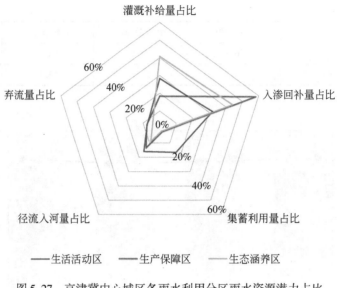

图 5-27 京津冀中心城区各雨水利用分区雨水资源潜力占比

析：城市原始状态下，生态涵养区本身就具备一定的雨水资源潜力，原始的雨水资源潜力占比即雨水入渗回补量占比为 50.0%，构建雨水利用模式提升的雨水资源潜力占比较少，仅提升了 36.9%；城市原始状态下，生活活动区和生产保障区对雨水资源的利用能力较低，但也因此具备较高的雨水利用开发潜能，原始状态下雨水资源潜力占比分别为 15.0%、30.0%，构建雨水利用模式后，上述两种雨水利用分区的雨水资源潜力占比分别提高了 61.8%、49.0%。

（3）构建雨水利用适宜模式后，生活活动区的雨水资源潜力占比最小，占该区域总资源量 76.8%，其中灌溉补给量、入渗回补量、集蓄利用量占比分别为 28.5%、32.1%、16.2%；生产保障区雨水资源潜力总占比为 79%，灌溉补给量、入渗回补量、集蓄利用量分别为 18.5%、58.3%、2.2%；生态涵养区的雨水资源潜力总占比最大，为 86.9%，灌溉补给量、入渗回补量、集蓄利用量占比分别为 40.9%、44.3%、1.7%。总体上，入渗回补量占比最大，集蓄利用量占比最小。

（4）相比生产保障区和生态涵养区，生活活动区的雨水集蓄利用潜力占比较高，这与生活活动区较大的生活用水需求相匹配；相比生活活动区和生态涵养区，生产保障区的雨水下渗回补潜力较高，这是由于该区域在进行雨水利用模式构建中使用了很大比例的下沉式绿地，而下沉式绿地的雨水下渗回补潜力较高；相比生活活动区和生产保障区，生态涵养区的雨水灌溉补给潜力和入渗回补潜力占比相对较高，这与生态涵养区较大的绿地面积灌水需求相匹配。

2）京津冀不同降雨分区雨水资源潜力分析

表 5-17 和图 5-28 为构建雨水利用适宜模式后，京津冀各降雨气候分区的城市雨水利

用潜力计算结果统计情况。

表 5-17　各降雨分区不同雨水资源潜力情况统计表

| 功能分区 | 中心城总面积/km² | 区域总雨量/10⁶m³ | 雨水资源量去向/10⁶m³ | | | | | 灌溉+入渗+集蓄量占比/% | 径流总量占比/% | 灌溉+入渗+集蓄总量/10⁶m³ | 原始地面雨水入渗量/10⁶m³ |
			灌溉补给量	入渗回补量	集蓄利用量	径流入河量	弃流量				
山前平原区	1283	638.2	210.2	244.8	63.1	76.8	43.3	81.2	18.8	518.1	179.8
燕山丘陵西区	451	235.2	55.5	137.8	17.2	9.4	15.3	89.5	10.5	210.5	54.9
燕山丘陵东区	84	41.4	13.2	15.7	4.6	4.9	3.0	81.0	19.0	33.5	10.3
冀东平原区	897	532.3	105.1	231.5	60.3	89.3	46.1	74.6	25.4	396.9	130.4
京津地区	2445	1334.8	471.1	469.2	129.0	187.4	78.1	80.1	19.9	1069.3	390.4
总计	5159	2781.9	855.1	1099.0	274.2	367.8	185.8	80.1	19.9	2228.3	765.9

注：计量尺度为年。

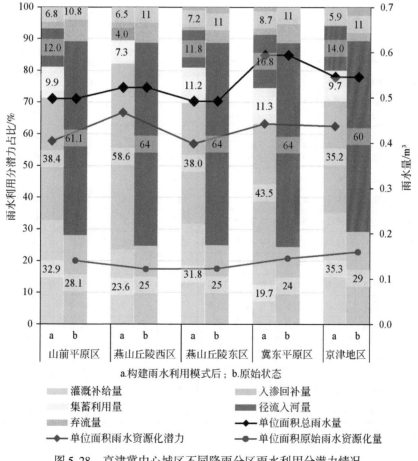

a.构建雨水利用模式后；b.原始状态

图 5-28　京津冀中心城区不同降雨分区雨水利用分潜力情况

（1）在五个降雨分区中，燕山丘陵西区雨水资源潜力最高，为89.5%；冀东平原地区单位面积雨水总量最大，但雨水资源潜力占比最低，为74.6%。雨水资源潜力受极端降雨量影响，由于部分雨水设施调蓄容积有限，在极端降雨量大的区域，雨水设施无法充分渗蓄雨水而产生外排径流，从而使得雨水资源潜力占比较小。

（2）原始状态下城市的雨水资源去向组成为入渗回补量、径流量和弃流量，其中各城市的雨水资源潜力（灌溉+入渗+集蓄）占比在23.08%~32.24%，平均为27.53%；构建雨水利用适宜模式后城市的雨水资源去向组成为灌溉补给量、入渗回补量、集蓄利用量、径流量、弃流量，其中各城市的雨水资源潜力（灌溉+入渗+集蓄）占比在73.2%~89.5%，平均为80.1%。

3）京津冀不同城市中心城区雨水资源潜力分析

表5-18和图5-29为京津冀各城市中心城区在原始状态以及5.3节所构建雨水利用模式下的雨水资源潜力情况。其中图表的城市排序是按照单位面积雨水利用成本投入从高到低进行排序的。

表5-18 京津冀各城市中心城区年均雨水资源潜力计算结果

| 城市 | 中心城总面积/km² | 区域总雨量/10⁶m³ | 雨水资源量去向/10⁶m³ | | | | | 灌溉+入渗+集蓄量占比/% | 径流总量占比/% | 灌溉+入渗+集蓄总量/10⁶m³ | 原始地面雨水入渗量/10⁶m³ |
			灌溉补给量	入渗回补量	集蓄利用量	径流入河量	弃流量				
北京	1378	752.3	279.3	247.2	74.3	110.7	40.8	79.9	20.1	600.8	223.0
天津	581	317.5	118.3	97.6	34.9	48.7	18.0	79.0	21.0	250.8	83.5
石家庄	287	142.8	56.6	46.1	12.7	19.8	7.6	80.8	19.2	115.4	44.8
唐山	271	161.0	58.8	49.9	16.6	25.4	10.3	77.8	22.2	125.3	44.7
邯郸	197	98.0	38.2	34.0	8.2	11.9	5.7	82.1	17.9	80.4	31.6
承德	84	41.4	13.2	15.7	4.6	4.9	3.0	81.0	19.0	33.5	10.3
沧州	174	86.6	26.0	34.2	9.5	10.4	6.5	80.5	19.5	69.7	21.4
保定	210	104.5	28.8	44.4	10.8	12.4	8.1	80.5	19.5	84.0	25.8
邢台	206	102.8	32.0	42.5	10.3	10.6	7.4	82.6	17.4	84.8	30.2
衡水	209	103.5	28.7	43.4	11.6	11.7	8.1	80.8	19.2	83.7	26.0
廊坊	486	265.0	73.5	124.5	19.8	28.0	19.2	82.2	17.8	217.8	83.8
张家口	451	235.2	55.5	137.8	17.2	9.4	15.3	89.5	10.5	210.5	54.9
秦皇岛	626	371.3	46.2	181.7	43.7	63.9	35.8	73.2	26.8	271.6	85.7
总计	5159	2781.9	855.1	1099.0	274.2	367.8	185.8	80.1	19.9	2228.3	765.9

注：计量尺度为年。

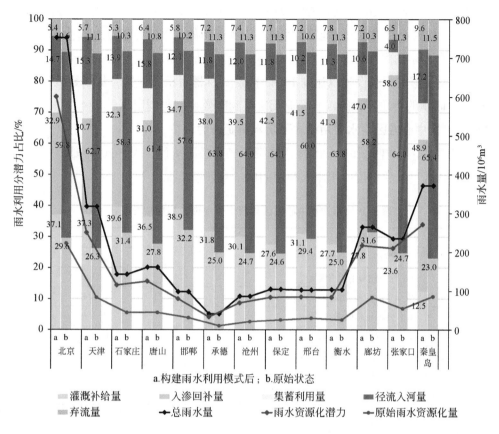

图 5-29　京津冀各城市中心城区在原始状态以及雨水利用模式下的雨水资源潜力情况

（1）构建雨水利用适宜模式后，雨水资源潜力占比较原始状态增加了 49.43%～66.16%，平均为 52.57%。雨水资源潜力占比增幅影响因素较多，与雨水利用模式的总径流控制面积、城市非极端降雨量、生活区工业区面积占比均呈正相关，另外也与城市雨水利用适宜模式的雨水设施组成有关。

（2）张家口市不仅雨水资源潜力占比最大，潜力占比增幅也最大。一方面是由于张家口位于燕山丘陵西区，全年降雨较为平缓，使用雨水利用模式后，对雨水的利用水平较高；另一方面是由于在张家口的雨水利用分区中，生活活动区和生产保障区的面积占比相对较小，而生活活动区、生产保障区构建雨水利用适宜模式后，雨水资源潜力提高的水平较生态涵养区高，故较高的生活活动区、生产保障区面积占比总体拉高了张家口市的雨水资源利用潜力占比增幅。

（3）石家庄市的雨水资源潜力占比增幅最小。一方面是由于在石家庄市的雨水利用分区中，生活活动区和生产保障区面积占比较小，总体拉低了石家庄市的雨水资源利用潜力占比增幅；另一方面是由于在为石家庄所构建的雨水利用模式中，绿色屋顶、透水铺装的面积占比总体相对较大,下沉式绿地铺设占比相对较小,而下沉式绿地的雨水资源潜力占比相比透水铺装较大,故较低的下沉式绿地铺设率使得石家庄市的雨水资源潜力占比增幅较小。

(4)秦皇岛市的雨水资源潜力占比最小,相较其他城市,主要是由于秦皇岛市缺乏足够的资金铺设足够的雨水设施以达到100%的径流控制面积覆盖率,从而导致该市中心城区有近20%面积的土地面积的雨水径流无法得到有效控制与利用。

4)京津冀中心城区雨水利用模式下雨水资源潜力评估

表5-19为京津冀中心城区年尺度雨水资源利用情况统计,表5-20和图5-30为京津冀各城市中心城区年尺度单位体积雨水利用的成本与效益情况。

表5-19 京津冀中心城区年尺度雨水资源利用情况统计

统计量	数值
雨水资源总量/$10^6 m^3$	2781.9
雨水资源化总潜力/$10^6 m^3$	2228.3
雨水资源资源化潜在潜力/$10^6 m^3$	553.4
雨水资源化总成本/亿元	157.8
雨水资源化总效益/亿元	1694.1
单位面积中心城区雨水利用量/(m^3/m^2)	0.432
单位体积雨水利用成本/(元/m^3)	7.08
单位体积雨水利用效益/(元/m^3)	76.02

表5-20 京津冀各城市中心城区年尺度单位体积雨水利用成本与效益

城市	单位面积中心城区雨水利用量/(m^3/m^2)	单位体积雨水利用量成本/(元/m^3)	单位体积雨水利用量效益/(元/m^3)	单位体积雨水利用效益成本比
北京	0.436	12.04	94.74	7.87
天津	0.431	12.05	94.17	7.81
石家庄	0.402	12.39	103.81	8.38
唐山	0.462	9.25	82.63	8.93
邯郸	0.408	8.49	91.95	10.83
承德	0.398	5.69	76.89	13.51
沧州	0.401	4.59	73.47	16.00
保定	0.401	3.59	69.32	19.31
邢台	0.410	2.65	71.87	27.12
衡水	0.402	2.54	67.48	26.57
廊坊	0.448	1.95	63.71	32.67
张家口	0.467	1.43	52.30	36.57
秦皇岛	0.434	1.03	33.06	32.10
均值	0.432	7.08	76.02	10.74

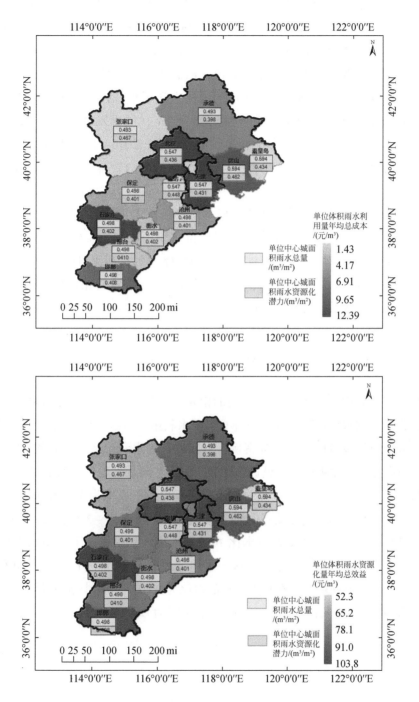

图 5-30　京津冀中心城区雨水资源化开发情况与成本与效益情况统计

（1）在所构建的雨水利用适宜模式下，平均每平方米的中心城区面积上年雨水总量为 0.539m^3/m^2，雨水资源的年可利用量为 0.432m^3/m^2，平均每利用 1m^3 雨水花费的成本为 7.09 元，平均每利用 1m^3 雨水产生的总效益为 76.02 元。

查阅相关资料：南水北调在北京、天津、河北省综合水价分别为 2.33 元/m^3、2.16 元/m^3、0.97 元/m^3，北京、天津、石家庄的居民生活用水一档水价分别为 5 元/m^3、4.9 元/m^3、4.74 元/m^3，海水淡化平均成本为 5~8 元/m^3（国家发展改革委，2019；北京市发展和改革委员会，2014；天津市发展和改革委员会，2016；国家海洋局，2018；高玉屏，2013）。由此可见雨水利用的相对成本较高，但产生的效益也很高，效益成本比达到了 10.72。

（2）中心城区单位体积雨水利用投入成本是根据各城市的经济生产总值确定的，故可代表各城市的经济水平。经济水平高的地区单位体积雨水利用量的成本较高、效益也较高，如北京、天津、石家庄、唐山、邯郸，其单位体积雨水利用量的成本为 8.49~12.04 元/m^3，效益为 82.64~103.81 元/m^3，廊坊、张家口、秦皇岛等市的单位体积雨水利用需投入的成本和可产生的效益则相对较低。

5.5 小　结

本章将京津冀各中心城区划分为不同的雨水利用区域，分析各区的雨水利用效益诉求。同时，借助规划求解模型构建了一种基于雨水利用效益综合评价的雨水利用适宜模式构建方法，并以京津冀各中心城区为案例，对其进行雨水利用适宜模式构建。结果显示，在 5159km^2 的中心城区面积上可铺设透水铺装、雨水花园等占地约 41% 的雨水设施。在该雨水利用模式下，单位面积中心城区的雨水利用年均投资成本为 3.1 元/m^2，年均经济效益、年均生态效益、年均社会效益以及年均总效益分别为 -2.9 元/m^2、34.6 元/m^2、1.1 元/m^2、32.8 元/m^2，平均效益成本比 10.7。该雨水利用模式下的雨水资源利用潜力评估结果显示，京津冀 5159km^2 中心城区的年均雨水量为 27.8 亿 m^3，年均可利用雨水资源量为 22.3 亿 m^3，可利用雨水在总雨水量的占比为 80.1%，其中节省灌溉量、入渗回补量、集蓄利用量、径流入河量和弃流量占比分别为 30.7%、39.5%、9.9%、13.2%、6.7%。

参 考 文 献

北京建筑大学，长春市市政工程设计研究院有限责任公司 . 2022. 雨水生物滞留设施技术规程（T/CUWA
    40052—2022）.

北京市发展和改革委员会 . 2014. 北京市发展和改革委员会关于北京市居民用水实行阶梯水价的通知 .
    http：//fgw. beijing. gov. cn/fgwzwgk/zcgk/bwqtwj/201912/t20191226_1506308. htm.

北京市规划委员会 . 2017. 雨水控制与利用工程设计规范（DB11-685—2018）.

曹磊，杨冬冬，王焱，等 . 2016. 走向海绵城市：海绵城市的景观规划设计实践探索 . 天津：天津大学出
    版社 .

曹琦 . 2018. 海绵城市建设背景下对校园生态雨洪管理系统的研究：以天津大学北洋园校区为例 . 大众文
    艺，433（7）：241.

车伍，李俊奇 . 2006. 城市雨水利用技术与管理 . 北京：中国建筑工业出版社 .

陈韬，曹凯琳，李业伟，等 . 2015. 城市降雨径流 N、P 营养物及其 LID 措施控制效果 . 中国给水排水，
    （24）：11-16.

程江，杨凯，黄民生，等 . 2009. 下凹式绿地对城市降雨径流污染的削减效应 . 中国环境科学，29（6）：
    611-616.

邓陈宁，李家科，李怀恩 . 2018. 城市雨洪管理中绿色屋顶研究与应用进展 . 环境科学与技术，41（3）：
    141-150.

董文艺 . 2017. 下凹式绿地径流污染控制与径流量消减影响因素分析 . 环境科学与技术，40（2）：
    113-117.

段丙政，赵建伟，高勇，等 . 2013. 绿色屋顶对屋面径流污染的控制效应 . 环境科学与技术，36（9）：
    63-65，123.

范钦栋，季晋晶 . 2019. 海绵城市理念下道路植草沟植物的选择：以西咸新区为例 . 环境工程，37（7）：
    47-51.

冯文强 . 2021. 天津海绵示范区内涝风险区划与快速预报方法研究 . 天津：天津大学 .

冯彦芳，李顺群，陈之祥，等 . 2019. 基于土体各向异性的雨水入渗渗井试验研究与验证 . 长江科学院院
    报，36（3）：114-119.

付婧，王云琦，马超，等 . 2019. 植被缓冲带对农业面源污染物的削减效益研究进展 . 水土保持学报，33
    （2）：1-8.

高亮 . 2014. 开发区高新技术产业用地效益评价 . 南京：南京农业大学 .

高旺 . 2017. 基质改良型生物滞留设施处理小区雨水径流试验研究 . 重庆：重庆大学 .

高雅琳，姜有忠 . 2009. 浅议如何降低园林绿地养护费用 . 新疆林业，（6）：30，39.

高玉屏. 2013. 我国现有技术条件下海水淡化成本构成分析. 水利技术监督, 21 (1): 36-38.

郭凤, 陈建刚, 杨军, 等. 2015. 植草沟对北京市道路地表径流的调控效应. 水土保持通报, 35 (3): 176-181.

郭佳香. 2017. 海绵城市理念及在城市除涝规划中的研究应用. 扬州: 扬州大学.

郭婧, 徐谦, 荆红卫, 等. 2006. 北京市近年来大气降尘变化规律及趋势. 中国环境监测, (4): 52-55.

郭军, 杨艳娟. 2011. 近 20 年来天津市降水资源的变化特征. 干旱区资源与环境, 25 (7): 80-83.

郭新想, 吴珍珍, 何华. 2011. 居住区绿化种植方式的固碳能力研究. 琼海: 中国海南世界屋顶绿化大会暨博鳌立体绿化建筑节能论坛.

国家发展改革委. 2019. 发展改革委关于南水北调中线一期主体工程供水价格有关问题的通知. http://www.gov.cn/xinwen/2019-04/12/content_ 5381953. htm.

国家海洋局. 2018. 2018 年全国海水利用报告. 北京: 国家海洋局.

国家林业局. 2008. 森林生态系统服务功能评估规范 (LY/T 1721—2008). 北京: 中国标准出版社.

国务院办公厅. 2015. 国务院办公厅关于推进海绵城市建设的指导意见: 国办发〔2015〕75 号. http://www.gov.cn/zhengce/content/2015-10/16/content_ 10228. htm.

郝钰, 曹磊, 李彧. 2014. 绿色校园景观中的低影响开发设计. 建设科技, 9: 114-117.

何晓云. 1997. 干旱山区的希望之路: 渭源县集雨灌溉工程的调查与思考. 甘肃农业, (10): 22-23.

何旭. 2018. 协同发展背景下京津冀财政支出结构优化分析. 北京: 中国财政科学研究院.

侯培强, 任玉芬, 王效科, 等. 2012. 北京市城市降雨径流水质评价研究. 环境科学, 33 (1): 71-75.

黄乾, 赵蛟, 谭媛媛, 等. 2006. 北方农业雨水利用实践与发展前景展望. 节水灌溉, (4): 22-25.

黄艺璇. 2017. 基于生态显露的严寒地区校园雨水花园设计研究: 以沈阳建筑大学为例. 北京: 北京交通大学.

江苏省植物研究所. 1977. 城市绿化与环境保护. 北京: 中国建筑工业出版社.

蒋春博, 李家科, 马越, 等. 2018. 雨水花园对实际降雨径流的调控效果研究. 水土保持学报, 32 (4): 124-129.

焦胜, 戴妍娇, 贺颖鑫. 2017. 绿色雨水基础设施规划方法及应用. 规划师, 33 (12): 49-55.

京津冀协同发展领导小组. 2015. 京津冀协同发展规划纲要.

康宏志. 2017. 海绵校园人工水系水量水质变化规律研究. 天津: 天津大学.

李博文. 2017. 基于水资源回用的北京高校校园绿色基础设施研究. 北京: 北方工业大学.

李畅, 王思思, Fang Xing, 等. 2018. 下沉式绿地对雨水径流污染物的削减效果及影响因素分析. 科学技术与工程, 18 (11): 215-224.

李晨, 王桂锋, 张传杰, 等. 2017. 北方城市海绵社区生态效益分析. 水土保持通报, (3): 119-124.

李澄, 何伶俊, 周洁, 等. 2020. 生物滞留设施建设常见问题及解决方案. 中国给水排水, 36 (20): 105-112.

李存雄, 夏品华, 林陶, 等. 2012. 滞留塘系统在山区面源污染控制中的效果研究. 贵州师范大学学报 (自然版), 30 (3): 22-24.

李金生, 王洪臣. 2009. 清淤与养殖成本. 黑龙江水产, (1): 11-12.

李里宁.1999.广西实施地头水柜集雨灌溉工程的调查.中国水利,12：22-23.

李萌萌.2019.雨水利用效益计算方法及利用模式研究.天津：天津大学.

李琦.2018.海绵城市的现状综述.上海水务,34（2）：21-23,28.

李倩倩,李铁龙,刘大喜,等.2011.天津市不同土地利用类型雨水径流污染特征.环境污染与防治,33
  （7）：22-26.

李思思.2014.湖南中坡国家森林公园森林资源价值评价研究.南宁：广西大学.

李文超,朱梦梦,张睿舒.2018.海绵城市建设中减少蚊患的低影响开发设施设计研究.住宅与房地产,
  506（21）：74,122.

李欣,刘洪海,王蕊,等.2012.绿色生态校园雨水系统规划：以天津大学新校区为例.南宁：中国土木
  工程学会全国排水委员会2012年年会.

李银,杨洁,李岩.2018.天津市不同功能区土壤物理特性研究.水土保持通报,38（4）：337-
  342,350.

李玉芝,周围,陈亮明,等.2016.基于"海绵城市"理念的下沉式道路绿化带设计.湖北农业科学,55
  （7）：1726-1729,1734.

梁伟,牟冠霖,赖亚萍,等.2012.西安市道路清扫保洁成本费用分析.环境卫生工程,20（2）：26-28.

梁伟杰,向艳,永烨,等.2016.屋顶绿化夏季对室内的降温效果试验对比研究.建筑技术开发,43
  （4）：12-14.

林琳.2008.孔雀草等五种园林植物对蚊的驱避影响及挥发物的成分鉴定.雅安：四川农业大学.

林瑞.2015.共生性立体绿化在成都市建筑环境中的应用研究：以四川农业大学成都校区图书馆为例.雅
  安：四川农业大学.

林柞顶.2004.我国地下水开发利用状况及其分析.水文,24（1）：18-21.

刘大喜,李倩倩,李铁龙,等.2015.天津市降雨径流污染状况研究.中国给水排水,（11）：116-119.

刘金平.2014.京津冀1961～2012年降水量时空分布特征.气候变化研究快报,3（3）：146-153.

刘燕,尹澄清,车伍.2008.植草沟在城市面源污染控制系统的应用.环境工程学报,2（3）：334-339.

柳浩林.2010.城市暴雨径流调节方式的分析研究.西安：长安大学.

龙珊,苏欣,王亚楠,等.2016.城市绿地降温增湿效益研究进展.森林工程,（1）：21-24.

鹿新高,庞清江,邓爱丽,等.2010.城市雨水资源化潜力及效益分析与利用模式探讨.水利经济,28
  （1）：1-4.

吕慧,赵红红.2016.减少蚊患的景观规划设计方法相关研究综述.风景园林,（2）：114-118.

罗红梅,车伍,李俊奇,等.2008.雨水花园在雨洪控制与利用中的应用.中国给水排水,24（6）：
  48-52.

戚海军.2010.城市雨水资源化功能划分及利用模式研究.北京：北京建筑大学.

秦伟,朱清科,赖亚飞.2008.退耕还林工程生态价值评估与补偿：以陕西省吴起县为例.北京林业大学
  学报,（5）：163-168.

陕西省西咸新区开发建设管理委员会.2016.西咸新区海绵城市建设：低影响开发技术指南（试行）.
  https://max.book118.com/html/2019/0426/5104324241002031.shtm.2021-1-31.

申莉莉，张迎新，隆璘雪，等．2018. 1981—2016 年京津冀地区极端降水特征研究．暴雨灾害，37（5）：428-434.

沈悦．2014. 以学生为中心的大学校园景观环境设计研究：以天津大学新校区景观环境设计为例．天津：天津大学．

史云鹏．2003. 人工湿地暴雨径流氮磷控制研究．上海：同济大学．

舒安平，田露，王梦瑶，等．2018. 北京海绵城市雨水措施效益评估方法及案例分析．给水排水，54（3）：36-41.

水利部海河水利委员会．2011. 海河流域地下水通报（2011 年第 1 期）．http：//www. hwcc. gov. cn/hwcc/wwgj/HWCCzwgk/zfxxgk/hwszy/hhlydxstb/201108/t20110805_26541. html.

水利部农村水利司农水处．2001. 雨水集蓄利用技术与实践．北京：中国水利水电出版社．

宋贞．2014. 低影响开发模式下的城市分流制雨水系统设计研究．重庆：重庆大学．

苏伟忠，汝静静，杨桂山．2019. 流域尺度土地利用调蓄视角的雨洪管理探析．地理学报，74（5）：114-127.

孙姣．2014. 天津市城市雨水利用技术指南研究．天津：天津大学．

孙明媚．2019. 天津城区雨水径流污染特点及其对汇入河道水质影响研究．天津：天津大学．

孙彦，周禾，杨青川．2001. 草坪实用技术手册．北京：化学工业出版社．

谈昌莉，朱勤．1998. 南水北调中线工程供水成本和水价分析．水利水电快报，（9）：19-22.

唐双成．2016. 海绵城市建设中小型绿色基础设施对雨洪径流的调控作用研究．西安：西安理工大学．

唐小娟．2016. 浅谈中国雨水集蓄利用技术发展历程．成都：中国水利学会 2016 学术年会．

唐小娟，金彦兆．2016. 甘肃雨水集蓄利用技术发展综述．甘肃水利水电技术，52（3）：1-2，5.

唐杨，徐志方，韩贵琳．2011. 北京及其北部地区大气降尘时空分布特征．环境科学与技术，34（2）：115-119.

天津市城乡建设委员会．2016. 天津市海绵城市建设技术导则．

天津市发展和改革委员会．2016. 市发展改革委关于我市居民用水实行阶梯水价的通知．http：//fzgg. tj. gov. cn/xxfb/tzggx/202012/t202012195068522. html.

天津市住房和城乡建设委员会．2016. 天津市海绵城市建设技术导则．http：//zfcxjs. tj. gov. cn/xxgk_70/zcwj/wfwj/202012/t20201203_4308599. html.

田宇，刘志强．2012. 天津城区雨水利用的前景分析．环境科学与技术，35（3）：178-181.

童丽萍，谷鑫蕾．2017. 豫西地坑窑院防水患机制及运行有效性分析．建筑科学，33（10）：188-194.

万乔西．2010. 雨水花园设计研究初探．北京：北京林业大学．

汪慧贞，车武，李俊奇．2001. 城区雨水渗透设施计算方法及关键系数．给水排水，27（11）：18-23.

汪慧贞，李宪法．2001. 北京城区雨水入渗设施的计算方法．中国给水排水，17（11）：37-39.

王建龙，车伍，李俊奇．2001. 人工湿地在新建城区流域雨水管理中的应用．中国给水排水，27（6）：54-57.

王金南，葛察忠，李晓亮．2009. 中国绿色经济的发展现状与展望．武汉：中国环境科学学会 2009 年学术年会．

王俊岭, 徐怡, 魏胜, 等 . 2016. 透水混凝土铺装各层对径流污染物的削减试验研究 . 环境工程, 34
　（10）：39-43.

王良民, 王彦辉 . 2008. 植被过滤带的研究和应用进展 . 应用生态学报, （9）：212-218.

王敏, 黄宇驰, 吴建强 . 2010. 植被缓冲带径流渗流水量分配及氮磷污染物去除定量化研究 . 环境科学,
　31 （11）：2607-2612.

王树涛, 门明新, 刘微, 等 . 2007. 农田土壤固碳作用对温室气体减排的影响 . 生态环境, 16 （6）：
　1775-1780.

王焱, 曹磊, 沈悦 . 2019. 海绵城市建设背景下的景观设计探索：记天津大学新校区景观设计 . 中国园林,
　35 （4）：112-116.

王永磊, 姜小平, 王德民, 等 . 2006. 我国城市雨水利用技术及对策 . 山东建筑工程学院学报, 21 （2）：
　151-153.

魏泽崧, 汪霞 . 2016. 古代雨水利用对我国海绵城市建设的借鉴与启示 . 北京交通大学学报（社会科学
　版）, 15 （4）：127-135.

邬扬善, 屈燕 . 1996. 北京市中水设施的成本效益分析 . 给水排水, 22 （4）：31-33.

吴蓓 . 2007. 人工土快速渗滤系统削减城市初雨径流污染应用性研究 . 南京：河海大学 .

吴伟, 付喜娥 . 2009. 绿色基础设施概念及其研究进展综述 . 国际城市规划, 24 （5）：67-71.

武文婷, 夏国元, 包志毅 . 2016. 杭州市城市绿地固碳释氧价值量评估 . 中国园林, 32 （3）：117-121.

夏尚光, 杨书运, 严平, 等 . 2016. 城市森林与城市环境 . 合肥：安徽科学技术出版社 .

向璐璐, 李俊奇, 邝诺, 等 . 2008. 雨水花园设计方法探析 . 给水排水, （6）：47-51.

肖海文, 代蕾, 任莉蓉 . 2018. 海绵城市雨水湿地的滞蓄容积设计与工程实例 . 中国给水排水, 34 （18）：
　63-67, 75.

熊作明, 纪昊青 . 2019. 雨水花园设计研究综述 . 大众文艺, （1）：39-41.

徐海顺 . 2014. 城市新区生态雨水基础设施规划理论、方法与应用研究 . 上海：华东师范大学 .

杨爱民, 张璐, 甘泓, 等 . 2011. 南水北调东线一期工程受水区生态环境效益评估 . 水利学报, 42 （5）：
　563-571.

杨丽, 朱启林, 孙静, 等 . 2017. 北京市南水北调中线工程供水效益评估 . 人民长江, 48 （10）：44-
　46, 78.

叶镇, 鑫华 . 1994. 区域综合径流系数的计算及其结果评价 . 中国市政工程, （4）：43-45, 50.

于德永, 潘耀忠, 姜萍, 等 . 2005. 东亚地区植被净第一性生产力对气候变化的时空响应 . 北京林业大学
　学报, （S2）：96-101.

于占江, 金钊, 张艳品 . 2019. 近 56 年京津冀区域降水量变化特征分析 . 安徽农业科学, 47 （2）：
　215-221.

于占江, 杨鹏 . 2018. 近 40 年京津冀蒸发皿蒸发量变化特征及影响因子 . 气象科技, 46 （6）：118-125.

袁宏林, 魏颖, 谢纯德 . 2015. 土壤对城市雨水径流中污染物的削减作用 . 水土保持通报, 35 （3）：
　112-115.

张华, 石峰, 翁皓琳, 等 . 2009. 可持续城市排水系统的应用与发展 . 低温建筑技术, （8）：114-116.

张婧 . 2010. 基于气候变化的雨水花园规划研究 . 哈尔滨：哈尔滨工业大学 .

张丽 . 2005. 水资源承载能力与生态需水量理论及应用 . 郑州：黄河水利出版社 .

张善峰，董丽，黄初冬 . 2016. 绿色基础设施经济效益评估的综合成本效益分析法研究：以美国 Philadelphia 为例 . 中国园林，32（9）：116-121.

张亦驰 . 2018. 传统雨水利用智慧对当代城市景观设计的启示研究 . 南昌：南昌大学 .

张永庆，张冰，刘晓慧 . 2005. 大中型城市中心城区都市型产业发展研究 . 城市问题，(2)：16-21.

张志才 . 2006. 降雨入渗补给地下水研究：水文实验数据的统计分析及数值计算 . 南京：河海大学 .

张智涌，双学珍，刘栋 . 2017. 人工湿地对城市降雨径流污染物的削减效应 . 江苏农业科学，(15)：259-263，270.

章泽宇，骆辉，胡小波，等 . 2020. 植草沟控制城市径流污染研究进展 . 应用化工，49（7）：1776-1779，1785.

赵丽元，韦佳伶 . 2020. 城市建设对暴雨内涝空间分布的影响研究：以武汉市主城区为例 . 地理科学进展，39（11）：1898-1908.

赵勇，翟家齐 . 2017. 京津冀水资源安全保障技术研发集成与示范应用 . 中国环境管理，9（4）：113-114.

郑守林 . 2005. 人工草地灌溉与排水 . 北京：化学工业出版社 .

中华人民共和国国土资源部 . 2008. 工业项目建设用地控制指标：国土资发〔2008〕24 号 . https：//wenku.baidu.com/view/0c315df0f61fb7360b4c65fe.html.

中华人民共和国住房和城乡建设部，中华人民共和国国家质量监督检验检疫总局 . 2016. 建筑与小区雨水控制及利用工程技术规范（GB50400—2016）. 北京：中国建筑工业出版社 .

中华人民共和国住房和城乡建设部 . 1993. 城市绿化规划建设指标的规定 .

中华人民共和国住房和城乡建设部 . 2005. 城市规划编制办法 .

中华人民共和国住房和城乡建设部 . 2011. 城市用地分类与规划建设用地标准：GB50137—2011. 北京：中国建筑工业出版社 .

中华人民共和国住房和城乡建设部 . 2014. 海绵城市建设技术指南：低影响开发雨水系统构建（试行）.

中华人民共和国住房和城乡建设部 . 2016. 建筑与小区雨水控制及利用工程技术规范：GB50400—2016. 北京：中国建筑工业出版社 .

中华人民共和国住房和城乡建设部 . 2016. 室外排水设计规范（2016 版）：GB50014—2006. 北京：中国计划出版社 .

中华人民共和国住房和城乡建设部 . 2018. 城市居住区规划设计标准：GB50180—2018. 北京：中国建筑工业出版社 .

中华人民共和国住房和城乡建设部 . 2020. 国家园林城市标准 .

中华人民共和国住房和城乡建设部 . 2020. 海绵城市建设专项规划与设计标准 .

中华人民共和国住房和城乡建设部 . 2020. 海绵城市建设专项规划与设计标准（征求意见稿）.

周莹 . 2011. 居住小区场地低影响开发雨水系统设计研究 . 北京：北京建筑工程学院 .

住房和城乡建设部 . 2014. 海绵城市建设技术指南：低影响开发雨水系统构建（试行）.

自然资源部.2019. 市县国土空间规划分区和用途分类指南.

邹芳睿, 宋昆, 叶青, 等.2017. 北方滨海地区海绵城市建设探索与实践: 以中新天津生态城为例. 给水排水, (11): 39-44.

左建兵, 刘昌明, 郑红星, 等.2009. 北京市城市雨水利用的成本效益分析. 资源科学, 31 (8): 1295-1302.

Academy of Natural Sciences (Patrick Center), Natural Lands Trust and the Conservation Fund. 2001. Schuylkill Watershed Conservation Plan.

Ahammed F. 2017. A review of water-sensitive urban design technologies and practices for sustainable stormwater management. Sustainable Water Resources Management, 3: 269-282.

Ahiablame L M, Engel B A, Chaubey I. 2012. Effectiveness of low impact development practices: Literature review and suggestions for future research. Water Air Soil Pollution, 223: 4253-4273.

Ahiablame L M, Engel B A, Chaubey I. 2013. Effectiveness of low impact development practices in two urbanized watersheds: Retrofitting with rain barrel/cistern and porous pavement. Journal of Environmental Management, 119: 151-161.

Anderson L M, Cordell H K. 1988. Influence of trees on residential property values in Athens, Georgia (U. S. A.): A survey based on actual sales prices. Landscape & Urban Planning, 15 (1): 153-164.

Baker F. 2009. Building and Sustaining Safe, Thriving Communities. Washington, DC, USA: The Alliance for Community Trees Green Infrastructure Summit and Urban Trees Forum. http://actrees. org/files/Events/fbaker. pdf.

Barton A B, Argue J R. 2007. A review of the application of water sensitive urban design (WSUD) to residential development in Australia. Australasian Journal of Water Resources, 11 (1): 31-40.

Benedict M A, MacMahon E T. 2002. Green infrastructure: Smart conservation for the 21st century. Renew Resources Journal, 20 (3): 12-17.

Bergstrom J C, Civita P D. 1999. Status of benefit transfer in the United States and Canada: Review. Canadian Journal of Agricultural Economics, 47 (1): 79-87.

Bernatzky A. 1982. The contribution of trees and green spaces to a town climate. Energy and Buildings, 5 (1): 1-10.

Bhattacharya A, Rane O. 2009. Harvesting rainwater: Catch water where it falls. Social Science: 422-439.

Borisova-Kidder A. 2006. Meta-analytical estimates of values of environmental services enhanced by government agricultural programs.

Boskovic S. 2008. Bioretention basin best practice design guidelines. Queensland: University of Southern Queensland.

Braden J B, Johnston D M. 2003. The downstream economic benefits of storm water retention. Journal of Water Resources Planning and Management, 130 (6): 498-505.

Bradford A, Gharabaghi B. 2004. Evolution of ontario´s stormwater management planning and design guidance. Water Quality Research Journal of Canada, 39 (4): 343-355.

Brander L M, Florax R J, Vermaat J E. 2003. The Empirics of Wetland Valuation: A Comprehensive Summary and Meta-analysis of the Literature. Neitherland: Institute for Environmental Studies.

Breaux A, Farber S C, Day J. 1995. Using natural coastal wetlands systems for wastewater treatment: An economic benefit analysis. Journal of Environmental Management, 44 (3): 285-291.

Brouwer R, Langford I H, Bateman I J, et al. 1997. A Metaanalysis of Wetland Contingent Valuation Studies. Norwich UK: Centre for Social and Economic Research on the Global Environment, University of East Anglia.

Brown J E. 2005. Encouraging low-impact-development stormwater management practices: Assabet river watershed sub-basin case study. Florida: University of Central Florida.

Brox J A, Kumar R C, Stollery K R. 2003. Estimating willingness to pay for improved water quality in the presence of item nonresponse bias. American Journal of Agricultural Economics, 85 (2): 414-428.

Cangelosi A, Wither R, Taverna J, et al. 2001. Wetlands restoration in Saginaw Bay//National Oceanic and Atmospheric Administration and Northeast-Midwest Institute, USA. Revealing the Economic Value of Protecting the Great Lakes.

Carter M. 2007. Jobs not jails. http://www.ssbx.org/documents/SSBxMagazine.pdf.

CBO. 2008. Cost Estimate. S. 2191 America's Climate Security Act of 2007. http://www.cbo.gov/ftpdocs/91xx/doc9120/s2191.pdf.

CDC. 1994. Heat-related deaths - Philadelphia and United States, 1993-1994.

Charlesworth S M, Harker E, Rickard S. 2003. A review of sustainable drainage systems (SuDS): A soft option for hard drainage questions? Geography, 88 (2): 99-107.

City of Long Beach Department of Development Services, Department of Public Works, Office of Sustainability. 2013. Low Impact Development (LID) Best Management Practices (BMP) Design Manual.

CML. 2005. Philadelphia NIS neighborhoodBase. http://cml.upenn.edu/nbase/.

Collins A, Rosenberger R, Fletcher J. 2005. The economic value of stream restoration. Water Resources Research, 41 (2): 1-9.

Columbia University Center for Climate Systems Research, NASA/Goddard Institute for Space Studies, Department of Geography-Hunter College, and Science Applications International Corp. 2006. Mitigating New York City's Heat Island with Urban Forestry, Living Roofs, and Light Surfaces: New York City Regional Heat Island Initiative Final Report.

Correll M R, Lillydahl J H, Singell L D. 1978. The effects of greenbelts on residential property values: Some findings on the political economy of open space. Land Economics, 54 (2): 207-217.

Costanza R, Farber S C, Maxwell J. 1989. Valuation and management of wetland ecosystems. Ecological Economics, 1 (4): 335-361.

Dahlenburg J, Birtles P. 2012. All roads lead to WSUD: Exploring the biodiversity, human health and social benefits of WSUD. Melbourne, Australia: 7th International Conference on Water Sensitive Urban Design.

Dalecki M G, Whitehead J C, Blomquist G C. 1993. Sample non-response bias and aggregate benefits in contingent valuation: An examination of early, late and non-respondents. Journal of Environmental Management,

38 （2）：133-143.

Dallman S, Chaudhry A M, Muleta M K, et al. 2016. The value of rain：Benefit- cost analysis of rainwater harvesting systems. Water Resources Management, 30 （12）：4415-4428.

Davis A P, HuntW F, Traver R G, et al. 2009. Bioretention technology：Overview of current practice and future needs. Journal of Environmental Engineering, 135 （3）：109-117.

Desvousges W H, Smith V K, Fisher A. 1987. Option price estimates for water quality improvements：A contingent valuation study for the Monongahela River. Journal of Environmental Economics and Management, 14 （3）：248-267.

Doshi H. 2005. Report on the Environmental Benefits and Costs of Green Roof Technology for the City of Toronto. http：//www. toronto. ca/greenroofs/pdf/fullreport103105. pdf.

Duan H F, Li F, Yan H. 2016. Multi-objective optimal design of detention tanks in the urban stormwater drainage system：LID implementation and analysis. Water Resources Management, 30 （13）：2213-2226.

Eason C T, Dixon J, Feeney C, et al. 2003. Providing incentives for low- impact development to become main-stream.

EBA. 2013. Design guidelines：Low impact development permeable pavement-module 6 Calgary, Alberta.

Eckart K, McPhee Z, Bolisetti T. 2017. Performance and implementation of low impact development：A review. Science of the Total Environment, 607/608：413-432.

EDAW. 2003. The Tidal Schuylkill River Master Plan：Creating a New Vision. Prepared for the Schuylkill River Development Corporation.

EDAW. 2008. Juniata Golf Course Land Use and Feasibility Study.

EIA. 2007. Voluntary Reporting of Greenhouse Gases Program Fuel and Energy Source Codes and Emission Coefficients. http：//www. epa. gov/cleanenergy/documents/egridzips/eGRID2007V1 _ 0 _ year05 _ Summary Tables. pdf/.

EIA. 2008. The Lieberman-Warner Climate Security Act of 2007. http：//www. eia. doe. gov/oiaf/servicerpt/ s2191/pdf/sroiaf （2008） 01. pdf.

Eisen-Hecht J I, Kramer R A. 2002. A cost-benefit analysis of water quality protection in the Catawba Basin. Journal of the American Water Resources Association, 38 （2）：453-465.

Elliott A H, Trowsdale S A. 2007. A review of models for low impact urban stormwater drainage. Environmental Modelling & Software, 22 （3）：394-405.

European Commission. 2011. Our life insurance, our natural capital：An EU biodiversity strategy to 2020. Brussels：Commission Staff Working Paper.

Fairmount Park Commission. 1999. Tacony Creek Park Master Plan, Natural Land Restoration Master Plan, Park-Specific Master Plans.

Fassman E A, Blackbourn S. 2010. Urban runoff mitigation by a permeable pavement system over impermeable soils. J Hydrol Eng, 15 （6）：475-485.

Fletcher T D, Shuster W, Hunt W F, et al. 2015. SUDS, LID, BMPs, WSUD and more：The evolution and application of terminology surrounding urban drainage. Urban Water Journal, 12 (7): 525-542.

Frame B, Vale R. 2006. Increasing uptake of low impact urban design and development: The role of sustainability assessment systems. Local Environment, 11 (3): 287-306.

Fryd O, Dam T, Jensen M B. 2012. A planning framework for sustainable urban drainage systems. Water Policy, 14 (5): 865.

Gao C, Liu J, Zhu J, et al. 2017. Review of current research on urban low- impact development practices. Research Journal of Chemistry and Environment, 17 (S1): 209-214.

Goldberg D, Gomat B, Rimon D. 1976. Drip Irrigation: Principles, Design and Agricultural Practices. Israel: Drip Irrigation Scientific Publications.

Green Roofs for Healthy Cities. Undated. http://www. greenroofs. org/index. php? option=com_ content&task= view&id=26&Itemid=40.

Guo X C, Guo Q Z, Zhou Z K, et al. 2019. Degrees of hydrologic restoration by low impact development practices under different runoff volume capture goals. Journal of Hydrology, 578: 124069.

Harpman D, Welsh M, Bishop R. 1994. Nonuse Economic Value: Emerging Policy Analysis Tool. U. S. Bureau of Reclamation's General Investigation Program.

Hayhoe K, Kalkstein L, Moser S, et al. 2004. Rising Heat and Risks to Human Health: Technical Appendix. Cambridge, USA: UCS Publications.

Heimlich R. 1994. Costs of an agricultural wetland reserve. Land Economics, 70 (2): 234-246.

Heller K. 2008. A Messed- up Justice System.

Heritage Conservancy and NAM Planning & Design. 2003. Tookany Creek Watershed Management Plan (River Conservation Plan).

Hicks B. 2008. A cost- benefit analysis of rainwater harvesting at commercial facilities in arlington county, virginia. North Carolina: Duke University.

Holzer H, Schanzenbach D W, Duncan G J, et al. 2007. The Economic Costs of Poverty: Subsequent Effects of Children Growing Up Poor. http://www. americanprogress. org/issues/2007/01/poverty_ report. html.

Houtven G V, Powers J, Pattanayak S K. 2007. Valuing water quality improvements in the United States using meta- analysis: Is the glass half-full or half-empty for national policy analysis? Resource and Energy Economics, 29 (3): 206-228.

Hudischewskyj A B, Douglas S G, Lundgren J R. 2001. Meteorological and Air Quality Modeling to Further Examine the Effects of Urban Heat Island Mitigation Measures on Several Cities in the Northeastern U. S. (SYSAPP-01-001)

Hunt W F, Kannan N, Jeong J, et al. 2009. Stormwater best management practices: Review of current practices and potential incorporation in SWAT. EH International Agricultural Engineering Journal, 18 (1/2): 73-89.

Hurley T M, Otto D, Holtkamp J. 1999. Valuation of water quality in livestock regions: An application to rural watersheds in Iowa. Journal of Agricultural and Applied Economics, 31 (1): 177-184.

Ignatieva M, Meurk C, Van Roon M, et al. 2008. How to Put Nature into Our Neighbourhoods: Application of

Low Impact Urban Design and Development (LIUDD) Principles, with a Biodiversity Focus, for New Zealand Developers and Homeowners. Canterbury, New Zealand: Manaaki Whenua Press.

Ignatieva M, Stewart G, Meurk C. 2014. Low impact urban design and development (LIUDD): Matching urban design and urban ecology. Landscape Review, 12 (2): 61-73.

Imteaz M A, Shanableh A, Rahman A, et al. 2011. Optimisation of rainwater tank design from large roofs: A case study in Melbourne, Australia. Resources, Conservation and Recycling, 55: 1022-1029.

IPCC. 2007. In Climate Change 2007: Impacts, Adaptation and Vulnerability. Cambridge, UK: Cambridge University Press.

Jia H F, Lu Y W, Yu S L, et al. 2012. Planning of LID-BMPs for urban runoff control: The case of Beijing Olympic Village. Separation and Purification Technology, 84: 112-119.

Kaiser R, Tertre A L, Schwartz J, et al. 2007. The effect of the 1995 heat wave in Chicago on all-cause and cause-specific mortality. American Journal of Public Health, 97 (1): S158-S162.

Kalkstein L S, Sheridan S C. 2003. The Impact of Heat Island Reduction Strategies on Health-Debilitating Oppressive Air Masses in Urban Areas. Final Report: Cooperative Agreement CX-82967301.

Kalkstein L S, Jamason P F, Greene J S, et al. 1996. The Philadelphia Hot Weather-Health Watch/Warning System: Development and application, summer 1995. Bulletin of the American Meteorological Society, 77 (7): 1519-1528.

Kambites C, Owen S. 2006. Renewed prospects for green infrastructure planning in the UK. Planning, Practice & Research, 21 (4): 483-496.

Katiyar N, Rangarajan S, Leo W, et al. 2011. Optimization of a blue roof design to mitigate CSO impacts. Proceedings of the Water Environment Federation, 10: 5959-5971.

Kennedy P A. 1986. Guide to Econometrics. Cambridge, USA: MIT Press.

King D M, Mazzotta M. 2005. Ecosystem Valuation. http://www.ecosystemvaluation.org/contingent_ valuation. htm.

Koppe C, Kovats S, Jendritzky G, et al. 2004. Heat-Waves: Risks and Responses. Copenhagen, DNK: World Health Organization.

Kuang W H, Yang T R, Yan F Q. 2018. Examining urban land-cover characteristics and ecological regulation during the construction of Xiong'an new district, Hebei province, China. Journal of Geographical Sciences, 28 (1): 109-123.

Kuller M, Bach P M, Lovering D R, et al. 2017. Framing water sensitive urban design as part of the urban form: A critical review of tools for best planning practice. Environmental Modelling & Software, 96: 265-282.

Laden F, Schwartz J, Speizer F E, et al. 2006. Reduction in fine particulate air pollution and mortality: Extended follow-up of the Harvard six cities study. American Journal of Respiratory and Critical Care Medicine, 173 (6): 667-672.

Laurie N. 2008. The Cost of Poverty: An Analysis of the Economic Costs of Poverty in Ontario. The Atkinson Charitable Foundation and the Metcalf Foundation. http://www.oafb.ca/assets/pdfs/CostofPoverty.pdf.

Li J Q, Wang W L, Zhao W W, et al. 2010. Control effects comparison of three kinds of typical LID infiltration and emission reduction measures: Beijing case study. Low Impact Development 2010: Redefining Water in the City, 702-713.

Liang X, Dijk M P V. 2011. Economic and financial analysis on rainwater harvesting for agricultural irrigation in the rural areas of Beijing. Resources Conservation and Recycling, 55 (11): 1100-1108.

Lloyd S D, Wong T H, Chesterfield C J. 2001. Opportunities and impediments to water sensitive urban design in Australia. Auckland, New Zealand: The 2nd South Pacific Stormwater Conference.

Loc H H, Duyen P M, Ballatore T J, et al. 2017. Applicability of sustainable urban drainage systems: An evaluation by multi-criteria analysis. The Environmentalist, 37: 332-343.

Loomis J, Kent P, Strange L, et al. 2000. Measuring the total economic value of restoring ecosystem services in an impaired river basin: Results from a contingent valuation survey. Ecological Economics, 33: 103-117.

Maes J, Barbosa A, Baranzelli C, et al. 2015. More green infrastructure is required to maintain ecosystem services under current trends in land-use change in Europe. Landscape Ecology, 30: 517-534.

Matunga H. 2000. Urban ecology, tangata whenua and the colonial city//Stewart G H, Ignatieva M E. Urban Biodiversity and Ecology as a Basis for Holistic Planning and Design: Proceedings of a Workshop Held at Lincoln University. Christchurch: Wickliffe Press.

McPherson E G, Simpson J R, Peper P J, et al. 2006. Piedmont community tree guide: Benefits, costs, and strategic planting. Albany, CA, USA: U.S. Department of Agriculture, Forest Service, Pacific Southwest Research Station.

Meerow S, Newelli J P. 2017. Spatial planning for multifunctional green infrastructure: Growing resilience in Detroit. Landscape and Urban Planning, 159: 62-75.

Montalto F, Behr C, Alfredo K, et al. 2007. Rapid assessment of the cost-effectiveness of low impact development for CSO control. Landscape and Urban Planning, 82 (3): 117-131.

Moran A, Hunt B, Jennings G. 2003. A North carolina field study to evaluate greenroof runoff quantity, runoff quality, and plant growth. Philadelphia, Pennsylvania, United States: World Water and Environmental Resources Congress.

Morancho A B. 2003. A hedonic valuation of urban green space. Landscape and Urban Planning, 66 (1): 35-41.

Morison P J, Brown R R. 2011. Understanding the nature of publics and local policy commitment to Water Sensitive Urban Design. Landscape and Urban Planning, 99: 83-92.

Mouritz M. 1991. Water sensitive design for ecologically sustainable development. Perth, Australia: Water Sensitive Urban Design, Australian Institute of Urban Studies and Western Australian Water Resource Council.

Nature Resources Conservation Service Illinois. 1999. Natural resources conservation service illinois urban manual practice standard. CODE 890.

Nguyen T T, Ngo H H, Guo W S, et al. 2019. Implementation of a specific urban water management: Sponge City. Science of the Total Environment, 652: 147-162.

NOAA. 1995. Natural Disaster Survey Report: July 1995 Heat Wave. Silver Spring, MD, USA: National Oceanic and Atmospheric Administration.

Nordman E E, Isely E, Isely P, et al. 2018. Benefit-cost analysis of stormwater green infrastructure practices for Grand Rapids, Michigan, USA. Journal of Cleaner Production, 200: 501-510.

Nowak D J, Crane D E, Stevens J C. 2006. Air pollution removal by urban trees and shrubs in the United States. Urban Forestry & Urban Greening, 4 (11): 5-123.

Oberndorfer E, Lundholm J, Bass B, et al. 2007. Green roofs as urban ecosystems: Ecological structures, functions, and services. BioScience, 57 (10): 823-833.

Oppenheim J, Macgregor T. 2006. The Economics of Poverty: How Investments to Eliminate Poverty Benefit All Americans. http://www.democracyandregulation.com/detail.cfm? artid = 99.

Pack J. 1998. Poverty and urban public expenditures. http://usj.sagepub.com/cgi/content/abstract/35/11/1995.

Peck & Associates. 1999. Greenbacks from green roofs: forging a new industry in Canada. https://commons.bcit.ca/greenroof/files/2012/01/Greenbacks.pdf.

Pennsylvania Department of Environmental Protection (PADEP). 2006. Pennsylvania Stormwater Best Management Practices Manual. PADEP, Harrisburg: Bureau of Watershed Management.

Pennsylvania Department of Environmental Protection, Bureau of Watershed Management. 1999. Unified Watershed Assessment Report.

Philadelphia Department of Revenue. 2007. Millage Rate Data. http://www.phila.gov/revenue/.

Philadelphia Water Department. 2004. Tacony-Frankford River Conservation Plan.

Philadelphia Water Department. 2005. Tookany/Tacony-Frankford Integrated Watershed Management Plan.

Philadelphia Water Department and Darby-Cobbs Watershed Partnership. 2004. Cobbs Creek Integrated Watershed Management Plan.

Philadelphia Water Department Office of Watersheds. 2001. Tacony-Frankford Creek Watershed Assessment.

Pope III C A, Burnett R T, Thun M J, et al. 2002. Lung cancer, cardiopulmonary mortality, and long-term exposure to fine particulate air pollution. Journal of the American Medical Association, 287 (9): 1132-1141.

Powell L M, Rohr E S, Canes M E, et al. 2005. Low-Impact Development Strategies and Tools for Local Governments: Building a Business Case.

PricewaterhouseCoopers. 2006. The 150 Richest Cities in the World by GDP in 2005. http://www.citymayors.com/statistics/richest-cities-2005.html.

Prince George's County, Maryland Department of Environmental Resources Programs and Planning Division. 1999. Low-Impact Development Hydrologic Analysis. Prep. Prince George's Cty. Md. Dep. Environ. Resour. Programs Plan. Div.

PWD. 2008. Public Survey Tacony-Frankford River Conservation Plan. http://www.phillyriverinfo.org/WICLibrary/Tookany-Tacony-Frankford% 20Integrated% 20Watershed% 20Management% 20Plan% 20-% 20Appendix_ B_ Tacony-Frankford_ RCPsurvey.pdf.

Qi H H, Altinakar M S. 2011. Vegetation buffer strips design using an optimization approach for non-point source pollutant control of an agricultural watershed. Water Resource Management, 25: 565-578.

Rao N S, Easton Z M, Schneiderman E M, et al. 2009. Modeling watershed-scale effectiveness of agricultural best management practices to reduce phosphorus loading. Journal of Environmental Management, 90: 1385-1395.

Raus J. 1981. A Method for Estimating Fuel Consumption and Vehicle Emissions on Urban Arterials and Networks. Washington, DC. USA: Office of Research and Development.

Rosenberger R S, Loomis J B. 2003. Benefit transfer. Encyclopedia of Energy Natural Resource & Environmental Economics, 3: 327-333.

Roy A H, Wenger S J, Fletcher T D, et al. 2008. Impediments and solutions to sustainable, watershed-scale urban stormwater management: Lessons from Australia and the United States. Environmental Management, 42: 344-359.

Russell C, Vaughan W, Clark C, et al. 2001. Investing in Water Quality: Measuring Benefits, Costs and Risks. Washington D. C.: IDB Publications.

Sailor D J. 2003. Streamlined Mesoscale Modeling of Air Temperature Impacts of Heat Island Mitigation Strategies.

Sample D J, Heaney J P, Wright LT, et al. 2003-01-01. Costs of best management practices and associated land for urban stormwater control. Journal of Water Resources Planning and Management, 129 (1): 59-68.

SCAQMD. 2007. EMFAC 2007 (v 2.3) Emission Factors (On-Road). http://www.aqmd.gov/CEQA/handbook/onroad/onroad.html.

Scholz M, Grabowiecki P. 2007. Review of permeable pavement systems. Building and Environment, 42: 3830-3836.

Schrank D, Lomax T. 2007. The 2007 Urban Mobility Report. Texas Transportation Institute, Texas A&M University System.

Schwartz E. 1993. Delaware Valley Legislators: An Anti-Poverty Agenda for the 90's. http://www.iscv.org/Opportunity/Poverty/poverty.html.

Scotland Nature Agency. 2020. Green Infrastructure Strategic Intervention. https://www.sogou.com/link?url=hedJjaC291OlT-_h0KL8RfM8fuMn9R2TXfaI83w37dNSloaM1gMacntHufzUD8NG.

Semenza J C, McCullough J E, Flanders W D, et al. 1999. Excess hospital admissions during the July 1995 heat wave in Chicago. American Journal of Preventive Medicine, 16 (4): 269-277.

Shafique M, Kim R, Lee D. 2016. The potential of green-blue roof to manage storm water in urban areas. Nature Environment and Pollution Technology, 15 (2): 715-718.

Shafique M, Kim R. 2017. Application of green blue roof to heat island phenomena and resilient to climate change in urban areas: A case study from Seoul, Korea. Journal of Water and Land Development, 33 (4/5/6): 165-170.

Shafique M, Lee D, Kim R. 2016. A field study to evaluate runoff quantity from blue roof and green blue roof in an urban area. International Journal of Control and Automation, 9 (8): 59-68.

Sheridan S. 2008. Spatial Synoptic Classification. http：//sheridan. geog. kent. edu/ssc. html.

Shultz S, Schmitz N. 2008-09-01. How Water Resources Limit and/or Promote Residential Housing Developments in Douglas County. Final Project Report. Omaha, USA：UNO Research Center. http：//unorealestate. org/pdf/ UNO_ Water_ Report. pdf.

Srishantha U, Rathnayake U. 2017. Sustainable urban drainage systems (SUDS)：What it is and where do we stand today? Engineering and Applied Science Research, 44 (4)：235-241.

Stanley T D. 2001. Wheat from chaff：Meta-analysis as quantitative literature review. The Journal of Economic Perspectives, 15：131-150.

Stern N H. 2006. Stern Review：The Economics of Climate Change. Cambridge, UK：Cambridge University Press.

Stevens T H, Benin S, Larson J S. 1995. Public attitudes and economic values for wetland preservation in New England. Wetlands, 15 (3)：226-231.

Stratus Consulting Inc. 2009. A Triple Bottom Line Assessment of Traditional and Green Infrastructure Options for Controlling CSO Events in Philadelphia′s Watersheds：Final Report.

Stumborg B E, Baerenklau K A, Bishop R C. 2001. Nonpoint Source pollution and present values：A contingent valuation study of Lake Mendota. Review of Agricultural Economics, 23 (1)：120-132.

Summers A, Jakubowski L. 1996. The Fiscal Burden of Unreimbursed Poverty Expenditures in the City of Philadelphia：1985-1995. Philadelphia, USA：Department of Public Policy and Management and Real Estate, Wharton School of Business, University of Pennsylvania. http：//www. worldcat. org/oclc/83004545.

Słyś D. 2009. Potential of rainwater utilization in residential housing in Poland. Water and Environment Journal, 23：318-325.

Taylor A, Wong T. 2012. Non-structural Stormwater Quality Best Management Practices：A Survey Investigating Their Use and Value. Victoria, Australia：Cooperative Research Centre for Catchment Hydrology.

Teemusk A, Mander Ü. 2006. The use of greenroofs for the mitigation of environmental problems in urban areas. WIT Transactions on Ecology and the Environment, 93：3-17.

Toronto and Region Conservation Authority and Credit Valley Conservation. 2010. Low impact development stormwater management planning and design guide. Toronto：Toronto and Region Conservation Authority and Credit Valley Conservation.

Trust for Public Lands, Center for City Park Excellence. 2008. How Much Value Does the City of Philadelphia Receive from its Park and Recreation System?

Tyrvainen L, Miettinen A. 2000. Property prices and urban forest amenities. Journal of Economics and Environmental Management, 39 (2)：205-223.

U. K. DEFRA. 2007. Synthesis of Climate Policy Appraisals. Department for Environment, Food and Rural Affairs, London, UK. http：//www. defra. gov. uk/environment/climatechange/uk/ukccp/pdf/synthesisccpolicyappraisals. pdf. 2008-10-31.

U. S. Census Bureau. 2000. 2000 Census of Population Social and Economic Characteristics, Philadelphia,

Bucks, Chester, Delaware and Montgomery Counties, Pennsylvania.

U. S. Census Bureau. 2008. American Community Survey 2007 Data Release. http：//www. census. gov/acs/ www/index. html.

U. S. DOJ. 2009. Weed and Seed Program Description. http：//www. ojp. usdoj. gov/ccdo/ws/welcome. html.

U. S. EPA. 1996. Protecting natural wetlands：A guide to stormwater best management practices. Washington, USA：Office of Water.

U. S. EPA. 2004. The use of best management practices (BMPs) in urban watersheds. Washington, USA：Office of Water.

U. S. EPA. 2022. What is Green Infrastructure? https：//www. epa. gov/green- infrastructure/what- green- infra-structure.

U. S. EPA. 2000. Guidelines for Preparing Economic Analyses.

U. S. EPA. 2007. Light- Duty Automotive Technology and Fuel Economy Trends：1975 Through 2007 - Executive Summary. Washington, DC, USA. http：//www. epa. gov/OMS/cert/mpg/fetrends/420s07001. htm.

U. S. EPA. 2008a. Guidelines for Performing Economic Analyses. http：//yosemite. epa. gov/ee/epa/ eermfile. nsf/vwAN/EE-0516-01. pdf/ $ File/EE-0516-01. pdf.

U. S. EPA. 2008b. Heat Island Effect. http：//www. epa. gov/hiri/index. htm.

U. S. EPA. 2008c. BenMAP, the Environmental Benefits Mapping and Analysis Program. http：//www. epa. gov/ air/benmap/download. html.

U. S. EPA. 2008d. EPA Analysis of the Lieberman- Warner Climate Security Act of 2008 S. 2191 in 110th Congress (March 14, 2008). http：//www. epa. gov/climatechange/downloads/s2191_ EPA_ Analysis. pdf.

U. S. EPA. 2008e. Final Ozone NAAQS Regulatory Impact Analysis. http：//www. epa. gov/ttn/ecas/ria. html.

U. S. OMB. 2003. Circular A-4. U. S. Office of Management and Budget. http：//www. whitehouse. gov/omb/ circulars/a004/a-4. pdf.

USDA. 2007. Assessing Urban Forest Effects and Values. Philadelphia's Urban Forest. http：//nrs. fs. fed. us/ pubs/rb/rb_ nrs007. pdf.

USDA- Soil Conservation Service. 1985. National Engineering Handbook. Section 4. Hydrology. USDA- SCS, Washington DC.

U. S. Department of the Interior, U. S. Geological Survey. 2006. Effects of best- management practices in otter creek in the Sheboygan River Priority Watershed, Wisconsin, 1990-2002//Corsi S R. , Walker J F, Wang L Z, et al. Center for Integrated Data Analytics Wisconsin Science Center.

Valleron A J, Mendil A. 2004. Pidémiologie et canicules：analyses de la vague de chaleur 2003 en France. Comptes Rendus Biologies, 327 (12)：1125-1141.

Van Roon M. 2005. Emerging approaches to urban ecosystem management：The potential of low impact urban design and development principles. Journal of Environmental Assessment Policy and Management, 7 (1)：125-148.

Van Roon M R. 2012. Wetlands in the Netherlands and New Zealand：Optimising biodiversity and carbon sequestration during urbanization. Journal of Environmental Management, 101: 143-150.

Van Roon M R, Knight S J. 2004. Ecological Context of Development: New Zealand perspectives. Auckland, Melbourne: Oxford University Press.

Vaughan W J. 1986. The water quality ladder//Mitchell R C, Carson R T. Appendix B in The Use of Contingent Valuation Data for Benefit/Cost Analysis in Water Pollution Control.

Vernon B, Tiwari R. 2009. Place-making through water sensitive urban design. Sustainability, 1: 789-814.

Vogel J R, Moore T L, Coffman R R, et al. 2015. Critical review of technical questions facing low impact development and green infrastructure: A perspective from the Great Plains. Water Environment Research, 87 (9): 849-862.

Wachter S M, Wong G. 2006. What is a tree worth? Green-city strategies, signaling and housing prices. Real Estate Economics, 36 (2): 2008.

Ward B, MacMullan E, Reich S. 2008. The effect of low-impact development on property values.

Water Sensitive S A. 2020. A guide for water sensitive urban design: Stormwater management for small-scale development.

Whitehead J, Blomquist G. 1991. Measuring contingent values for wetlands: Effects of information about related environmental goods. Water Resources Research, 27 (10): 2523-2531.

Whitehead, John C. 2000. Demand-side factors and environmental equity analysis. Society & Natural Resources, 13 (1): 75-81.

Williamson K. 2003. Growing with Green Infrastructure. Doylestown: Heritage Conservancy.

Wong T H F, Brown R R. 2011. Water sensitive urban design // Grafton Q , Hussey K . Water Resources, Planning and Management: Challenges and Solutions. Cambridge: Cambridge University Press.

Woodward R T, Wui Y S. 2001. The economic value of wetland services: A metaanalysis. Ecological Economics, 37: 257-270.

Worrell E, Galitsky C. 2004. Energy Efficiency Improvement Opportunities for Cement Making: An Energy Star Guide for Energy and Plant Managers. Berkeley: Lawrence Berkeley National Laboratory.

Xu Y S, Shen S L, Lai Y, et al. 2018. Design of sponge city: Lessons learnt from an ancient drainage system in Ganzhou, China. Journal of Hydrology, 563: 900-908.

Yin D K, Chen Y, Jia H F, et al. 2021. Sponge city practice in China: A review of construction, assessment, operational and maintenance. Journal of Cleaner Production, 280: 124963.

Yu J H, Yu H X, Xu L Q. 2013. Performance evaluation of various stormwater best management practices. Environmental Science and Pollution Research, 20: 6160-6171.

Zanobetti A, Schwartz J. 2008. Temperature and mortality in nine US cities. Epidemiology, 19 (4): 563-570.

Zhang H Z, Li H M. 2014. Influencing factors analysis on Sunken Greenbelt design of urban road. Applied Mechanics and Materials, 638/639/640: 1158-1161.

Zhang H Z, Li H M, Wei G F. 2014. Storage-infiltration effect of rainfall for Sunken Greenbelt in urban road. Advanced Materials Research, 838/839/840/841: 1216-1220.

Zhang X Q, Hu M C, Chen G, et al. 2012. Urban rainwater utilization and its role in mitigating urban waterlogging problems: A case study in Nanjing, China. Water Resource Management, 26: 3757-3766.

Zhao M J, Srebric J. 2012. Assessment of green roof performance for sustainable buildings under winter weather conditions. Journal of Central South University, 19: 639-644.

Zoysa D, Damitha N A. 1995. A Benefit Evaluation of Programs to Enhance Groundwater Quality, Surface Water Quality and Wetland Habitat in Northwest Ohio. Columbus: Dissertation, Ohio State University.

附　　录

附表1　不同下垫面径流系数

汇水面种类	雨量径流系数 φ	流量径流系数 Ψ
绿化屋面（绿色屋顶，基质层厚度≥300mm）	0.30～0.40	0.40
硬屋面、未铺石子的平屋面、沥青屋面	0.80～0.90	0.85～0.95
铺石子的平屋面	0.60～0.70	0.80
混凝土或沥青路面及广场	0.80～0.90	0.85～0.95
大块石等铺砌路面及广场	0.50～0.60	0.55～0.65
沥青表面处理的碎石路面及广场	0.45～0.55	0.55～0.65
级配碎石路面及广场	0.40	0.40～0.50
干砌砖石或碎石路面及广场	0.40	0.35～0.40
非铺砌的土路面	0.30	0.25～0.35
绿地	0.15	0.10～0.20
水面	1.00	1.00
地下建筑覆土绿地（覆土厚度≥500mm）	0.15	0.25
地下建筑覆土绿地（覆土厚度<500mm）	0.30～0.40	0.40
透水铺装地面	0.08～0.45	0.08～0.45
下沉广场（50年及以上一遇）	—	0.85～1.00

注：数据引自《海绵城市建设技术指南：低影响开发雨水系统构建》。

附表2　土壤渗透系数

地层	地层粒径		渗透系数	
	粒径/mm	所占重量/%	m/s	m/h
黏土			$<5.70\times10^{-8}$	—
粉质黏土			5.70×10^{-8}～1.16×10^{-6}	—
粉土			1.16×10^{-6}～5.79×10^{-6}	0.0042～0.0208
粉砂	>0.075	>50	5.79×10^{-6}～1.16×10^{-5}	0.0208～0.0420
细砂	0.075	85	1.16×10^{-5}～5.79×10^{-5}	0.0420～0.2080

续表

地层	地层粒径		渗透系数	
	粒径/mm	所占重量/%	m/s	m/h
中砂	0.25	50	$5.79\times10^{-5} \sim 2.31\times10^{-4}$	$0.2080 \sim 0.8320$
均质中砂			$4.05\times10^{-4} \sim 5.79\times10^{-4}$	—
粗砂	0.50	50	$2.31\times10^{-4} \sim 5.79\times10^{-4}$	—

注：表格引自《建筑与小区雨水控制及利用工程技术规范》（GB 50400—2016）。

附表3　城市绿化年生态需水量汇总

植被类型	草坪			组合型绿化
气候特点	干旱地区	半湿润地区	湿润地区	
单位面积年生态需水量/（mm/a）	400	600	1000	542

资料来源：张丽，2005；郑守林，2005。

附表4　部分雨水利用技术汇水面积取值参考

雨水利用技术	汇水面积	雨水利用技术	汇水面积
雨水花园	$200 \sim 1000 m^2/hm^2$	湿塘	$200 \sim 1000 m^2/hm^2$
雨水湿地	$200 \sim 1000 m^2/hm^2$	渗透塘	$200 \sim 1000 m^2/hm^2$
调节池	$200 \sim 1000 m^2/hm^2$	渗井	$10 \sim 20$ 个$/hm^2$
渗管/渠	$30 \sim 40 m/hm^2$		

资料来源：汪慧贞，李宪法，2001；王建龙等，2011；向璐璐等，2008；肖海文等，2018。

附表5　雨水利用技术单位成本养护及使用寿命取值

雨水利用技术	成本/元	养护费用/（元/a）	预期使用寿命/年	年平均成本及养护费用/（元/a）
绿色屋顶	300	9.0	40	16.5
透水铺装	200	7.1	20	17.1
植被缓冲带	200	6.0	40	11.0
植草沟	200	3.4	50	7.4
狭义的下沉式绿地	50	1.5	40	2.8
生物滞留设施	800	24.0	25	56.0
蓝色屋顶	323	0.0	20	16.2
雨水罐	1098	3.6	20	58.5
蓄水池	418	3.6	20	24.5
雨水花园	485	14.6	50	24.3

续表

雨水利用技术	成本/元	养护费用/（元/a）	预期使用寿命/年	年平均成本及养护费用/（元/a）
雨水湿地	700	21.0	40	38.5
湿塘	600	19.2	40	34.2
调节塘	400	12.0	25	28.0
渗透塘	1000	30.0	25	70.0
调节池	600	13.8	25	37.8
渗井	1200	30.0	25	78.0
渗管	60	3.0	25	5.4
渗渠	100	5.0	25	9.0

资料来源：CNT. National Green ValuesCalculator Methodology. Appendix B；Montalto et al.，2007；住房和城乡建设部，2014。

附表6　常用雨水利用技术径流污染物消减率　　（单位:%）

雨水利用技术	TN 去除率	NH₄⁺-N 去除率	TP 去除率	SS 去除率	COD 消减率
绿色屋顶	0~17.5	75.35	36~65	70~80	44~72
蓝色屋顶	—	—	—	—	—
雨水罐	—	—	—	80~90	—
雨水花园	23.7~100	33.19~100	11.66~100	44.72~100	46.36~100
透水铺装	57	68	76	59~87	65
狭义的下沉式绿地	47.1	31~73	15~81	—	18~75
渗井	—	—	—	—	—
渗管/渠	—	—	—	—	—
植被缓冲带	10~46	10~50	10~43	50~75	—
植草沟	20~60	25~74	20~40	35~90	47~82
生物滞留设施	22~45.4	60~80	-86~85	70~95	29~91
雨水湿地	85~95	92~100	64~85	50~80	80~90
湿塘	28~72	27	12~67	50~80	—
调节塘	43~62	45~86	46~86	—	47~88
渗透塘	43~62	45~86	46~86	—	47~88
蓄水池	—	—	—	80~90	—
调节池	43~62	45~86	46~86	—	47~88

资料来源：陈韬等，2015；程江等，2009；邓陈宁等，2018；董文艺，2017；段丙政等，2013；高旺，2017；郭风等，2015；蒋春博等，2018；李畅等，2018；李存雄等，2012；史云鹏，2003；宋贞，2014；天津市城乡建设委员会，2016；王俊岭等，2016；王敏等，2010；吴蓓，2007；袁宏林等，2015；张智涌等，2017。

附表 7　国土空间规划用途分类

分类原则	一级分类（除去海洋，20 类）
农林用地	01 耕地
	02 种植园用地
	03 林地
	04 牧草地
	05 其他农业用地
城乡建设用地	06 居住用地
	07 公共管理与公共服务设施用地
	08 商服用地
	09 工业用地
	10 物流仓储用地
	11 道路与交通设施用地
	12 公共设施用地
	13 绿地与广场用地
	14 留白用地
其他建设用地	15 区域基础设施用地
	16 特殊用地
	17 采矿盐田用地
自然保护与保留用地	18 湿地
	19 其他自然保留地
	20 陆地水域

资料来源：自然资源部，2019。